水利技术监督系列宣贯辅导教材

水利检验检测机构
资质认定文件资料选编

水利部计量办公室 编

中国水利水电出版社
·北京·

内 容 提 要

为了满足水利行业检验检测机构资质认定工作的需要，本书以系统性、实用性、有效性为原则，收录了国家及有关主管部门发布的资质认定方面的现行有效法律法规及文件资料，主要包括：法律法规、国务院文件、国务院有关部门（国家市场监督管理总局、国家认证认可监督管理委员会、水利部）规章和文件、相关标准及其他材料。

本书不仅适用于水利行业检验检测机构工作人员、资质认定评审人员，也适用于水利行业各级检验检测机构主管部门的管理人员、各类实验室管理及检测人员学习和参考。

图书在版编目（CIP）数据

水利检验检测机构资质认定文件资料选编 / 水利部计量办公室编. -- 北京：中国水利水电出版社，2022.11
水利技术监督系列宣贯辅导教材
ISBN 978-7-5226-1076-4

Ⅰ．①水… Ⅱ．①水… Ⅲ．①水利工程－检测机构－资格认证－文件－中国－教材 Ⅳ．①TV

中国版本图书馆CIP数据核字(2022)第211261号

书　名	水利技术监督系列宣贯辅导教材 **水利检验检测机构资质认定文件资料选编** SHUILI JIANYAN JIANCE JIGOU ZIZHI RENDING WENJIAN ZILIAO XUANBIAN
作　者	水利部计量办公室　编
出版发行	中国水利水电出版社 （北京市海淀区玉渊潭南路1号D座　100038） 网址：www.waterpub.com.cn E-mail：sales@mwr.gov.cn 电话：（010）68545888（营销中心）
经　售	北京科水图书销售有限公司 电话：（010）68545874、63202643 全国各地新华书店和相关出版物销售网点
排　版	中国水利水电出版社微机排版中心
印　刷	天津嘉恒印务有限公司
规　格	184mm×260mm　16开本　18.5印张　450千字
版　次	2022年11月第1版　2022年11月第1次印刷
印　数	0001—2000册
定　价	**120.00元**

凡购买我社图书，如有缺页、倒页、脱页的，本社营销中心负责调换

版权所有·侵权必究

前　言

检验检测机构资质认定制度是依据《中华人民共和国计量法》及其实施细则确定的为社会提供公正数据的产品质量检验机构计量认证制度的发展，是一项行政许可制度，是具有中国特色的由政府推动的强制性认证。检验检测机构资质认定作为国家高质量发展的重要支撑，随着国家"放管服"改革的深入推进，检验检测机构资质认定制度也在不断改革和完善。

水利检验检测机构资质认定工作是水利认证认可体系的一个重要组成部分，也是水利技术监督工作的一个重要内容。多年来，通过水利检验检测资质认定工作者的不懈努力，水利检验检测机构资质认定工作迅速发展，得到了广泛的肯定和重视，在水利工程安全和质量检测、水利产品质量检测、水环境监测、水生态保护、农村饮水安全等方面发挥越来越重要的基础支撑作用。在推动新阶段水利高质量发展的进程中，水利行业检验检测领域必将面临更大的机遇和挑战，水利检验检测机构资质认定工作依然任重而道远。

为了更好地助力水利检验检测机构资质认定工作，促进水利行业技术监督工作，满足水利行业从事检验检测机构资质认定工作的单位、管理和技术人员以及评审员的工作需要，本书从我国当前检验检测机构资质认定工作的实际出发，将资质认定工作方面的部分法律法规、规章、部门文件和相关标准资料选编成册，供检验检测机构资质认定有关人员使用，从事检验检测相关工作的管理和检测人员也可参考使用。希望本书对水利检验检测机构资质认定工作能有所促进和帮助。

参加本书工作的人员有：倪莉、王伟、邓湘汉、冯杰、李琳、霍炜洁、米双姣、蒋雨彤、徐红、盛春花、刘晓茹等。

由于我们水平有限，书中疏漏和不足在所难免，恳请读者批评指正。

水利部计量办公室

2022 年 11 月

目 录

前言

一、法律法规

中华人民共和国计量法 …………………………………………………………………… 1
中华人民共和国计量法条文解释 ………………………………………………………… 4
中华人民共和国计量法实施细则 ………………………………………………………… 15
中华人民共和国产品质量法 ……………………………………………………………… 21
中华人民共和国行政许可法 ……………………………………………………………… 29
中华人民共和国认证认可条例 …………………………………………………………… 40

二、国务院文件

国务院关于在我国统一实行法定计量单位的命令 ……………………………………… 48
中华人民共和国强制检定的工作计量器具检定管理办法 ……………………………… 51

三、部门规章和文件

（一）国家市场监督管理总局 …………………………………………………………… 53

检验检测机构资质认定管理办法 ………………………………………………………… 53
检验检测机构监督管理办法 ……………………………………………………………… 58
市场监管总局关于进一步推进检验检测机构资质认定改革工作的意见 ……………… 61
市场监管总局关于进一步深化改革促进检验检测行业做优做强的指导意见 ………… 67
关于企业使用的非强检计量器具由企业依法自主管理的公告 ………………………… 72
市场监管总局关于调整实施强制管理的计量器具目录的公告 ………………………… 73
标准物质管理办法 ………………………………………………………………………… 78
国家标准样品管理办法 …………………………………………………………………… 81

（二）国家认证认可监督管理委员会 …………………………………………………… 86

国家认监委关于实施《检验检测机构资质认定管理办法》的若干意见 ……………… 86
国家认监委关于印发检验检测机构资质认定配套工作程序和技术要求的通知 ……… 91
国家认监委关于进一步明确检验检测机构资质认定工作有关问题的通知 …………… 112
国家认监委关于印发检验检测机构资质认定相关配套文件的通知 …………………… 114
国家认监委关于推进检验检测机构资质认定统一实施的通知 ………………………… 152
国家认监委关于检验检测机构资质认定工作采用相关认证认可行业标准的通知 …… 155
实验室能力验证实施办法 ………………………………………………………………… 157

（三）水利部 …………………………………………………………………………… 160
  水利部计量工作管理办法 ……………………………………………………… 160
  水利水电工程与产品的安全、质量检验测试机构管理办法 ………………… 165
  关于发布《水利行业检验检测机构资质认定评审程序规定》的通知 ……… 168
  关于发布《水利行业检验检测机构资质认定现场评审细则》的通知 ……… 174
  关于发布《水利行业检验检测机构资质认定评审员管理细则》的通知 …… 180
  关于印发水利计量认证需规范和统一的有关问题的通知 …………………… 183
  水利工程质量检测管理规定 …………………………………………………… 197

四、相 关 标 准

检验检测机构资质认定能力评价检验检测机构通用要求 ……………………… 204
检验检测机构资质认定能力评价评审员管理要求 ……………………………… 215
数值修约规则与极限数值的表示和判定 ………………………………………… 220
通用计量术语及定义 ……………………………………………………………… 227

五、其 他 材 料

法定计量单位辅导材料 …………………………………………………………… 273
水利系统国家级标准物质目录 …………………………………………………… 283
国家计量认证水利评审组负责管理的检验检测机构名录 ……………………… 286

一、法律法规

中华人民共和国计量法

（1985年9月6日第六届全国人民代表大会常务委员会第十二次会议通过，根据2009年8月27日第十一届全国人民代表大会常务委员会第十次会议《关于修改部分法律的决定》第一次修正，根据2013年12月28日第十二届全国人民代表大会常务委员会第六次会议《关于修改〈中华人民共和国海洋环境保护法〉等七部法律的决定》第二次修正，根据2015年4月24日第十二届全国人民代表大会常务委员会第十四次会议《关于修改〈中华人民共和国计量法〉等五部法律的决定》第三次修正，根据2017年12月27日第十二届全国人民代表大会常务委员会第三十一次会议《关于修改〈中华人民共和国招标投标法〉、〈中华人民共和国计量法〉的决定》第四次修正，根据2018年10月26日第十三届全国人民代表大会常务委员会第六次会议《关于修改〈中华人民共和国野生动物保护法〉等十五部法律的决定》第五次修正）

第一章 总 则

第一条 为了加强计量监督管理，保障国家计量单位制的统一和量值的准确可靠，有利于生产、贸易和科学技术的发展，适应社会主义现代化建设的需要，维护国家、人民的利益，制定本法。

第二条 在中华人民共和国境内，建立计量基准器具、计量标准器具，进行计量检定、制造、修理、销售、使用计量器具，必须遵守本法。

第三条 国家实行法定计量单位制度。国际单位制计量单位和国家选定的其他计量单位，为国家法定计量单位。国家法定计量单位的名称、符号由国务院公布。因特殊需要采用非法定计量单位的管理办法，由国务院计量行政部门另行制定。

第四条 国务院计量行政部门对全国计量工作实施统一监督管理。县级以上地方人民政府计量行政部门对本行政区域内的计量工作实施监督管理。

第二章 计量基准器具、计量标准器具和计量检定

第五条 国务院计量行政部门负责建立各种计量基准器具，作为统一全国量值的最高依据。

第六条 县级以上地方人民政府计量行政部门根据本地区的需要，建立社会公用计量标准器具，经上级人民政府计量行政部门主持考核合格后使用。

第七条 国务院有关主管部门和省、自治区、直辖市人民政府有关主管部门，根据本

部门的特殊需要,可以建立本部门使用的计量标准器具,其各项最高计量标准器具经同级人民政府计量行政部门主持考核合格后使用。

第八条 企业、事业单位根据需要,可以建立本单位使用的计量标准器具,其各项最高计量标准器具经有关人民政府计量行政部门主持考核合格后使用。

第九条 县级以上人民政府计量行政部门对社会公用计量标准器具,部门和企业、事业单位使用的最高计量标准器具,以及用于贸易结算、安全防护、医疗卫生、环境监测方面的列入强制检定目录的工作计量器具,实行强制检定。未按照规定申请检定或者检定不合格的,不得使用。实行强制检定的工作计量器具的目录和管理办法,由国务院制定。对前款规定以外的其他计量标准器具和工作计量器具,使用单位应当自行定期检定或者送其他计量检定机构检定。

第十条 计量检定必须按照国家计量检定系统表进行。国家计量检定系统表由国务院计量行政部门制定。计量检定必须执行计量检定规程。国家计量检定规程由国务院计量行政部门制定。没有国家计量检定规程的,由国务院有关主管部门和省、自治区、直辖市人民政府计量行政部门分别制定部门计量检定规程和地方计量检定规程。

第十一条 计量检定工作应当按照经济合理的原则,就地就近进行。

第三章 计量器具管理

第十二条 制造、修理计量器具的企业、事业单位,必须具有与所制造、修理的计量器具相适应的设施、人员和检定仪器设备。

第十三条 制造计量器具的企业、事业单位生产本单位未生产过的计量器具新产品,必须经省级以上人民政府计量行政部门对其样品的计量性能考核合格,方可投入生产。

第十四条 任何单位和个人不得违反规定制造、销售和进口非法定计量单位的计量器具。

第十五条 制造、修理计量器具的企业、事业单位必须对制造、修理的计量器具进行检定,保证产品计量性能合格,并对合格产品出具产品合格证。

第十六条 使用计量器具不得破坏其准确度,损害国家和消费者的利益。

第十七条 个体工商户可以制造、修理简易的计量器具。

个体工商户制造、修理计量器具的范围和管理办法,由国务院计量行政部门制定。

第四章 计 量 监 督

第十八条 县级以上人民政府计量行政部门应当依法对制造、修理、销售、进口和使用计量器具,以及计量检定等相关计量活动进行监督检查。有关单位和个人不得拒绝、阻挠。

第十九条 县级以上人民政府计量行政部门,根据需要设置计量监督员。计量监督员管理办法,由国务院计量行政部门制定。

第二十条 县级以上人民政府计量行政部门可以根据需要设置计量检定机构,或者授权其他单位的计量检定机构,执行强制检定和其他检定、测试任务。

执行前款规定的检定、测试任务的人员,必须经考核合格。

第二十一条 处理因计量器具准确度所引起的纠纷,以国家计量基准器具或者社会公用计量标准器具检定的数据为准。

第二十二条 为社会提供公证数据的产品质量检验机构,必须经省级以上人民政府计量行政部门对其计量检定、测试的能力和可靠性考核合格。

第五章 法 律 责 任

第二十三条 制造、销售未经考核合格的计量器具新产品的,责令停止制造、销售该种新产品,没收违法所得,可以并处罚款。

第二十四条 制造、修理、销售的计量器具不合格的,没收违法所得,可以并处罚款。

第二十五条 属于强制检定范围的计量器具,未按照规定申请检定或者检定不合格继续使用的,责令停止使用,可以并处罚款。

第二十六条 使用不合格的计量器具或者破坏计量器具准确度,给国家和消费者造成损失的,责令赔偿损失,没收计量器具和违法所得,可以并处罚款。

第二十七条 制造、销售、使用以欺骗消费者为目的的计量器具的,没收计量器具和违法所得,处以罚款;情节严重的,并对个人或者单位直接责任人员依照刑法有关规定追究刑事责任。

第二十八条 违反本法规定,制造、修理、销售的计量器具不合格,造成人身伤亡或者重大财产损失的,依照刑法有关规定,对个人或者单位直接责任人员追究刑事责任。

第二十九条 计量监督人员违法失职,情节严重的,依照刑法有关规定追究刑事责任;情节轻微的,给予行政处分。

第三十条 本法规定的行政处罚,由县级以上地方人民政府计量行政部门决定。

第三十一条 当事人对行政处罚决定不服的,可以在接到处罚通知之日起十五日内向人民法院起诉;对罚款、没收违法所得的行政处罚决定期满不起诉又不履行的,由作出行政处罚决定的机关申请人民法院强制执行。

第六章 附 则

第三十二条 中国人民解放军和国防科技工业系统计量工作的监督管理办法,由国务院、中央军事委员会依据本法另行制定。

第三十三条 国务院计量行政部门根据本法制定实施细则,报国务院批准施行。

第三十四条 本法自1986年7月1日起施行。

中华人民共和国计量法条文解释

(1987 年 5 月 30 日国家计量局发布)

说　　明

《中华人民共和国计量法条文解释》是根据第五届全国人民代表大会常务委员会一九八一年六月十日《关于加强法律解释工作的决议》第三条制定的。

《中华人民共和国计量法条文解释》是国家计量局对计量法具体应用的正式解释。

第一章　总　　则

第一条　为了加强计量监督管理，保障国家计量单位制的统一和量值的准确可靠，有利于生产、贸易和科学技术的发展，适应社会主义现代化建设的需要，维护国家、人民的利益，制定本法。

1. 本条是对计量法立法宗旨的规定。

2. 制定计量法，是为了加强计量监督管理，健全计量法制。

3. "加强计量监督管理"是要着手解决关系国家计量单位制度的统一和全国量值的准确可靠的问题，也就是解决可能影响生产建设和社会经济秩序，造成损害国家和人民利益的计量问题。这是计量立法的基本点。

4. "保障国家计量单位制的统一和量值的准确可靠"，其最终目的是为了有利于生产、贸易和科学技术的发展，适应社会主义现代化建设的需要，维护国家和人民的利益。

5. "有利于生产、贸易和科学技术的发展，适应社会主义现代化建设的需要"，体现了计量单位制度的统一和量值的准确可靠是社会主义现代化建设的计量保证，体现了计量工作是发展国民经济的一项重要的技术基础。

6. "维护国家、人民的利益"，体现了制定计量法，加强工业计量和民生计量工作的法制监督，直接关系着关系国家和消费者的利益，关系着人民健康和生命、财产的安全。

第二条　在中华人民共和国境内，建立计量基准器具，计量标准器具，进行计量检定、制造、修理、销售、使用计量器具，必须遵守本法。

1. 本条是对计量法调整范围的规定，包括适用的地域和调整对象。

2. 适用的地域，即"中华人民共和国境内"。

3. 调整对象，即机关、团体、部队、企业事业单位和个人之间，在建立计量基准器具、计量标准器具，进行计量检定，制造、修理、销售、使用计量器具等方面所发生的各种法律关系。本法有关条款还规定了调整使用计量单位，实施计量监督等方面发生的各种法律关系。

4. 计量器具是指能用以直接或间接测出被测对象量值的装置、仪器仪表、量具和用于统一量值的标准物质，包括计量基准器具、计量标准器具和工作计量器具。

5. 计量基准器具即国家计量基准器具，简称计量基准，是指用以复现和保存计量单位量值，经国务院计量行政部门批准作为统一全国量值最高依据的计量器具。

6. 计量标准器具，简称计量标准，是指准确度低于计量基准的，用于检定其他计量标准或工作计量器具的计量器具。

7. 计量检定是指为评定计量器具的计量性能，确定其所进行的全部工作是否合格。

第三条 国家采用国际单位制。

国际单位制计量单位和国家选定的其他计量单位，为国家法定计量单位。国家法定计量单位的名称、符号由国务院公布。

非国家法定计量单位应当废除。废除的办法由国务院制定。

1. 本条是对我国采用计量单位制度的规定。

2. 我国采用的是国际单位制。

3. 我国允许使用的计量单位是国家法定计量单位。国家法定计量单位，由国际单位制单位和国家选定的非国际单位制单位组成。

4. "国家法定计量单位的名称、符号由国务院公布。"国务院一九八四年二月二十七日发布的《关于在我国统一实行法定计量单位的命令》，对法定计量单位的名称、符号已作了规定。

5. "非国家法定计量单位应当废除。废除的办法由国务院制定。"国务院一九八四年一月二十日批准的《全面推行我国法定计量单位的意见》，对废除的步骤、年限和如何区别不同情况等，已作了规定。

第四条 国务院计量行政部门对全国计量工作实施统一监督管理。

县级以上地方人民政府计量行政部门对本行政区域内的计量工作实施监督管理。

1. 本条是对我国计量监督管理体制、计量监督管理机构及其监督管理职能的规定。

2. 我国是按行政区划实施计量监督管理的，全国计量工作由国务院计量行政部门负责实施统一监督管理。各行政区域内的计量工作由当地人民政府计量行政部门负责监督管理。

3. 县级以上人民政府计量行政部门，是同级人民政府的计量监督管理机构。

4. 县级以上人民政府计量行政部门，除了政府机关的管理职能以外，还要监督本行政区内的机关、团体、部队、企业事业单位和个人遵守与执行计量法律、法规。

5. "县级以上"含县级。

第二章 计量基准器具、计量标准器具和计量检定

第五条 国务院计量行政部门负责建立各种计量基准器具，作为统一全国量值的最高依据。

1. 本条是对计量基准的建立及计量基准法律地位的规定。

2. 计量基准"作为统一全国量值的最高依据"，是指全国的各级计量标准和工作计量器具的量值，都要溯源于计量基准。

3. "国务院计量行政部门负责建立"，是指国务院计量行政部门根据国家的实际情况和各方面的条件统一规划、组织建立。组织建立的原则：属于基本的、通用的、为各行各

业服务的计量基准,建在国家法定计量检定机构;属于专业性强,仅为个别行业所需要,或者工作条件特殊的计量基准,可授权其他部门建在有关技术机构。

第六条 县级以上地方人民政府计量行政部门根据本地区的需要,建立社会公用计量标准器具,经上级人民政府计量行政部门主持考核合格后使用。

1. 本条是对社会公用计量标准器具的建立及社会公用计量标准器具法律地位的规定。

2. "社会公用计量标准器具"简称社会公用计量标准,是指经过政府计量行政部门考核、批准,作为统一本地区量值的依据,在社会上实施计量监督具有公证作用的计量标准。

3. 建立社会公用计量标准,由当地人民政府计量行政部门根据本地区的需要决定,不需经上级人民政府计量行政部门审批。但建立之后,必须经考核合格才能使用。

4. 本条关于须经上级人民政府计量行政部门主持考核的社会公用计量标准,在具体应用时,是指各地区最高等级的社会公用计量标准。

第七条 国务院有关主管部门和省、自治区、直辖市人民政府有关主管部门,根据本部门的特殊需要,可以建立本部门使用的计量标准器具,其各项最高计量标准器具经同级人民政府计量行政部门主持考核合格后使用。

1. 本条是对省级以上人民政府有关主管部门建立计量标准以及这些计量标准法律地位的规定。

2. 省级以上人民政府有关主管部门根据本部门的特殊需要建立的计量标准,在本部门内部使用,作为统一本部门量值的依据。

3. "根据本部门的特殊需要",是指社会公用计量标准不能适应某部门专业特点的特殊需要。

4. 建立本部门的各项最高计量标准,须经同级人民政府计量行政部门主持考核合格后,才能在本部门内开展检定。"主持考核"是指同级人民政府计量行政部门负责组织法定计量检定机构或授权的有关技术机构进行的考核。

第八条 企业、事业单位根据需要,可以建立本单位使用的计量标准器具,其各项最高计量标准器具经有关人民政府计量行政部门主持考核合格后使用。

1. 本条是对企业、事业单位建立计量标准以及这些计量标准法律地位的规定。

2. 企业、事业单位根据生产、科研、经营管理需要建立的计量标准,在本单位内部使用,作为统一本单位量值的依据。

3. 建立、本单位的各项最高计量标准,须经有关人民政府计量行政部门主持考核合格后,才能在本单位内部开展检定。

4. 本条关于须"经有关人民政府计量行政部门主持考核"的规定,在具体应用时,是指须经与企业、事业单位的主管部门同级的人民政府计量行政部门主持考核。但乡镇企业应由当地县级人民政府计量行政部门主持考核。

第九条 县级以上人民政府计量行政部门对社会公用计量标准器具,部门和企业、事业单位使用的最高计量标准器具,以及用于贸易结算、安全防护、医疗卫生、环境监测方面的列入强制检定目录的工作计量器具,实行强制检定。未按照规定申请检定或者检定不合格的,不得使用。实行强制检定的工作计量器具的目录和管理办法,由国务院制定。

对前款规定以外的其他计量标准器具和工作计量器具,使用单位应当自行定期检定或者送其他计量检定机构检定,县级以上人民政府计量行政部门应当进行监督检查。

1. 本条是对强制检定的计量器具和非强制检定的计量器具检定管理的规定。

2. 社会公用计量标准,部门和企业、事业单位使用的最高计量标准,为强制检定的计量标准。

强制检定的计量标准和强制检定的工作计量器具,统称为强制检定的计量器具。

3. 强制检定是指由县级以上人民政府计量行政部门指定的法定计量检定机构或授权的计量检定机构,对强制检定的计量器具实行的定点定期检定。检定周期由执行强制检定的计量检定机构根据计量检定规程,结合实际情况确定。

4. 本条关于县级以上人民政府计量行政部门对加强检定的计量器具实行强制检定的规定,在具体应用时,是指强制检定的计量标准,由主持考核该项计量标准的有关人民政府计量行政部门指定的计量检定机构进行检定;对强制检定的工作计量器具,由当地县(市)级人民政府计量行政部门指定的计量检定机构进行检定。当地不能检定的,由上一级人民政府计量行政部门指定的计量检定机构进行检定。

5. "前款规定以外的其他计量标准器具和工作计量器具",是指除了强制检定的计量器具以外的其他依法管理的计量标准和工作计量器具,即非强制检定的计量器具。

6. 非强制检定是指由使用单位自己依法进行的定期检定,或者本单位不能检定的,送有权对社会开展量值传递工作的其他计量检定机构进行的检定。县级以上人民政府计量行政部门应对其进行监督检查。

7. 强制检定与非强制检定,是对计量器具依法管理的两种形式。不按本条规定进行周期检定的,都要负法律责任。

8. 《中华人民共和国强制检定的工作计量器具检定管理办法》已由国务院发布,并定于一九八七年七月一日起施行。

第十条 计量检定必须按照国家计量检定系统表进行。国家计量检定系统表由国务院计量行政部门制定。

计量检定必须执行计量检定规程。国家计量检定规程由国务院计量行政部门制定。没有国家计量检定规程的,由国务院有关主管部门和省、自治区、直辖市人民政府计量行政部门分别制定部门计量检定规程和地方计量检定规程,并向国务院计量行政部门备案。

1. 本条是对计量检定所必须依据的技术规范的规定。

2. 国家计量检定系统表是指从计量基准到各等级的计量标准直至工作计量器具的检定程序所作的技术规定,它由文字和框图构成,简称国家计量检定系统。

3. 计量检定规程是指对计量器具的计量性能、检定项目、检定条件、检定方法、检定周期以及检定数据处理等所作的技术规定,包括国家计量检定规程、部门和地方计量检定规程。

4. 国家计量检定规程由国务院计量行政部门制定,在全国范围内施行。

没有国家计量检定规程的,国务院有关主管部门可制定部门计量检定规程,在本部门内施行。省、自治区、直辖市人民政府计量行政部门可制定地方计量检定规程,在本行政区内施行。部门和地方计量检定规程须向国务院计量行政部门备案。

第十一条 计量检定工作应当按照经济合理的原则,就地就近进行。

1. 本条是对实施强制检定和非强制检定所应遵循的原则的规定,也就是对全国量值传递体制的规定。

2. "经济合理"是指进行计量检定,组织量值传递要充分利用现有的计量检定设施,合理地部署计量检定网点。

3. 就地就近进行计量检定,是指组织量值传递不受行政区划和部门管辖的限制。

第三章 计量器具管理

第十二条 制造、修理计量器具的企业、事业单位,必须具备与所制造、修理的计量器具相适应的设施、人员和检定仪器设备,经县级以上人民政府计量行政部门考核合格,取得《制造计量器具许可证》或者《修理计量器具许可证》。

制造、修理计量器具的企业未取得《制造计量器具许可证》或者《修理计量器具许可证》的,工商行政管理部门不予办理营业执照。

1. 本条是对企业、事业单位制造、修理计量器具必须具备的条件和必须履行的法律手续的规定。

2. "相适应的设施、人员和检定仪器设备",是指与其制造、修理计量器具相适应的生产、检定条件。具体包括生产设施、出厂检定条件、人员技术状况以及有关技术文件和计量规章制度。

3. 我国对制造、修理计量器具实行许可证制度。对制造、修理计量器具的企业、事业单位进行考核,颁发许可证,是对其制造、修理计量器具资格的计量认证。

4. 企业、事业单位制造计量器具,必须按规定履行法律手续,申请办理制造计量器具许可证。在具体应用本条规定时,企业、事业单位向与其主管部门同级的人民政府计量行政部门申请考核发证。其中乡镇企业向当地人民政府计量行政部门申请考核发证。

5. "修理计量器具"是指面向社会开展经营性修理业务。企业、事业单位修理计量器具,必须按规定履行法律手续,申请办理修理计量器具许可证。

在具体应用本条规定时,企业、事业单位向当地县(市)级人民政府计量行政部门申请考核发证。当地不能考核的,向上一级地方人民政府计量行政部门申请。

6. 新开业或扩大、改变经营范围制造、修理计量器具的企业单位,应先取得制造、修理计量器具许可证,否则工商行政管理部门不予办理营业执照或扩大、改变经营范围的登记。

第十三条 制造计量器具的企业、事业单位生产本单位未生产过的计量器具新产品,必须经省级以上人民政府计量行政部门对其样品的计量性能考核合格,方可投入生产。

1. 本条是对企业、事业单位制造计量器具新产品必须履行法律手续的规定。

2. "本单位未生产过的计量器具新产品"是指在全国范围内从未生产过的(含对原有产品在结构、性能、材质、技术特征等方面做了重大改进的),或者在全国范围内虽已定型生产,而本单位未生产过的计量器具。

3. 企业、事业单位制造计量器具新产品,必须按规定履行法律手续,向省级以上人民政府计量行政部门申请对其计量器具新产品的样品考核合格,即对计量器具新产品的样品进行定型或样机试验合格。

4. 制造在全国范围内从未生产过的计量器具新产品。

必须进行计量器具新产品定型，包括定型鉴定和型式批准。定型鉴定由国务院计量行政部门授权的技术机构进行；型式批准向当地省级人民政府计量行政部门申请办理。省级人民政府计量行政部门批准的型式，经国务院计量行政部门审核同意后，作为全国通用型式，予以公布。

制造在全国范围内虽已定型生产而本单位未生产而过的计量器具新产品，必须进行样机试验。样机试验由所在地方的省级人民政府计量行政部门授权的技术机构进行。

5. 企业、事业单位未履行本条规定的法律手续，不得制造计量器具新产品。

第十四条 未经国务院计量行政部门批准，不得制造、销售和进口国务院规定废除的非法定计量单位的计量器具和国务院禁止使用的其他计量器具。

1. 本条是对我国不准制造、销售和进口的计量器具的规定。

2. 不得制造、销售和进口的计量器具，包括非法定计量单位的计量器具和国务院禁止使用的其他计量器具。

3. "国务院禁止使用的其他计量器具"是指经实践证明结构不合理或计量性能已不符合法制管理要求，由国务院明令禁止的计量器具。

4. 因特殊需要，必须制造、销售或进口非法定计量单位的计量器具和国务院禁止使用的其他计量器具，本条规定由国务院计量行政部门审核、批准。

特殊需要，是指在用英制设备需要的一部分英制计量器具，以及应外商要求需要制造出口的非法定计量单位的计量器具和国务院明令禁止的计量器具等。

第十五条 制造、修理计量器具的企业、事业单位必须对制造、修理的计量器具进行检定，保证产品计量性能合格，并对合格产品出具产品合格证。

县级以上人民政府计量行政部门应当对制造、修理的计量器具的质量进行监督检查。

1. 本条是对保证制造、修理计量器具的质量的规定。

2. 制造、修理计量器具的企业、事业单位应对制造、修理计量器具质量负责。

"必须对制造、修理的计量器具进行检定"，是指必须对制造、修理的计量器具按计量检定规程执行"出厂检定"。

"保证产品计量性能合格"，是指保证制造、修理的计量器具的质量符合计量检定规程的要求。

"出具产品合格证"，是指对制造的计量器具出具产品合格证或对修理后的计量器具出具检定合格证。

3. 县级以上人民政府计量行政部门负责对制造、修理计量器具的质量进行监督检查。监督检查的形式，包括抽样检定或监督试验。

第十六条 进口的计量器具，必须经省级以上人民政府计量行政部门检定合格后，方可销售。

1. 本条是对进口以销售为目的的计量器具实施计量法制监督的规定。

2. "进口的计量器具"，是指企业、事业单位和个人进口以销售为目的的计量器具。

3. 凡进口以销售为目的的计量器具的单位和个人，必须向所在的省、自治区、直辖市人民政府计量行政部门申请检定,由其指定的计量检定机构执行检定。当地不能检定的,向国务院计量行政部门申请检定。

第十七条 使用计量器具不得破坏其准确度,损害国家和消费者的利益。

1. 本条是对使用计量器具的作弊行为实施计量法制监督的规定。
2. 使用计量器具破坏其准确度是指为牟取非法利益,通过作弊故意使计量器具失准。

第十八条 个体工商户可以制造、修理简易的计量器具。

制造、修理计量器具的个体工商户,必须经县级人民政府计量行政部门考核合格,发给《制造计量器具许可证》或者《修理计量器具许可证》后,方可向工商行政管理部门申请营业执照。

个体工商户制造、修理计量器具的范围和管理办法,由国务院计量行政部门制定。

1. 本条是对个体工商户制造、修理计量器具的范围和必须履行的法律手续的规定。
2. 国家允许个体工商户制造、修理简易计量器具。简易计量器具是指产品结构简单,制造、修理容易,根据我国当前个体工商户的一般技术水平和生产、检定条件,能够制造、修理并可以保证质量的计量器具。具体范围由国务院计量行政部门制定的《个体工商户制造、修理计量器具管理办法》确定。
3. 制造、修理计量器具的个体工商户,必须按规定履行法律手续,向当地县(市)级人民政府计量行政部门申请考核,办理制造或修理计量器具许可证后,方可向工商行政管理部门申请办理营业执照。
4. 在具体应用本条规定时,"县级人民政府计量行政部门"是指县、旗、市辖区以及不设区的市人民政府计量行政部门。

第四章 计 量 监 督

第十九条 县级以上人民政府计量行政部门,根据需要设置计量监督员。计量监督员管理办法,由国务院计量行政部门制定。

1. 本条是对县级以上人民政府计量行政部门设置计量监督员的规定。
2. 计量监督员是县级以上人民政府计量行政部门任命的具有专门职能的计量执法人员,在规定的区域内执行计量监督任务。
3. 计量监督员的设置及其职责,由国务院计量行政部门制定的《计量监督员管理办法》确定。

第二十条 县级以上人民政府计量行政部门可以根据需要设置计量检定机构,或者授权其他单位的计量检定机构,执行强制检定和其他检定、测试任务。

执行前款规定的检定、测试任务的人员,必须经考核合格。

1. 本条是对县级以上人民政府计量行政部门实施计量法制监督所需要的计量检定机构和计量检定人员的规定。
2. 县级以上人民政府计量行政部门依法设置的计量检定机构,为国家法定计量检定机构。
3. "计量检定机构"是指承担计量检定工作的有关技术机构。
4. "其他检定、测试任务",在具体应用时,是指本法规定的计量标准考核,制造、

一、法律法规

修理计量器具条件的考核,定型鉴定,样机试验,仲裁检定,产品质量检验机构的计量认证,法定计量检定机构进行的非强制检定,以及政府计量行政部门授权的机构面向社会进行的非强制检定。

5. "授权其他单位的计量检定机构,执行强制检定和其他检定、测试任务",在具体应用时,采取以下形式:

(1) 授权专业性或区域性计量检定机构,作为法定计量检定机构;

(2) 授权有关技术机构建立社会公用计量标准;

(3) 授权某一部门或某一单位的计量检定机构,对其内部使用的强制检定的计量器具执行强制检定;

(4) 授权有关技术机构,承担法律规定的其他检定,测试任务。

6. 执行强制检定和本条解释的第4项"其他检定、测试任务"的人员,必须经县级以上人民政府计量行政部门考核合格,发给计量检定证件,取得执行检定、测试任务的资格。

第二十一条 处理因计量器具准确度所引起的纠纷,以国家计量基准器具或者社会公用计量标准器具检定的数据为准。

1. 本条是对作为处理计量纠纷所依据的检定数据的规定。

2. 因计量器具准确度所引的纠纷,为计量纠纷。

3. 以计量基准或社会公用计量标准检定的数据作为处理计量纠纷的依据,具有法律效力。

4. 用计量基准或社会公用计量标准所进行的以裁决为目的计量检定、测试活动,统称为仲裁检定。

第二十二条 为社会提供公证数据的产品质量检验机构,必须经省级以上人民政府计量行政部门对其计量检定、测试的能力和可靠性考核合格。

1. 本条是对为社会提供公证数据的产品质量检验机构,实施计量法制监督的规定。

2. 省级以上人民政府计量行政部门对产品质量检验机构计量检定、测试的能力和可靠性考核合格,即为产品质量检验机构的计量认证。

3. 对产品质量检验机构的计量认证,是证明其在认证的范围内,具有为社会提供公证数据的资格。

4. 为社会提供公证数据的产品质量检验机构,是指面向社会从事产品质量评价工作的技术机构。

5. 对为社会提供公证数据的产品质量检验机构的计量检定、测试的能力和可靠性的考核,具体包括:

(1) 计量检定、测试设备的性能;

(2) 计量检定、测试设备的工作环境和人员的操作技能;

(3) 保证量值统一、准确的措施及检测数据公正可靠的管理制度。

6. 对产品质量检验机构进行计量认证,由省级以上人民政府计量行政部门负责;具体考核工作,由其指定所属的计量检定机构或授权的技术机构进行。

在具体应用时,属全国性的产品质量检验机构,向国务院计量行政部门申请计量认证；属地方性的产品质量检验机构，向所在的省、自治区、直辖市人民政府计量行政部门申请。

7. "必须经省级以上人民政府计量行政部门对其计量检定、测试的能力和可靠性考核合格"，是指未取得计量认证合格证书的，不得开展产品质量检验工作。

第五章 法 律 责 任

第二十三条 未取得《制造计量器具许可证》《修理计量器具许可证》制造或者修理计量器具的，责令停止生产、停止营业，没收违法所得，可以并处罚款。

1. 本条是对违反本法第十二条、第十八条的行为，追究行政法律责任的规定。

2. 本条规定的行政处罚适用于制造、修理计量器具的企业、事业单位和个体工商户。其中停止生产的行政处罚，适用于制造计量器具的企业、事业单位和个体工商户；停止营业的行政处罚，适用于修理计量器具的企业、事业单位和个体工商户。

3. 本条规定的各项行政处罚，可单独适用，也可合并适用。

4. 处以停止生产、停止营业的期限，罚款的限额，没收违法所得和罚款的处理等，按本法《实施细则》或有关管理办法的规定执行。

第二十四条 制造、销售未经考核合格的计量器具新产品，责令停止制造、销售该种新产品，没收违法所得，可以并处罚款。

1. 本条是对违反本法第十三条的行为，追究行政法律责任的规定。

2. 本条规定的行政处罚适用于制造、销售计量器具的企业、事业单位和个体工商户。

3. "未经考核合格的计量器具新产品"，是指未经省级以上人民政府计量行政部门型式批准或样机试验合格的计量器具产品。

4. 其他解释内容同本法第二十三条解释的第3、4项。

第二十五条 制造、修理、销售计量器具不合格的，没收违法所得，可以并处罚款。

1. 本条是对违反本法第十五条和销售不合格计量器具的行为，追究行政法律责任的规定。

2. "制造、修理、销售计量器具不合格"，是指出厂或交付用户的计量器具不合格或者没有合格证。

3. 本条规定的行政处罚适用于制造、修理和销售计量器具的企业、事业单位和个体工商户。

4. 其他解释内容同本法第二十三条解释的第3、4项。

第二十六条 属强制检定范围的计量器具，未按照规定申请检定或者检定不合格继续使用的，责令停止使用，可以并处罚款。

1. 本条是对违反本法第九条第一款的行为，追究行政法律责任的规定。

2. "强制检定范围"是指本法第九条第一款规定的范围，其中强制检定的工作计量器具，由《中华人民共和国强制检定的工作计量器具目录》确定。

3. "未按照规定申请检定"，是指未按照本法《实施细则》和《中华人民共和国强制检定的工作计量器具检定管理办法》申请检定，以及未按照地方人民政府计量行政部门实施强制检定的有关规定申请检定。

4. 本条规定的行政处罚适用于使用强制检定的计量器具的任何单位和个人。

5. 其他解释内容同本办法第二十三条解释的第3、4项。

第二十七条 使用不合格的计量器具或者破坏计量器具准确度，给国家和消费者造成损失的，责令赔偿损失，没收计量器具和违法所得，可以并处罚款。

1. 本条是对违反本法第十七条和使用不合格的计量器具，给国家和消费者造成损失的行为，追究行政法律责任和民事法律责任的规定。

2. 本条规定的行政处罚适用于任何单位和个人。

3. "使用不合格的计量器具"，是指使用无检定合格印、证或者超过检定周期，以及经检定不合格的计量器具。

4. 其他解释内容同本法第二十三条解释的第3、4项。

第二十八条 制造、销售、使用以欺骗消费者为目的的计量器具的，没收计量器具和违法所得，处以罚款；情节严重的，并对个人或者单位直接责任人员按诈骗罪或者投机倒把罪追究刑事责任。

1. 本条是对制造、销售、使用以欺骗消费者为目的的计量器具的行为，追究行政法律责任或刑事法律责任的规定。

2. 按本条的规定，情节严重需追究刑事法律责任的，适用《刑法》第151条、第117条。

3. 本法涉及的刑法条款：

第151条　盗窃、诈骗、抢夺公私财物数额较大的，处五年以下有期徒刑、拘役或者管制。

第117条　违反金融、外汇、金银、工商管理法规，投机倒把，情节严重的，处三年以下有期徒刑或者拘役，可以并处、单处罚金或者没收财产。

4. 其他解释内容同本法第二十三条解释的第3、4项。

第二十九条 违反本法规定，制造、修理、销售的计量器具不合格，造成人身伤亡或者重大财产损失的，比照《刑法》第187条的规定，对个人或者直接责任人员追究刑事责任。

1. 本条是对违反本法第十五条和销售的计量器具不合格，并造成人身伤亡或重大财产损失的行为，追究刑事法律责任的规定。

2. 本条对我国刑法做了补充规定。按本条规定需追究刑事法律责任的，比照《刑法》第187条执行。

《刑法》第187条规定，"国家工作人员由于玩忽职守，致使公共财产、国家和人民利益遭受重大损失的，处五年以下有期徒刑或者拘役。"

3. "制造、修理、销售的计量器具不合格"的含义，同本法第二十五条解释的第2项。

第三十条 计量监督人员违法失职，情节严重的，依照《刑法》有关规定追究刑事责任；情节轻微的，给予行政处分。

1. 本条是对计量执法人员失职的行为，追究行政法律责任和刑事责任的规定。

2. 按本条规定需追究刑事法律责任的，适用《刑法》第187条。

3. 给予行政处分，由违法者所在单位决定或由其上级领导机关决定。

第三十一条 本法规定的行政处罚，由县级以上地方人民政府计量行政部门决定。本法第二十七条规定的行政处罚，也可以由工商行政管理部门决定。

1. 本条是对适用本法各项行政处罚的专门机关的规定。

2. 适用本法各项行政处罚的专门机关是县级以上地方人民政府计量行政部门。

3. 适用本法第二十七条行政处罚的机关，也可以是工商行政管理部门。

第三十二条 当事人对行政处罚决定不服的，可以在接到处罚通知之日起十五日内向人民法院起诉；对罚款、没收违法所得的行政处罚决定期满不起诉又不履行的，由作出行政处罚决定的机关申请人民法院强制执行。

1. 本条是关于当事人对行政处罚决定不服，向人民法院诉讼或强制其履行处罚决定的规定。

2. 本条的含义是当事人对行政处罚不服，允许其向人民法院起诉；对罚款、没收违法所得行政处罚，如当事人逾期不起诉，则处罚决定生效。对不履行处罚决定的，由作出行政处罚决定的机关申请人民法院强制其执行。

第六章 附 则

第三十三条 中国人民解放军和国防科技工业系统计量工作的监督管理办法，由国务院、中央军事委员会依据本法另行制定。

1. 本条是对制定国防系统计量工作的监督管理办法的规定。

2. 国防系统计量工作的监督管理办法，必须符合本法的规定，以本法为依据。

第三十四条 国务院计量行政部门根据本法制定实施细则，报国务院批准施行。

1. 本条是对制定本法《实施细则》的规定。

2. 本法的《实施细则》授权国务院计量行政部门拟定，报国务院批准后，由国务院计量行政部门发布并在全国施行，具有行政法规的法律效力。

3.《中华人民共和国计量法实施细则》已由国务院批准，于一九八七年二月一日由国家计量局发布施行。

第三十五条 本法自一九八六年七月一日起施行。

本条是对本法生效时间的规定，即计量法自一九八六年七月一日起施行，各条规定生效。

中华人民共和国计量法实施细则

（1987年1月19日国务院批准，1987年2月1日国家计量局发布，根据2016年2月6日国务院令第666号第一次修订，根据2017年3月1日国务院令第676号第二次修订，根据2018年3月19日国务院令第698号第三次修订，根据2022年3月29日国务院令第752号第四次修订）

第一章 总 则

第一条 根据《中华人民共和国计量法》的规定，制定本细则。

第二条 国家实行法定计量单位制度。法定计量单位的名称、符号按照国务院关于在我国统一实行法定计量单位的有关规定执行。

第三条 国家有计划地发展计量事业，用现代计量技术装备各级计量检定机构，为社会主义现代化建设服务，为工农业生产、国防建设、科学实验、国内外贸易以及人民的健康、安全提供计量保证，维护国家和人民的利益。

第二章 计量基准器具和计量标准器具

第四条 计量基准器具（简称计量基准，下同）的使用必须具备下列条件：

（一）经国家鉴定合格；

（二）具有正常工作所需要的环境条件；

（三）具有称职的保存、维护、使用人员；

（四）具有完善的管理制度。

符合上述条件的，经国务院计量行政部门审批并颁发计量基准证书后，方可使用。

第五条 非经国务院计量行政部门批准，任何单位和个人不得拆卸、改装计量基准，或者自行中断其计量检定工作。

第六条 计量基准的量值应当与国际上的量值保持一致。国务院计量行政部门有权废除技术水平落后或者工作状况不适应需要的计量基准。

第七条 计量标准器具（简称计量标准，下同）的使用，必须具备下列条件：

（一）经计量检定合格；

（二）具有正常工作所需要的环境条件；

（三）具有称职的保存、维护、使用人员；

（四）具有完善的管理制度。

第八条 社会公用计量标准对社会上实施计量监督具有公证作用。县级以上地方人民政府计量行政部门建立的本行政区域内最高等级的社会公用计量标准，须向上一级人民政府计量行政部门申请考核；其他等级的，由当地人民政府计量行政部门主持考核。

经考核符合本细则第七条规定条件并取得考核合格证的，由当地县级以上人民政府计量行政部门审批颁发社会公用计量标准证书后，方可使用。

第九条 国务院有关主管部门和省、自治区、直辖市人民政府有关主管部门建立的本部门各项最高计量标准，经同级人民政府计量行政部门考核，符合本细则第七条规定条件并取得考核合格证的，由有关主管部门批准使用。

第十条 企业、事业单位建立本单位各项最高计量标准，须向与其主管部门同级的人民政府计量行政部门申请考核。乡镇企业向当地县级人民政府计量行政部门申请考核。经考核符合本细则第七条规定条件并取得考核合格证的，企业、事业单位方可使用，并向其主管部门备案。

第三章 计 量 检 定

第十一条 使用实行强制检定的计量标准的单位和个人，应当向主持考核该项计量标准的有关人民政府计量行政部门申请周期检定。

使用实行强制检定的工作计量器具的单位和个人，应当向当地县（市）级人民政府计量行政部门指定的计量检定机构申请周期检定。当地不能检定的，向上一级人民政府计量行政部门指定的计量检定机构申请周期检定。

第十二条 企业、事业单位应当配备与生产、科研、经营管理相适应的计量检测设施，制定具体的检定管理办法和规章制度，规定本单位管理的计量器具明细目录及相应的检定周期，保证使用的非强制检定的计量器具定期检定。

第十三条 计量检定工作应当符合经济合理、就地就近的原则，不受行政区划和部门管辖的限制。

第四章 计量器具的制造和修理

第十四条 制造、修理计量器具的企业、事业单位和个体工商户须在固定的场所从事经营，具有符合国家规定的生产设施、检验条件、技术人员等，并满足安全要求。

第十五条 凡制造在全国范围内从未生产过的计量器具新产品，必须经过定型鉴定。定型鉴定合格后，应当履行型式批准手续，颁发证书。在全国范围内已经定型，而本单位未生产过的计量器具新产品，应当进行样机试验。样机试验合格后，发给合格证书。凡未经型式批准或者未取得样机试验合格证书的计量器具，不准生产。

第十六条 计量器具新产品定型鉴定，由国务院计量行政部门授权的技术机构进行；样机试验由所在地方的省级人民政府计量行政部门授权的技术机构进行。

计量器具新产品的型式，由当地省级人民政府计量行政部门批准。省级人民政府计量行政部门批准的型式，经国务院计量行政部门审核同意后，作为全国通用型式。

第十七条 申请计量器具新产品定型鉴定和样机试验的单位，应当提供新产品样机及有关技术文件、资料。

负责计量器具新产品定型鉴定和样机试验的单位，对申请单位提供的样机和技术文件、资料必须保密。

第十八条 对企业、事业单位制造、修理计量器具的质量，各有关主管部门应当加强管理，县级以上人民政府计量行政部门有权进行监督检查，包括抽检和监督试验。凡无产品合格印、证，或者经检定不合格的计量器具，不准出厂。

第五章　计量器具的销售和使用

第十九条　外商在中国销售计量器具，须比照本细则第十八条的规定向国务院计量行政部门申请型式批准。

第二十条　县级以上地方人民政府计量行政部门对当地销售的计量器具实施监督检查。凡没有产品合格印、证标志的计量器具不得销售。

第二十一条　任何单位和个人不得经营销售残次计量器具零配件，不得使用残次零配件组装和修理计量器具。

第二十二条　任何单位和个人不准在工作岗位上使用无检定合格印、证或者超过检定周期以及经检定不合格的计量器具。在教学示范中使用计量器具不受此限。

第六章　计　量　监　督

第二十三条　国务院计量行政部门和县级以上地方人民政府计量行政部门监督和贯彻实施计量法律、法规的职责是：

（一）贯彻执行国家计量工作的方针、政策和规章制度，推行国家法定计量单位；

（二）制定和协调计量事业的发展规划，建立计量基准和社会公用计量标准，组织量值传递；

（三）对制造、修理、销售、使用计量器具实施监督；

（四）进行计量认证，组织仲裁检定，调解计量纠纷；

（五）监督检查计量法律、法规的实施情况，对违反计量法律、法规的行为，按照本细则的有关规定进行处理。

第二十四条　县级以上人民政府计量行政部门的计量管理人员，负责执行计量监督、管理任务；计量监督员负责在规定的区域、场所巡回检查，并可根据不同情况在规定的权限内对违反计量法律、法规的行为，进行现场处理，执行行政处罚。

计量监督员必须经考核合格后，由县级以上人民政府计量行政部门任命并颁发监督员证件。

第二十五条　县级以上人民政府计量行政部门依法设置的计量检定机构，为国家法定计量检定机构。其职责是：负责研究建立计量基准、社会公用计量标准，进行量值传递，执行强制检定和法律规定的其他检定、测试任务，起草技术规范，为实施计量监督提供技术保证，并承办有关计量监督工作。

第二十六条　国家法定计量检定机构的计量检定人员，必须经考核合格。

计量检定人员的技术职务系列，由国务院计量行政部门会同有关主管部门制定。

第二十七条　县级以上人民政府计量行政部门可以根据需要，采取以下形式授权其他单位的计量检定机构和技术机构，在规定的范围内执行强制检定和其他检定、测试任务：

（一）授权专业性或区域性计量检定机构，作为法定计量检定机构；

（二）授权建立社会公用计量标准；

（三）授权某一部门或某一单位的计量检定机构，对其内部使用的强制检定计量器具执行强制检定；

（四）授权有关技术机构，承担法律规定的其他检定、测试任务。

第二十八条　根据本细则第二十七条规定被授权的单位，应当遵守下列规定：

（一）被授权单位执行检定、测试任务的人员，必须经考核合格；

（二）被授权单位的相应计量标准，必须接受计量基准或者社会公用计量标准的检定；

（三）被授权单位承担授权的检定、测试工作，须接受授权单位的监督；

（四）被授权单位成为计量纠纷中当事人一方时，在双方协商不能自行解决的情况下，由县级以上有关人民政府计量行政部门进行调解和仲裁检定。

第七章　产品质量检验机构的计量认证

第二十九条　为社会提供公证数据的产品质量检验机构，必须经省级以上人民政府计量行政部门计量认证。

第三十条　产品质量检验机构计量认证的内容：

（一）计量检定、测试设备的性能；

（二）计量检定、测试设备的工作环境和人员的操作技能；

（三）保证量值统一、准确的措施及检测数据公正可靠的管理制度。

第三十一条　产品质量检验机构提出计量认证申请后，省级以上人民政府计量行政部门应指定所属的计量检定机构或者被授权的技术机构按照本细则第三十条规定的内容进行考核。考核合格后，由接受申请的省级以上人民政府计量行政部门发给计量认证合格证书。产品质量检验机构自愿签署告知承诺书并按要求提交材料的，按照告知承诺相关程序办理。未取得计量认证合格证书的，不得开展产品质量检验工作。

第三十二条　省级以上人民政府计量行政部门有权对计量认证合格的产品质量检验机构，按照本细则第三十条规定的内容进行监督检查。

第三十三条　已经取得计量认证合格证书的产品质量检验机构，需新增检验项目时，应按照本细则有关规定，申请单项计量认证。

第八章　计量调解和仲裁检定

第三十四条　县级以上人民政府计量行政部门负责计量纠纷的调解和仲裁检定，并可根据司法机关、合同管理机关、涉外仲裁机关或者其他单位的委托，指定有关计量检定机构进行仲裁检定。

第三十五条　在调解、仲裁及案件审理过程中，任何一方当事人均不得改变与计量纠纷有关的计量器具的技术状态。

第三十六条　计量纠纷当事人对仲裁检定不服的，可以在接到仲裁检定通知书之日起15日内向上一级人民政府计量行政部门申诉。上一级人民政府计量行政部门进行的仲裁检定为终局仲裁检定。

第九章　费　　用

第三十七条　建立计量标准申请考核，使用计量器具申请检定，制造计量器具新产品

一、法律法规

申请定型和样机试验，以及申请计量认证和仲裁检定，应当缴纳费用，具体收费办法或收费标准，由国务院计量行政部门会同国家财政、物价部门统一制定。

第三十八条　县级以上人民政府计量行政部门实施监督检查所进行的检定和试验不收费。被检查的单位有提供样机和检定试验条件的义务。

第三十九条　县级以上人民政府计量行政部门所属的计量检定机构，为贯彻计量法律、法规，实施计量监督提供技术保证所需要的经费，按照国家财政管理体制的规定，分别列入各级财政预算。

第十章　法　律　责　任

第四十条　违反本细则第二条规定，使用非法定计量单位的，责令其改正；属出版物的，责令其停止销售，可并处1000元以下的罚款。

第四十一条　违反《中华人民共和国计量法》第十四条规定，制造、销售和进口非法定计量单位的计量器具的，责令其停止制造、销售和进口，没收计量器具和全部违法所得，可并处相当其违法所得10％至50％的罚款。

第四十二条　部门和企业、事业单位的各项最高计量标准，未经有关人民政府计量行政部门考核合格而开展计量检定的，责令其停止使用，可并处1000元以下的罚款。

第四十三条　属于强制检定范围的计量器具，未按照规定申请检定和属于非强制检定范围的计量器具未自行定期检定或者送其他计量检定机构定期检定，以及经检定不合格继续使用的，责令其停止使用，可并处1000元以下的罚款。

第四十四条　制造、销售未经型式批准或样机试验合格的计量器具新产品的，责令其停止制造、销售，封存该种新产品，没收全部违法所得，可并处3000元以下的罚款。

第四十五条　制造、修理的计量器具未经出厂检定或者经检定不合格而出厂的，责令其停止出厂，没收全部违法所得；情节严重的，可并处3000元以下的罚款。

第四十六条　使用不合格计量器具或者破坏计量器具准确度和伪造数据，给国家和消费者造成损失的，责令其赔偿损失，没收计量器具和全部违法所得，可并处2000元以下的罚款。

第四十七条　经营销售残次计量器具零配件的，责令其停止经营销售，没收残次计量器具零配件和全部违法所得，可并处2000元以下的罚款；情节严重的，由工商行政管理部门吊销其营业执照。

第四十八条　制造、销售、使用以欺骗消费者为目的的计量器具的单位和个人，没收其计量器具和全部违法所得，可并处2000元以下的罚款；构成犯罪的，对个人或者单位直接责任人员，依法追究刑事责任。

第四十九条　个体工商户制造、修理国家规定范围以外的计量器具或者不按照规定场所从事经营活动的，责令其停止制造、修理，没收全部违法所得，可并处以500元以下的罚款。

第五十条　未取得计量认证合格证书的产品质量检验机构，为社会提供公证数据的，责令其停止检验，可并处1000元以下的罚款。

第五十一条　伪造、盗用、倒卖强制检定印、证的，没收其非法检定印、证和全部违法所得，可并处 2000 元以下的罚款；构成犯罪的，依法追究刑事责任。

第五十二条 计量监督管理人员违法失职，徇私舞弊，情节轻微的，给予行政处分；构成犯罪的，依法追究刑事责任。

第五十三条 负责计量器具新产品定型鉴定、样机试验的单位，违反本细则第十七条第二款规定的，应当按照国家有关规定，赔偿申请单位的损失，并给予直接责任人员行政处分；构成犯罪的，依法追究刑事责任。

第五十四条 计量检定人员有下列行为之一的，给予行政处分；构成犯罪的，依法追究刑事责任：

（一）伪造检定数据的；

（二）出具错误数据，给送检一方造成损失的；

（三）违反计量检定规程进行计量检定的；

（四）使用未经考核合格的计量标准开展检定的；

（五）未经考核合格执行计量检定的。

第五十五条 本细则规定的行政处罚，由县级以上地方人民政府计量行政部门决定。罚款 1 万元以上的，应当报省级人民政府计量行政部门决定。没收违法所得及罚款一律上缴国库。

本细则第四十六条规定的行政处罚，也可以由工商行政管理部门决定。

第十一章 附 则

第五十六条 本细则下列用语的含义是：

（一）计量器具是指能用以直接或间接测出被测对象量值的装置、仪器仪表、量具和用于统一量值的标准物质，包括计量基准、计量标准、工作计量器具。

（二）计量检定是指为评定计量器具的计量性能，确定其是否合格所进行的全部工作。

（三）定型鉴定是指对计量器具新产品样机的计量性能进行全面审查、考核。

（四）计量认证是指政府计量行政部门对有关技术机构计量检定、测试的能力和可靠性进行的考核和证明。

（五）计量检定机构是指承担计量检定工作的有关技术机构。

（六）仲裁检定是指用计量基准或者社会公用计量标准所进行的以裁决为目的的计量检定、测试活动。

第五十七条 中国人民解放军和国防科技工业系统涉及本系统以外的计量工作的监督管理，亦适用本细则。

第五十八条 本细则有关的管理办法、管理范围和各种印、证标志，由国务院计量行政部门制定。

第五十九条 本细则由国务院计量行政部门负责解释。

第六十条 本细则自发布之日起施行。

中华人民共和国产品质量法

（1993年2月22日第七届全国人民代表大会常务委员会第三十次会议通过，根据2000年7月8日第九届全国人民代表大会常务委员会第十六次会议《关于修改〈中华人民共和国产品质量法〉的决定》第一次修正，根据2009年8月27日第十一届全国人民代表大会常务委员会第十次会议《关于修改部分法律的决定》第二次修正，根据2018年12月29日第十三届全国人民代表大会常务委员会第七次会议《关于修改〈中华人民共和国产品质量法〉等五部法律的决定》第三次修正）

第一章 总 则

第一条 为了加强对产品质量的监督管理，提高产品质量水平，明确产品质量责任，保护消费者的合法权益，维护社会经济秩序，制定本法。

第二条 在中华人民共和国境内从事产品生产、销售活动，必须遵守本法。

本法所称产品是指经过加工、制作，用于销售的产品。

建设工程不适用本法规定；但是，建设工程使用的建筑材料、建筑构配件和设备，属于前款规定的产品范围的，适用本法规定。

第三条 生产者、销售者应当建立健全内部产品质量管理制度，严格实施岗位质量规范、质量责任以及相应的考核办法。

第四条 生产者、销售者依照本法规定承担产品质量责任。

第五条 禁止伪造或者冒用认证标志等质量标志；禁止伪造产品的产地，伪造或者冒用他人的厂名、厂址；禁止在生产、销售的产品中掺杂、掺假，以假充真，以次充好。

第六条 国家鼓励推行科学的质量管理方法，采用先进的科学技术，鼓励企业产品质量达到并且超过行业标准、国家标准和国际标准。

对产品质量管理先进和产品质量达到国际先进水平、成绩显著的单位和个人，给予奖励。

第七条 各级人民政府应当把提高产品质量纳入国民经济和社会发展规划，加强对产品质量工作的统筹规划和组织领导，引导、督促生产者、销售者加强产品质量管理，提高产品质量，组织各有关部门依法采取措施，制止产品生产、销售中违反本法规定的行为，保障本法的施行。

第八条 国务院市场监督管理部门主管全国产品质量监督工作。国务院有关部门在各自的职责范围内负责产品质量监督工作。

县级以上地方市场监督管理部门主管本行政区域内的产品质量监督工作。县级以上地方人民政府有关部门在各自的职责范围内负责产品质量监督工作。

法律对产品质量的监督部门另有规定的，依照有关法律的规定执行。

第九条 各级人民政府工作人员和其他国家机关工作人员不得滥用职权、玩忽职守或者徇私舞弊，包庇、放纵本地区、本系统发生的产品生产、销售中违反本法规定的行为，或者阻挠、干预依法对产品生产、销售中违反本法规定的行为进行查处。

各级地方人民政府和其他国家机关有包庇、放纵产品生产、销售中违反本法规定的行为的，依法追究其主要负责人的法律责任。

第十条 任何单位和个人有权对违反本法规定的行为，向市场监督管理部门或者其他有关部门检举。

市场监督管理部门和有关部门应当为检举人保密，并按照省、自治区、直辖市人民政府的规定给予奖励。

第十一条 任何单位和个人不得排斥非本地区或者非本系统企业生产的质量合格产品进入本地区、本系统。

第二章 产品质量的监督

第十二条 产品质量应当检验合格，不得以不合格产品冒充合格产品。

第十三条 可能危及人体健康和人身、财产安全的工业产品，必须符合保障人体健康和人身、财产安全的国家标准、行业标准；未制定国家标准、行业标准的，必须符合保障人体健康和人身、财产安全的要求。

禁止生产、销售不符合保障人体健康和人身、财产安全的标准和要求的工业产品。具体管理办法由国务院规定。

第十四条 国家根据国际通用的质量管理标准，推行企业质量体系认证制度。企业根据自愿原则可以向国务院市场监督管理部门认可的或者国务院市场监督管理部门授权的部门认可的认证机构申请企业质量体系认证。经认证合格的，由认证机构颁发企业质量体系认证证书。

国家参照国际先进的产品标准和技术要求，推行产品质量认证制度。企业根据自愿原则可以向国务院市场监督管理部门认可的或者国务院市场监督管理部门授权的部门认可的认证机构申请产品质量认证。经认证合格的，由认证机构颁发产品质量认证证书，准许企业在产品或者其包装上使用产品质量认证标志。

第十五条 国家对产品质量实行以抽查为主要方式的监督检查制度，对可能危及人体健康和人身、财产安全的产品，影响国计民生的重要工业产品以及消费者、有关组织反映有质量问题的产品进行抽查。抽查的样品应当在市场上或者企业成品仓库内的待销产品中随机抽取。监督抽查工作由国务院市场监督管理部门规划和组织。县级以上地方市场监督管理部门在本行政区域内也可以组织监督抽查。法律对产品质量的监督检查另有规定的，依照有关法律的规定执行。

国家监督抽查的产品，地方不得另行重复抽查；上级监督抽查的产品，下级不得另行重复抽查。

根据监督抽查的需要，可以对产品进行检验。检验抽取样品的数量不得超过检验的合理需要，并不得向被检查人收取检验费用。监督抽查所需检验费用按照国务院规定列支。

生产者、销售者对抽查检验的结果有异议的，可以自收到检验结果之日起十五日内向实施监督抽查的市场监督管理部门或者其上级市场监督管理部门申请复检，由受理复检的市场监督管理部门作出复检结论。

一、法律法规

第十六条 对依法进行的产品质量监督检查，生产者、销售者不得拒绝。

第十七条 依照本法规定进行监督抽查的产品质量不合格的，由实施监督抽查的市场监督管理部门责令其生产者、销售者限期改正。逾期不改正的，由省级以上人民政府市场监督管理部门予以公告；公告后经复查仍不合格的，责令停业，限期整顿；整顿期满后经复查产品质量仍不合格的，吊销营业执照。

监督抽查的产品有严重质量问题的，依照本法第五章的有关规定处罚。

第十八条 县级以上市场监督管理部门根据已经取得的违法嫌疑证据或者举报，对涉嫌违反本法规定的行为进行查处时，可以行使下列职权：

（一）对当事人涉嫌从事违反本法的生产、销售活动的场所实施现场检查；

（二）向当事人的法定代表人、主要负责人和其他有关人员调查、了解与涉嫌从事违反本法的生产、销售活动有关的情况；

（三）查阅、复制当事人有关的合同、发票、帐簿以及其他有关资料；

（四）对有根据认为不符合保障人体健康和人身、财产安全的国家标准、行业标准的产品或者有其他严重质量问题的产品，以及直接用于生产、销售该项产品的原辅材料、包装物、生产工具，予以查封或者扣押。

第十九条 产品质量检验机构必须具备相应的检测条件和能力，经省级以上人民政府市场监督管理部门或者其授权的部门考核合格后，方可承担产品质量检验工作。法律、行政法规对产品质量检验机构另有规定的，依照有关法律、行政法规的规定执行。

第二十条 从事产品质量检验、认证的社会中介机构必须依法设立，不得与行政机关和其他国家机关存在隶属关系或者其他利益关系。

第二十一条 产品质量检验机构、认证机构必须依法按照有关标准，客观、公正地出具检验结果或者认证证明。

产品质量认证机构应当依照国家规定对准许使用认证标志的产品进行认证后的跟踪检查；对不符合认证标准而使用认证标志的，要求其改正；情节严重的，取消其使用认证标志的资格。

第二十二条 消费者有权就产品质量问题，向产品的生产者、销售者查询；向市场监督管理部门及有关部门申诉，接受申诉的部门应当负责处理。

第二十三条 保护消费者权益的社会组织可以就消费者反映的产品质量问题建议有关部门负责处理，支持消费者对因产品质量造成的损害向人民法院起诉。

第二十四条 国务院和省、自治区、直辖市人民政府的市场监督管理部门应当定期发布其监督抽查的产品的质量状况公告。

第二十五条 市场监督管理部门或者其他国家机关以及产品质量检验机构不得向社会推荐生产者的产品；不得以对产品进行监制、监销等方式参与产品经营活动。

第三章　生产者、销售者的产品质量责任和义务

第一节　生产者的产品质量责任和义务

第二十六条 生产者应当对其生产的产品质量负责。

产品质量应当符合下列要求：

（一）不存在危及人身、财产安全的不合理的危险，有保障人体健康和人身、财产安全的国家标准、行业标准的，应当符合该标准；

（二）具备产品应当具备的使用性能，但是，对产品存在使用性能的瑕疵作出说明的除外；

（三）符合在产品或者其包装上注明采用的产品标准，符合以产品说明、实物样品等方式表明的质量状况。

第二十七条 产品或者其包装上的标识必须真实，并符合下列要求：

（一）有产品质量检验合格证明；

（二）有中文标明的产品名称、生产厂厂名和厂址；

（三）根据产品的特点和使用要求，需要标明产品规格、等级、所含主要成份的名称和含量的，用中文相应予以标明；需要事先让消费者知晓的，应当在外包装上标明，或者预先向消费者提供有关资料；

（四）限期使用的产品，应当在显著位置清晰地标明生产日期和安全使用期或者失效日期；

（五）使用不当，容易造成产品本身损坏或者可能危及人身、财产安全的产品，应当有警示标志或者中文警示说明。

裸装的食品和其他根据产品的特点难以附加标识的裸装产品，可以不附加产品标识。

第二十八条 易碎、易燃、易爆、有毒、有腐蚀性、有放射性等危险物品以及储运中不能倒置和其他有特殊要求的产品，其包装质量必须符合相应要求，依照国家有关规定作出警示标志或者中文警示说明，标明储运注意事项。

第二十九条 生产者不得生产国家明令淘汰的产品。

第三十条 生产者不得伪造产地，不得伪造或者冒用他人的厂名、厂址。

第三十一条 生产者不得伪造或者冒用认证标志等质量标志。

第三十二条 生产者生产产品，不得掺杂、掺假，不得以假充真、以次充好，不得以不合格产品冒充合格产品。

第二节 销售者的产品质量责任和义务

第三十三条 销售者应当建立并执行进货检查验收制度，验明产品合格证明和其他标识。

第三十四条 销售者应当采取措施，保持销售产品的质量。

第三十五条 销售者不得销售国家明令淘汰并停止销售的产品和失效、变质的产品。

第三十六条 销售者销售的产品的标识应当符合本法第二十七条的规定。

第三十七条 销售者不得伪造产地，不得伪造或者冒用他人的厂名、厂址。

第三十八条 销售者不得伪造或者冒用认证标志等质量标志。

第三十九条 销售者销售产品，不得掺杂、掺假，不得以假充真、以次充好，不得以不合格产品冒充合格产品。

一、法律法规

第四章 损 害 赔 偿

第四十条 售出的产品有下列情形之一的,销售者应当负责修理、更换、退货;给购买产品的消费者造成损失的,销售者应当赔偿损失:

(一)不具备产品应当具备的使用性能而事先未作说明的;

(二)不符合在产品或者其包装上注明采用的产品标准的;

(三)不符合以产品说明、实物样品等方式表明的质量状况的。

销售者依照前款规定负责修理、更换、退货、赔偿损失后,属于生产者的责任或者属于向销售者提供产品的其他销售者(以下简称供货者)的责任的,销售者有权向生产者、供货者追偿。

销售者未按照第一款规定给予修理、更换、退货或者赔偿损失的,由市场监督管理部门责令改正。

生产者之间,销售者之间,生产者与销售者之间订立的买卖合同、承揽合同有不同约定的,合同当事人按照合同约定执行。

第四十一条 因产品存在缺陷造成人身、缺陷产品以外的其他财产(以下简称他人财产)损害的,生产者应当承担赔偿责任。

生产者能够证明有下列情形之一的,不承担赔偿责任:

(一)未将产品投入流通的;

(二)产品投入流通时,引起损害的缺陷尚不存在的;

(三)将产品投入流通时的科学技术水平尚不能发现缺陷的存在的。

第四十二条 由于销售者的过错使产品存在缺陷,造成人身、他人财产损害的,销售者应当承担赔偿责任。

销售者不能指明缺陷产品的生产者也不能指明缺陷产品的供货者的,销售者应当承担赔偿责任。

第四十三条 因产品存在缺陷造成人身、他人财产损害的,受害人可以向产品的生产者要求赔偿,也可以向产品的销售者要求赔偿。属于产品的生产者的责任,产品的销售者赔偿的,产品的销售者有权向产品的生产者追偿。属于产品的销售者的责任,产品的生产者赔偿的,产品的生产者有权向产品的销售者追偿。

第四十四条 因产品存在缺陷造成受害人人身伤害的,侵害人应当赔偿医疗费、治疗期间的护理费、因误工减少的收入等费用;造成残疾的,还应当支付残疾者生活自助具费、生活补助费、残疾赔偿金以及由其扶养的人所必需的生活费等费用;造成受害人死亡的,并应当支付丧葬费、死亡赔偿金以及由死者生前扶养的人所必需的生活费等费用。

因产品存在缺陷造成受害人财产损失的,侵害人应当恢复原状或者折价赔偿。受害人因此遭受其他重大损失的,侵害人应当赔偿损失。

第四十五条 因产品存在缺陷造成损害要求赔偿的诉讼时效期间为二年,自当事人知道或者应当知道其权益受到损害时起计算。

因产品存在缺陷造成损害要求赔偿的请求权,在造成损害的缺陷产品交付最初消费者满十年丧失;但是,尚未超过明示的安全使用期的除外。

第四十六条 本法所称缺陷，是指产品存在危及人身、他人财产安全的不合理的危险；产品有保障人体健康和人身、财产安全的国家标准、行业标准的，是指不符合该标准。

第四十七条 因产品质量发生民事纠纷时，当事人可以通过协商或者调解解决。当事人不愿通过协商、调解解决或者协商、调解不成的，可以根据当事人各方的协议向仲裁机构申请仲裁；当事人各方没有达成仲裁协议或者仲裁协议无效的，可以直接向人民法院起诉。

第四十八条 仲裁机构或者人民法院可以委托本法第十九条规定的产品质量检验机构，对有关产品质量进行检验。

第五章 罚 则

第四十九条 生产、销售不符合保障人体健康和人身、财产安全的国家标准、行业标准的产品的，责令停止生产、销售，没收违法生产、销售的产品，并处违法生产、销售产品（包括已售出和未售出的产品，下同）货值金额等值以上三倍以下的罚款；有违法所得的，并处没收违法所得；情节严重的，吊销营业执照；构成犯罪的，依法追究刑事责任。

第五十条 在产品中掺杂、掺假，以假充真，以次充好，或者以不合格产品冒充合格产品的，责令停止生产、销售，没收违法生产、销售的产品，并处违法生产、销售产品货值金额百分之五十以上三倍以下的罚款；有违法所得的，并处没收违法所得；情节严重的，吊销营业执照；构成犯罪的，依法追究刑事责任。

第五十一条 生产国家明令淘汰的产品的，销售国家明令淘汰并停止销售的产品的，责令停止生产、销售，没收违法生产、销售的产品，并处违法生产、销售产品货值金额等值以下的罚款；有违法所得的，并处没收违法所得；情节严重的，吊销营业执照。

第五十二条 销售失效、变质的产品的，责令停止销售，没收违法销售的产品，并处违法销售产品货值金额二倍以下的罚款；有违法所得的，并处没收违法所得；情节严重的，吊销营业执照；构成犯罪的，依法追究刑事责任。

第五十三条 伪造产品产地的，伪造或者冒用他人厂名、厂址的，伪造或者冒用认证标志等质量标志的，责令改正，没收违法生产、销售的产品，并处违法生产、销售产品货值金额等值以下的罚款；有违法所得的，并处没收违法所得；情节严重的，吊销营业执照。

第五十四条 产品标识不符合本法第二十七条规定的，责令改正；有包装的产品标识不符合本法第二十七条第（四）项、第（五）项规定，情节严重的，责令停止生产、销售，并处违法生产、销售产品货值金额百分之三十以下的罚款；有违法所得的，并处没收违法所得。

第五十五条 销售者销售本法第四十九条至第五十三条规定禁止销售的产品，有充分证据证明其不知道该产品为禁止销售的产品并如实说明其进货来源的，可以从轻或者减轻处罚。

第五十六条 拒绝接受依法进行的产品质量监督检查的，给予警告，责令改正；拒不改正的，责令停业整顿；情节特别严重的，吊销营业执照。

一、法律法规

第五十七条 产品质量检验机构、认证机构伪造检验结果或者出具虚假证明的，责令改正，对单位处五万元以上十万元以下的罚款，对直接负责的主管人员和其他直接责任人员处一万元以上五万元以下的罚款；有违法所得的，并处没收违法所得；情节严重的，取消其检验资格、认证资格；构成犯罪的，依法追究刑事责任。

产品质量检验机构、认证机构出具的检验结果或者证明不实，造成损失的，应当承担相应的赔偿责任；造成重大损失的，撤销其检验资格、认证资格。

产品质量认证机构违反本法第二十一条第二款的规定，对不符合认证标准而使用认证标志的产品，未依法要求其改正或者取消其使用认证标志资格的，对因产品不符合认证标准给消费者造成的损失，与产品的生产者、销售者承担连带责任；情节严重的，撤销其认证资格。

第五十八条 社会团体、社会中介机构对产品质量作出承诺、保证，而该产品又不符合其承诺、保证的质量要求，给消费者造成损失的，与产品的生产者、销售者承担连带责任。

第五十九条 在广告中对产品质量作虚假宣传，欺骗和误导消费者的，依照《中华人民共和国广告法》的规定追究法律责任。

第六十条 对生产者专门用于生产本法第四十九条、第五十一条所列的产品或者以假充真的产品的原辅材料、包装物、生产工具，应当予以没收。

第六十一条 知道或者应当知道属于本法规定禁止生产、销售的产品而为其提供运输、保管、仓储等便利条件的，或者为以假充真的产品提供制假生产技术的，没收全部运输、保管、仓储或者提供制假生产技术的收入，并处违法收入百分之五十以上三倍以下的罚款；构成犯罪的，依法追究刑事责任。

第六十二条 服务业的经营者将本法第四十九条至第五十二条规定禁止销售的产品用于经营性服务的，责令停止使用；对知道或者应当知道所使用的产品属于本法规定禁止销售的产品的，按照违法使用的产品（包括已使用和尚未使用的产品）的货值金额，依照本法对销售者的处罚规定处罚。

第六十三条 隐匿、转移、变卖、损毁被市场监督管理部门查封、扣押的物品的，处被隐匿、转移、变卖、损毁物品货值金额等值以上三倍以下的罚款；有违法所得的，并处没收违法所得。

第六十四条 违反本法规定，应当承担民事赔偿责任和缴纳罚款、罚金，其财产不足以同时支付时，先承担民事赔偿责任。

第六十五条 各级人民政府工作人员和其他国家机关工作人员有下列情形之一的，依法给予行政处分；构成犯罪的，依法追究刑事责任：

（一）包庇、放纵产品生产、销售中违反本法规定行为的；

（二）向从事违反本法规定的生产、销售活动的当事人通风报信，帮助其逃避查处的；

（三）阻挠、干预市场监督管理部门依法对产品生产、销售中违反本法规定的行为进行查处，造成严重后果的。

第六十六条 市场监督管理部门在产品质量监督抽查中超过规定的数量索取样品或者向被检查人收取检验费用的，由上级市场监督管理部门或者监察机关责令退还；情节严重的，对直接负责的主管人员和其他直接责任人员依法给予行政处分。

第六十七条 市场监督管理部门或者其他国家机关违反本法第二十五条的规定，向社会推荐生产者的产品或者以监制、监销等方式参与产品经营活动的，由其上级机关或者监察机关责令改正，消除影响，有违法收入的予以没收；情节严重的，对直接负责的主管人员和其他直接责任人员依法给予行政处分。

产品质量检验机构有前款所列违法行为的，由市场监督管理部门责令改正，消除影响，有违法收入的予以没收，可以并处违法收入一倍以下的罚款；情节严重的，撤销其质量检验资格。

第六十八条 市场监督管理部门的工作人员滥用职权、玩忽职守、徇私舞弊，构成犯罪的，依法追究刑事责任；尚不构成犯罪的，依法给予行政处分。

第六十九条 以暴力、威胁方法阻碍市场监督管理部门的工作人员依法执行职务的，依法追究刑事责任；拒绝、阻碍未使用暴力、威胁方法的，由公安机关依照治安管理处罚法的规定处罚。

第七十条 本法第四十九条至第五十七条、第六十条至第六十三条规定的行政处罚由市场监督管理部门决定。法律、行政法规对行使行政处罚权的机关另有规定的，依照有关法律、行政法规的规定执行。

第七十一条 对依照本法规定没收的产品，依照国家有关规定进行销毁或者采取其他方式处理。

第七十二条 本法第四十九条至第五十四条、第六十二条、第六十三条所规定的货值金额以违法生产、销售产品的标价计算；没有标价的，按照同类产品的市场价格计算。

第六章　附　　则

第七十三条 军工产品质量监督管理办法，由国务院、中央军事委员会另行制定。

因核设施、核产品造成损害的赔偿责任，法律、行政法规另有规定的，依照其规定。

第七十四条 本法自 1993 年 9 月 1 日起施行。

中华人民共和国行政许可法

（2003年8月27日第十届全国人民代表大会常务委员会第四次会议通过，2004年7月1日起施行。根据2019年4月23日第十三届全国人民代表大会常务委员会第十次会议《关于修改〈中华人民共和国建筑法〉等八部法律的决定》修正）

第一章 总 则

第一条 为了规范行政许可的设定和实施，保护公民、法人和其他组织的合法权益，维护公共利益和社会秩序，保障和监督行政机关有效实施行政管理，根据宪法，制定本法。

第二条 本法所称行政许可，是指行政机关根据公民、法人或者其他组织的申请，经依法审查，准予其从事特定活动的行为。

第三条 行政许可的设定和实施，适用本法。

有关行政机关对其他机关或者对其直接管理的事业单位的人事、财务、外事等事项的审批，不适用本法。

第四条 设定和实施行政许可，应当依照法定的权限、范围、条件和程序。

第五条 设定和实施行政许可，应当遵循公开、公平、公正、非歧视的原则。

有关行政许可的规定应当公布；未经公布的，不得作为实施行政许可的依据。行政许可的实施和结果，除涉及国家秘密、商业秘密或者个人隐私的外，应当公开。未经申请人同意，行政机关及其工作人员、参与专家评审等的人员不得披露申请人提交的商业秘密、未披露信息或者保密商务信息，法律另有规定或者涉及国家安全、重大社会公共利益的除外；行政机关依法公开申请人前述信息的，允许申请人在合理期限内提出异议。

符合法定条件、标准的，申请人有依法取得行政许可的平等权利，行政机关不得歧视任何人。

第六条 实施行政许可，应当遵循便民的原则，提高办事效率，提供优质服务。

第七条 公民、法人或者其他组织对行政机关实施行政许可，享有陈述权、申辩权；有权依法申请行政复议或者提起行政诉讼；其合法权益因行政机关违法实施行政许可受到损害的，有权依法要求赔偿。

第八条 公民、法人或者其他组织依法取得的行政许可受法律保护，行政机关不得擅自改变已经生效的行政许可。

行政许可所依据的法律、法规、规章修改或者废止，或者准予行政许可所依据的客观情况发生重大变化的，为了公共利益的需要，行政机关可以依法变更或者撤回已经生效的行政许可。由此给公民、法人或者其他组织造成财产损失的，行政机关应当依法给予补偿。

第九条 依法取得的行政许可,除法律、法规规定依照法定条件和程序可以转让的外,不得转让。

第十条 县级以上人民政府应当建立健全对行政机关实施行政许可的监督制度,加强对行政机关实施行政许可的监督检查。

行政机关应当对公民、法人或者其他组织从事行政许可事项的活动实施有效监督。

第二章 行政许可的设定

第十一条 设定行政许可,应当遵循经济和社会发展规律,有利于发挥公民、法人或者其他组织的积极性、主动性,维护公共利益和社会秩序,促进经济、社会和生态环境协调发展。

第十二条 下列事项可以设定行政许可:

(一)直接涉及国家安全、公共安全、经济宏观调控、生态环境保护以及直接关系人身健康、生命财产安全等特定活动,需要按照法定条件予以批准的事项;

(二)有限自然资源开发利用、公共资源配置以及直接关系公共利益的特定行业的市场准入等,需要赋予特定权利的事项;

(三)提供公众服务并且直接关系公共利益的职业、行业,需要确定具备特殊信誉、特殊条件或者特殊技能等资格、资质的事项;

(四)直接关系公共安全、人身健康、生命财产安全的重要设备、设施、产品、物品,需要按照技术标准、技术规范,通过检验、检测、检疫等方式进行审定的事项;

(五)企业或者其他组织的设立等,需要确定主体资格的事项;

(六)法律、行政法规规定可以设定行政许可的其他事项。

第十三条 本法第十二条所列事项,通过下列方式能够予以规范的,可以不设行政许可:

(一)公民、法人或者其他组织能够自主决定的;

(二)市场竞争机制能够有效调节的;

(三)行业组织或者中介机构能够自律管理的;

(四)行政机关采用事后监督等其他行政管理方式能够解决的。

第十四条 本法第十二条所列事项,法律可以设定行政许可。尚未制定法律的,行政法规可以设定行政许可。

必要时,国务院可以采用发布决定的方式设定行政许可。实施后,除临时性行政许可事项外,国务院应当及时提请全国人民代表大会及其常务委员会制定法律,或者自行制定行政法规。

第十五条 本法第十二条所列事项,尚未制定法律、行政法规的,地方性法规可以设定行政许可;尚未制定法律、行政法规和地方性法规的,因行政管理的需要,确需立即实施行政许可的,省、自治区、直辖市人民政府规章可以设定临时性的行政许可。临时性的行政许可实施满一年需要继续实施的,应当提请本级人民代表大会及其常务委员会制定地方性法规。

地方性法规和省、自治区、直辖市人民政府规章,不得设定应当由国家统一确定的公民、法人或者其他组织的资格、资质的行政许可;不得设定企业或者其他组织的设立登记及其前置性行政许可。其设定的行政许可,不得限制其他地区的个人或者企业到本地区从事生产经营和提供服务,不得限制其他地区的商品进入本地区市场。

第十六条 行政法规可以在法律设定的行政许可事项范围内,对实施该行政许可作出具体规定。

地方性法规可以在法律、行政法规设定的行政许可事项范围内,对实施该行政许可作出具体规定。

规章可以在上位法设定的行政许可事项范围内,对实施该行政许可作出具体规定。

法规、规章对实施上位法设定的行政许可作出的具体规定,不得增设行政许可;对行政许可条件作出的具体规定,不得增设违反上位法的其他条件。

第十七条 除本法第十四条、第十五条规定的外,其他规范性文件一律不得设定行政许可。

第十八条 设定行政许可,应当规定行政许可的实施机关、条件、程序、期限。

第十九条 起草法律草案、法规草案和省、自治区、直辖市人民政府规章草案,拟设定行政许可的,起草单位应当采取听证会、论证会等形式听取意见,并向制定机关说明设定该行政许可的必要性、对经济和社会可能产生的影响以及听取和采纳意见的情况。

第二十条 行政许可的设定机关应当定期对其设定的行政许可进行评价;对已设定的行政许可,认为通过本法第十三条所列方式能够解决的,应当对设定该行政许可的规定及时予以修改或者废止。

行政许可的实施机关可以对已设定的行政许可的实施情况及存在的必要性适时进行评价,并将意见报告该行政许可的设定机关。

公民、法人或者其他组织可以向行政许可的设定机关和实施机关就行政许可的设定和实施提出意见和建议。

第二十一条 省、自治区、直辖市人民政府对行政法规设定的有关经济事务的行政许可,根据本行政区域经济和社会发展情况,认为通过本法第十三条所列方式能够解决的,报国务院批准后,可以在本行政区域内停止实施该行政许可。

第三章 行政许可的实施机关

第二十二条 行政许可由具有行政许可权的行政机关在其法定职权范围内实施。

第二十三条 法律、法规授权的具有管理公共事务职能的组织,在法定授权范围内,以自己的名义实施行政许可。被授权的组织适用本法有关行政机关的规定。

第二十四条 行政机关在其法定职权范围内,依照法律、法规、规章的规定,可以委托其他行政机关实施行政许可。委托机关应当将受委托行政机关和受委托实施行政许可的内容予以公告。

委托行政机关对受委托行政机关实施行政许可的行为应当负责监督,并对该行为的后果承担法律责任。

受委托行政机关在委托范围内,以委托行政机关名义实施行政许可;不得再委托其他组织或者个人实施行政许可。

第二十五条 经国务院批准,省、自治区、直辖市人民政府根据精简、统一、效能的原则,可以决定一个行政机关行使有关行政机关的行政许可权。

第二十六条 行政许可需要行政机关内设的多个机构办理的,该行政机关应当确定一个机构统一受理行政许可申请,统一送达行政许可决定。

行政许可依法由地方人民政府两个以上部门分别实施的,本级人民政府可以确定一个部门受理行政许可申请并转告有关部门分别提出意见后统一办理,或者组织有关部门联合办理、集中办理。

第二十七条 行政机关实施行政许可,不得向申请人提出购买指定商品、接受有偿服务等不正当要求。

行政机关工作人员办理行政许可,不得索取或者收受申请人的财物,不得谋取其他利益。

第二十八条 对直接关系公共安全、人身健康、生命财产安全的设备、设施、产品、物品的检验、检测、检疫,除法律、行政法规规定由行政机关实施的外,应当逐步由符合法定条件的专业技术组织实施。专业技术组织及其有关人员对所实施的检验、检测、检疫结论承担法律责任。

第四章 行政许可的实施程序

第一节 申 请 与 受 理

第二十九条 公民、法人或者其他组织从事特定活动,依法需要取得行政许可的,应当向行政机关提出申请。申请书需要采用格式文本的,行政机关应当向申请人提供行政许可申请书格式文本。申请书格式文本中不得包含与申请行政许可事项没有直接关系的内容。

申请人可以委托代理人提出行政许可申请。但是,依法应当由申请人到行政机关办公场所提出行政许可申请的除外。

行政许可申请可以通过信函、电报、电传、传真、电子数据交换和电子邮件等方式提出。

第三十条 行政机关应当将法律、法规、规章规定的有关行政许可的事项、依据、条件、数量、程序、期限以及需要提交的全部材料的目录和申请书示范文本等在办公场所公示。

申请人要求行政机关对公示内容予以说明、解释的,行政机关应当说明、解释,提供准确、可靠的信息。

第三十一条 申请人申请行政许可,应当如实向行政机关提交有关材料和反映真实情况,并对其申请材料实质内容的真实性负责。行政机关不得要求申请人提交与其申请的行政许可事项无关的技术资料和其他材料。

行政机关及其工作人员不得以转让技术作为取得行政许可的条件;不得在实施行政许可的过程中,直接或者间接地要求转让技术。

第三十二条 行政机关对申请人提出的行政许可申请,应当根据下列情况分别作出处理:

(一)申请事项依法不需要取得行政许可的,应当即时告知申请人不受理;

(二)申请事项依法不属于本行政机关职权范围的,应当即时作出不予受理的决定,并告知申请人向有关行政机关申请;

(三)申请材料存在可以当场更正的错误的,应当允许申请人当场更正;

(四)申请材料不齐全或者不符合法定形式的,应当当场或者在五日内一次告知申请人需要补正的全部内容,逾期不告知的,自收到申请材料之日起即为受理;

(五)申请事项属于本行政机关职权范围,申请材料齐全、符合法定形式,或者申请人按照本行政机关的要求提交全部补正申请材料的,应当受理行政许可申请。

行政机关受理或者不予受理行政许可申请,应当出具加盖本行政机关专用印章和注明日期的书面凭证。

第三十三条 行政机关应当建立和完善有关制度,推行电子政务,在行政机关的网站上公布行政许可事项,方便申请人采取数据电文等方式提出行政许可申请;应当与其他行政机关共享有关行政许可信息,提高办事效率。

第二节 审查与决定

第三十四条 行政机关应当对申请人提交的申请材料进行审查。

申请人提交的申请材料齐全、符合法定形式,行政机关能够当场作出决定的,应当当场作出书面的行政许可决定。

根据法定条件和程序,需要对申请材料的实质内容进行核实的,行政机关应当指派两名以上工作人员进行核查。

第三十五条 依法应当先经下级行政机关审查后报上级行政机关决定的行政许可,下级行政机关应当在法定期限内将初步审查意见和全部申请材料直接报送上级行政机关。上级行政机关不得要求申请人重复提供申请材料。

第三十六条 行政机关对行政许可申请进行审查时,发现行政许可事项直接关系他人重大利益的,应当告知该利害关系人。申请人、利害关系人有权进行陈述和申辩。行政机关应当听取申请人、利害关系人的意见。

第三十七条 行政机关对行政许可申请进行审查后,除当场作出行政许可决定的外,应当在法定期限内按照规定程序作出行政许可决定。

第三十八条 申请人的申请符合法定条件、标准的,行政机关应当依法作出准予行政许可的书面决定。

行政机关依法作出不予行政许可的书面决定的,应当说明理由,并告知申请人享有依法申请行政复议或者提起行政诉讼的权利。

第三十九条 行政机关作出准予行政许可的决定,需要颁发行政许可证件的,应当向申请人颁发加盖本行政机关印章的下列行政许可证件:

(一)许可证、执照或者其他许可证书;

(二)资格证、资质证或者其他合格证书;

（三）行政机关的批准文件或者证明文件；

（四）法律、法规规定的其他行政许可证件。

行政机关实施检验、检测、检疫的，可以在检验、检测、检疫合格的设备、设施、产品、物品上加贴标签或者加盖检验、检测、检疫印章。

第四十条 行政机关作出的准予行政许可决定，应当予以公开，公众有权查阅。

第四十一条 法律、行政法规设定的行政许可，其适用范围没有地域限制的，申请人取得的行政许可在全国范围内有效。

第三节 期 限

第四十二条 除可以当场作出行政许可决定的外，行政机关应当自受理行政许可申请之日起二十日内作出行政许可决定。二十日内不能作出决定的，经本行政机关负责人批准，可以延长十日，并应当将延长期限的理由告知申请人。但是，法律、法规另有规定的，依照其规定。

依照本法第二十六条的规定，行政许可采取统一办理或者联合办理、集中办理的，办理的时间不得超过四十五日；四十五日内不能办结的，经本级人民政府负责人批准，可以延长十五日，并应当将延长期限的理由告知申请人。

第四十三条 依法应当先经下级行政机关审查后报上级行政机关决定的行政许可，下级行政机关应当自其受理行政许可申请之日起二十日内审查完毕。但是，法律、法规另有规定的，依照其规定。

第四十四条 行政机关作出准予行政许可的决定，应当自作出决定之日起十日内向申请人颁发、送达行政许可证件，或者加贴标签、加盖检验、检测、检疫印章。

第四十五条 行政机关作出行政许可决定，依法需要听证、招标、拍卖、检验、检测、检疫、鉴定和专家评审，所需时间不计算在本节规定的期限内。行政机关应当将所需时间书面告知申请人。

第四节 听 证

第四十六条 法律、法规、规章规定实施行政许可应当听证的事项，或者行政机关认为需要听证的其他涉及公共利益的重大行政许可事项，行政机关应当向社会公告，并举行听证。

第四十七条 行政许可直接涉及申请人与他人之间重大利益关系的，行政机关在作出行政许可决定前，应当告知申请人、利害关系人享有要求听证的权利；申请人、利害关系人在被告知听证权利之日起五日内提出听证申请的，行政机关应当在二十日内组织听证。

申请人、利害关系人不承担行政机关组织听证的费用。

第四十八条 听证按照下列程序进行：

（一）行政机关应当于举行听证的七日前将举行听证的时间、地点通知申请人、利害关系人，必要时予以公告；

（二）听证应当公开举行；

（三）行政机关应当指定审查该行政许可申请的工作人员以外的人员为听证主持人，

一、法律法规

申请人、利害关系人认为主持人与该行政许可事项有直接利害关系的,有权申请回避;

(四) 举行听证时,审查该行政许可申请的工作人员应当提供审查意见的证据、理由,申请人、利害关系人可以提出证据,并进行申辩和质证;

(五) 听证应当制作笔录,听证笔录应当交听证参加人确认无误后签字或者盖章。

行政机关应当根据听证笔录,作出行政许可决定。

第五节　变更与延续

第四十九条　被许可人要求变更行政许可事项的,应当向作出行政许可决定的行政机关提出申请;符合法定条件、标准的,行政机关应当依法办理变更手续。

第五十条　被许可人需要延续依法取得的行政许可的有效期的,应当在该行政许可有效期届满三十日前向作出行政许可决定的行政机关提出申请。但是,法律、法规、规章另有规定的,依照其规定。

行政机关应当根据被许可人的申请,在该行政许可有效期届满前作出是否准予延续的决定;逾期未作决定的,视为准予延续。

第六节　特别规定

第五十一条　实施行政许可的程序,本节有规定的,适用本节规定;本节没有规定的,适用本章其他有关规定。

第五十二条　国务院实施行政许可的程序,适用有关法律、行政法规的规定。

第五十三条　实施本法第十二条第二项所列事项的行政许可的,行政机关应当通过招标、拍卖等公平竞争的方式作出决定。但是,法律、行政法规另有规定的,依照其规定。

行政机关通过招标、拍卖等方式作出行政许可决定的具体程序,依照有关法律、行政法规的规定。

行政机关按照招标、拍卖程序确定中标人、买受人后,应当作出准予行政许可的决定,并依法向中标人、买受人颁发行政许可证件。

行政机关违反本条规定,不采用招标、拍卖方式,或者违反招标、拍卖程序,损害申请人合法权益的,申请人可以依法申请行政复议或者提起行政诉讼。

第五十四条　实施本法第十二条第三项所列事项的行政许可,赋予公民特定资格,依法应当举行国家考试的,行政机关根据考试成绩和其他法定条件作出行政许可决定;赋予法人或者其他组织特定的资格、资质的,行政机关根据申请人的专业人员构成、技术条件、经营业绩和管理水平等的考核结果作出行政许可决定。但是,法律、行政法规另有规定的,依照其规定。

公民特定资格的考试依法由行政机关或者行业组织实施,公开举行。行政机关或者行业组织应当事先公布资格考试的报名条件、报考办法、考试科目以及考试大纲。但是,不得组织强制性的资格考试的考前培训,不得指定教材或者其他助考材料。

第五十五条　实施本法第十二条第四项所列事项的行政许可的,应当按照技术标准、技术规范依法进行检验、检测、检疫,行政机关根据检验、检测、检疫的结果作出行政许可决定。

行政机关实施检验、检测、检疫，应当自受理申请之日起五日内指派两名以上工作人员按照技术标准、技术规范进行检验、检测、检疫。不需要对检验、检测、检疫结果作进一步技术分析即可认定设备、设施、产品、物品是否符合技术标准、技术规范的，行政机关应当当场作出行政许可决定。

行政机关根据检验、检测、检疫结果，作出不予行政许可决定的，应当书面说明不予行政许可所依据的技术标准、技术规范。

第五十六条　实施本法第十二条第五项所列事项的行政许可，申请人提交的申请材料齐全、符合法定形式的，行政机关应当当场予以登记。需要对申请材料的实质内容进行核实的，行政机关依照本法第三十四条第三款的规定办理。

第五十七条　有数量限制的行政许可，两个或者两个以上申请人的申请均符合法定条件、标准的，行政机关应当根据受理行政许可申请的先后顺序作出准予行政许可的决定。但是，法律、行政法规另有规定的，依照其规定。

第五章　行政许可的费用

第五十八条　行政机关实施行政许可和对行政许可事项进行监督检查，不得收取任何费用。但是，法律、行政法规另有规定的，依照其规定。

行政机关提供行政许可申请书格式文本，不得收费。

行政机关实施行政许可所需经费应当列入本行政机关的预算，由本级财政予以保障，按照批准的预算予以核拨。

第五十九条　行政机关实施行政许可，依照法律、行政法规收取费用的，应当按照公布的法定项目和标准收费；所收取的费用必须全部上缴国库，任何机关或者个人不得以任何形式截留、挪用、私分或者变相私分。财政部门不得以任何形式向行政机关返还或者变相返还实施行政许可所收取的费用。

第六章　监督检查

第六十条　上级行政机关应当加强对下级行政机关实施行政许可的监督检查，及时纠正行政许可实施中的违法行为。

第六十一条　行政机关应当建立健全监督制度，通过核查反映被许可人从事行政许可事项活动情况的有关材料，履行监督责任。

行政机关依法对被许可人从事行政许可事项的活动进行监督检查时，应当将监督检查的情况和处理结果予以记录，由监督检查人员签字后归档。公众有权查阅行政机关监督检查记录。

行政机关应当创造条件，实现与被许可人、其他有关行政机关的计算机档案系统互联，核查被许可人从事行政许可事项活动情况。

第六十二条　行政机关可以对被许可人生产经营的产品依法进行抽样检查、检验、检测，对其生产经营场所依法进行实地检查。检查时，行政机关可以依法查阅或者要求被许可人报送有关材料；被许可人应当如实提供有关情况和材料。

行政机关根据法律、行政法规的规定，对直接关系公共安全、人身健康、生命财产安全的重要设备、设施进行定期检验。对检验合格的，行政机关应当发给相应的证明文件。

第六十三条 行政机关实施监督检查，不得妨碍被许可人正常的生产经营活动，不得索取或者收受被许可人的财物，不得谋取其他利益。

第六十四条 被许可人在作出行政许可决定的行政机关管辖区域外违法从事行政许可事项活动的，违法行为发生地的行政机关应当依法将被许可人的违法事实、处理结果抄告作出行政许可决定的行政机关。

第六十五条 个人和组织发现违法从事行政许可事项的活动，有权向行政机关举报，行政机关应当及时核实、处理。

第六十六条 被许可人未依法履行开发利用自然资源义务或者未依法履行利用公共资源义务的，行政机关应当责令限期改正；被许可人在规定期限内不改正的，行政机关应当依照有关法律、行政法规的规定予以处理。

第六十七条 取得直接关系公共利益的特定行业的市场准入行政许可的被许可人，应当按照国家规定的服务标准、资费标准和行政机关依法规定的条件，向用户提供安全、方便、稳定和价格合理的服务，并履行普遍服务的义务；未经作出行政许可决定的行政机关批准，不得擅自停业、歇业。

被许可人不履行前款规定的义务的，行政机关应当责令限期改正，或者依法采取有效措施督促其履行义务。

第六十八条 对直接关系公共安全、人身健康、生命财产安全的重要设备、设施，行政机关应当督促设计、建造、安装和使用单位建立相应的自检制度。

行政机关在监督检查时，发现直接关系公共安全、人身健康、生命财产安全的重要设备、设施存在安全隐患的，应当责令停止建造、安装和使用，并责令设计、建造、安装和使用单位立即改正。

第六十九条 有下列情形之一的，作出行政许可决定的行政机关或者其上级行政机关，根据利害关系人的请求或者依据职权，可以撤销行政许可：

（一）行政机关工作人员滥用职权、玩忽职守作出准予行政许可决定的；

（二）超越法定职权作出准予行政许可决定的；

（三）违反法定程序作出准予行政许可决定的；

（四）对不具备申请资格或者不符合法定条件的申请人准予行政许可的；

（五）依法可以撤销行政许可的其他情形。

被许可人以欺骗、贿赂等不正当手段取得行政许可的，应当予以撤销。

依照前两款的规定撤销行政许可，可能对公共利益造成重大损害的，不予撤销。

依照本条第一款的规定撤销行政许可，被许可人的合法权益受到损害的，行政机关应当依法给予赔偿。依照本条第二款的规定撤销行政许可的，被许可人基于行政许可取得的利益不受保护。

第七十条 有下列情形之一的，行政机关应当依法办理有关行政许可的注销手续：

（一）行政许可有效期届满未延续的；

（二）赋予公民特定资格的行政许可，该公民死亡或者丧失行为能力的；

（三）法人或者其他组织依法终止的；

（四）行政许可依法被撤销、撤回，或者行政许可证件依法被吊销的；

（五）因不可抗力导致行政许可事项无法实施的；

（六）法律、法规规定的应当注销行政许可的其他情形。

第七章 法 律 责 任

第七十一条 违反本法第十七条规定设定的行政许可，有关机关应当责令设定该行政许可的机关改正，或者依法予以撤销。

第七十二条 行政机关及其工作人员违反本法的规定，有下列情形之一的，由其上级行政机关或者监察机关责令改正；情节严重的，对直接负责的主管人员和其他直接责任人员依法给予行政处分：

（一）对符合法定条件的行政许可申请不予受理的；

（二）不在办公场所公示依法应当公示的材料的；

（三）在受理、审查、决定行政许可过程中，未向申请人、利害关系人履行法定告知义务的；

（四）申请人提交的申请材料不齐全、不符合法定形式，不一次告知申请人必须补正的全部内容的；

（五）违法披露申请人提交的商业秘密、未披露信息或者保密商务信息的；

（六）以转让技术作为取得行政许可的条件，或者在实施行政许可的过程中直接或者间接地要求转让技术的；

（七）未依法说明不受理行政许可申请或者不予行政许可的理由的；

（八）依法应当举行听证而不举行听证的。

第七十三条 行政机关工作人员办理行政许可、实施监督检查，索取或者收受他人财物或者谋取其他利益，构成犯罪的，依法追究刑事责任；尚不构成犯罪的，依法给予行政处分。

第七十四条 行政机关实施行政许可，有下列情形之一的，由其上级行政机关或者监察机关责令改正，对直接负责的主管人员和其他直接责任人员依法给予行政处分；构成犯罪的，依法追究刑事责任：

（一）对不符合法定条件的申请人准予行政许可或者超越法定职权作出准予行政许可决定的；

（二）对符合法定条件的申请人不予行政许可或者不在法定期限内作出准予行政许可决定的；

（三）依法应当根据招标、拍卖结果或者考试成绩择优作出准予行政许可决定，未经招标、拍卖或者考试，或者不根据招标、拍卖结果或者考试成绩择优作出准予行政许可决定的。

第七十五条 行政机关实施行政许可，擅自收费或者不按照法定项目和标准收费的，由其上级行政机关或者监察机关责令退还非法收取的费用；对直接负责的主管人员和其他直接责任人员依法给予行政处分。

截留、挪用、私分或者变相私分实施行政许可依法收取的费用的，予以追缴；对直接负责的主管人员和其他直接责任人员依法给予行政处分;构成犯罪的,依法追究刑事责任。

第七十六条 行政机关违法实施行政许可,给当事人的合法权益造成损害的,应当依照国家赔偿法的规定给予赔偿。

第七十七条 行政机关不依法履行监督职责或者监督不力,造成严重后果的,由其上级行政机关或者监察机关责令改正,对直接负责的主管人员和其他直接责任人员依法给予行政处分;构成犯罪的,依法追究刑事责任。

第七十八条 行政许可申请人隐瞒有关情况或者提供虚假材料申请行政许可的,行政机关不予受理或者不予行政许可,并给予警告;行政许可申请属于直接关系公共安全、人身健康、生命财产安全事项的,申请人在一年内不得再次申请该行政许可。

第七十九条 被许可人以欺骗、贿赂等不正当手段取得行政许可的,行政机关应当依法给予行政处罚;取得的行政许可属于直接关系公共安全、人身健康、生命财产安全事项的,申请人在三年内不得再次申请该行政许可;构成犯罪的,依法追究刑事责任。

第八十条 被许可人有下列行为之一的,行政机关应当依法给予行政处罚;构成犯罪的,依法追究刑事责任:

(一)涂改、倒卖、出租、出借行政许可证件,或者以其他形式非法转让行政许可的;

(二)超越行政许可范围进行活动的;

(三)向负责监督检查的行政机关隐瞒有关情况、提供虚假材料或者拒绝提供反映其活动情况的真实材料的;

(四)法律、法规、规章规定的其他违法行为。

第八十一条 公民、法人或者其他组织未经行政许可,擅自从事依法应当取得行政许可的活动的,行政机关应当依法采取措施予以制止,并依法给予行政处罚;构成犯罪的,依法追究刑事责任。

第八章 附 则

第八十二条 本法规定的行政机关实施行政许可的期限以工作日计算,不含法定节假日。

第八十三条 本法自 2004 年 7 月 1 日起施行。

本法施行前有关行政许可的规定,制定机关应当依照本法规定予以清理;不符合本法规定的,自本法施行之日起停止执行。

中华人民共和国认证认可条例

（2003年8月20日国务院第18次常务会议通过，2003年9月3日中华人民共和国国务院令第390号公布施行，根据2016年2月6日《国务院关于修改部分行政法规的决定》第一次修订，根据2020年11月29日《国务院关于修改和废止部分行政法规的决定》第二次修订）

第一章 总 则

第一条 为了规范认证认可活动，提高产品、服务的质量和管理水平，促进经济和社会的发展，制定本条例。

第二条 本条例所称认证，是指由认证机构证明产品、服务、管理体系符合相关技术规范、相关技术规范的强制性要求或者标准的合格评定活动。

本条例所称认可，是指由认可机构对认证机构、检查机构、实验室以及从事评审、审核等认证活动人员的能力和执业资格，予以承认的合格评定活动。

第三条 在中华人民共和国境内从事认证认可活动，应当遵守本条例。

第四条 国家实行统一的认证认可监督管理制度。

国家对认证认可工作实行在国务院认证认可监督管理部门统一管理、监督和综合协调下，各有关方面共同实施的工作机制。

第五条 国务院认证认可监督管理部门应当依法对认证培训机构、认证咨询机构的活动加强监督管理。

第六条 认证认可活动应当遵循客观独立、公开公正、诚实信用的原则。

第七条 国家鼓励平等互利地开展认证认可国际互认活动。认证认可国际互认活动不得损害国家安全和社会公共利益。

第八条 从事认证认可活动的机构及其人员，对其所知悉的国家秘密和商业秘密负有保密义务。

第二章 认 证 机 构

第九条 取得认证机构资质，应当经国务院认证认可监督管理部门批准，并在批准范围内从事认证活动。

未经批准，任何单位和个人不得从事认证活动。

第十条 取得认证机构资质，应当符合下列条件：

（一）取得法人资格；

（二）有固定的场所和必要的设施；

（三）有符合认证认可要求的管理制度；

（四）注册资本不得少于人民币300万元；

（五）有10名以上相应领域的专职认证人员。

从事产品认证活动的认证机构，还应当具备与从事相关产品认证活动相适应的检测、检查等技术能力。

第十一条 认证机构资质的申请和批准程序：

（一）认证机构资质的申请人，应当向国务院认证认可监督管理部门提出书面申请，并提交符合本条例第十条规定条件的证明文件；

（二）国务院认证认可监督管理部门自受理认证机构资质申请之日起45日内，应当作出是否批准的决定。涉及国务院有关部门职责的，应当征求国务院有关部门的意见。决定批准的，向申请人出具批准文件，决定不予批准的，应当书面通知申请人，并说明理由。

国务院认证认可监督管理部门应当公布依法取得认证机构资质的企业名录。

第十二条 境外认证机构在中华人民共和国境内设立代表机构，须向市场监督管理部门依法办理登记手续后，方可从事与所从属机构的业务范围相关的推广活动，但不得从事认证活动。

境外认证机构在中华人民共和国境内设立代表机构的登记，按照有关外商投资法律、行政法规和国家有关规定办理。

第十三条 认证机构不得与行政机关存在利益关系。

认证机构不得接受任何可能对认证活动的客观公正产生影响的资助；不得从事任何可能对认证活动的客观公正产生影响的产品开发、营销等活动。

认证机构不得与认证委托人存在资产、管理方面的利益关系。

第十四条 认证人员从事认证活动，应当在一个认证机构执业，不得同时在两个以上认证机构执业。

第十五条 向社会出具具有证明作用的数据和结果的检查机构、实验室，应当具备有关法律、行政法规规定的基本条件和能力，并依法经认定后，方可从事相应活动，认定结果由国务院认证认可监督管理部门公布。

第三章 认 证

第十六条 国家根据经济和社会发展的需要，推行产品、服务、管理体系认证。

第十七条 认证机构应当按照认证基本规范、认证规则从事认证活动。认证基本规范、认证规则由国务院认证认可监督管理部门制定；涉及国务院有关部门职责的，国务院认证认可监督管理部门应当会同国务院有关部门制定。

属于认证新领域，前款规定的部门尚未制定认证规则的，认证机构可以自行制定认证规则，并报国务院认证认可监督管理部门备案。

第十八条 任何法人、组织和个人可以自愿委托依法设立的认证机构进行产品、服务、管理体系认证。

第十九条 认证机构不得以委托人未参加认证咨询或者认证培训等为理由，拒绝提供本认证机构业务范围内的认证服务，也不得向委托人提出与认证活动无关的要求或者限制条件。

第二十条 认证机构应当公开认证基本规范、认证规则、收费标准等信息。

第二十一条 认证机构以及与认证有关的检查机构、实验室从事认证以及与认证有关的检查、检测活动，应当完成认证基本规范、认证规则规定的程序，确保认证、检查、检测的完整、客观、真实，不得增加、减少、遗漏程序。

认证机构以及与认证有关的检查机构、实验室应当对认证、检查、检测过程作出完整记录，归档留存。

第二十二条 认证机构及其认证人员应当及时作出认证结论，并保证认证结论的客观、真实。认证结论经认证人员签字后，由认证机构负责人签署。

认证机构及其认证人员对认证结果负责。

第二十三条 认证结论为产品、服务、管理体系符合认证要求的，认证机构应当及时向委托人出具认证证书。

第二十四条 获得认证证书的，应当在认证范围内使用认证证书和认证标志，不得利用产品、服务认证证书、认证标志和相关文字、符号，误导公众认为其管理体系已通过认证，也不得利用管理体系认证证书、认证标志和相关文字、符号，误导公众认为其产品、服务已通过认证。

第二十五条 认证机构可以自行制定认证标志。认证机构自行制定的认证标志的式样、文字和名称，不得违反法律、行政法规的规定，不得与国家推行的认证标志相同或者近似，不得妨碍社会管理，不得有损社会道德风尚。

第二十六条 认证机构应当对其认证的产品、服务、管理体系实施有效的跟踪调查，认证的产品、服务、管理体系不能持续符合认证要求的，认证机构应当暂停其使用直至撤销认证证书，并予公布。

第二十七条 为了保护国家安全、防止欺诈行为、保护人体健康或者安全、保护动植物生命或者健康、保护环境，国家规定相关产品必须经过认证的，应当经过认证并标注认证标志后，方可出厂、销售、进口或者在其他经营活动中使用。

第二十八条 国家对必须经过认证的产品，统一产品目录，统一技术规范的强制性要求、标准和合格评定程序，统一标志，统一收费标准。

统一的产品目录（以下简称目录）由国务院认证认可监督管理部门会同国务院有关部门制定、调整，由国务院认证认可监督管理部门发布，并会同有关方面共同实施。

第二十九条 列入目录的产品，必须经国务院认证认可监督管理部门指定的认证机构进行认证。

列入目录产品的认证标志，由国务院认证认可监督管理部门统一规定。

第三十条 列入目录的产品，涉及进出口商品检验目录的，应当在进出口商品检验时简化检验手续。

第三十一条 国务院认证认可监督管理部门指定的从事列入目录产品认证活动的认证机构以及与认证有关的实验室（以下简称指定的认证机构、实验室），应当是长期从事相关业务、无不良记录，且已经依照本条例的规定取得认可、具备从事相关认证活动能力的机构。国务院认证认可监督管理部门指定从事列入目录产品认证活动的认证机构，应当确保在每一列入目录产品领域至少指定两家符合本条例规定条件的机构。

国务院认证认可监督管理部门指定前款规定的认证机构、实验室，应当事先公布有关信息，并组织在相关领域公认的专家组成专家评审委员会，对符合前款规定要求的认证机构、实验室进行评审；经评审并征求国务院有关部门意见后，按照资源合理利用、公平竞争和便利、有效的原则，在公布的时间内作出决定。

第三十二条　国务院认证认可监督管理部门应当公布指定的认证机构、实验室名录及指定的业务范围。

未经指定的认证机构、实验室不得从事列入目录产品的认证以及与认证有关的检查、检测活动。

第三十三条　列入目录产品的生产者或者销售者、进口商，均可自行委托指定的认证机构进行认证。

第三十四条　指定的认证机构、实验室应当在指定业务范围内，为委托人提供方便、及时的认证、检查、检测服务，不得拖延，不得歧视、刁难委托人，不得牟取不当利益。

指定的认证机构不得向其他机构转让指定的认证业务。

第三十五条　指定的认证机构、实验室开展国际互认活动，应当在国务院认证认可监督管理部门或者经授权的国务院有关部门对外签署的国际互认协议框架内进行。

第四章　认　　可

第三十六条　国务院认证认可监督管理部门确定的认可机构（以下简称认可机构），独立开展认可活动。

除国务院认证认可监督管理部门确定的认可机构外，其他任何单位不得直接或者变相从事认可活动。其他单位直接或者变相从事认可活动的，其认可结果无效。

第三十七条　认证机构、检查机构、实验室可以通过认可机构的认可，以保证其认证、检查、检测能力持续、稳定地符合认可条件。

第三十八条　从事评审、审核等认证活动的人员，应当经认可机构注册后，方可从事相应的认证活动。

第三十九条　认可机构应当具有与其认可范围相适应的质量体系，并建立内部审核制度，保证质量体系的有效实施。

第四十条　认可机构根据认可的需要，可以选聘从事认可评审活动的人员。从事认可评审活动的人员应当是相关领域公认的专家，熟悉有关法律、行政法规以及认可规则和程序，具有评审所需要的良好品德、专业知识和业务能力。

第四十一条　认可机构委托他人完成与认可有关的具体评审业务的，由认可机构对评审结论负责。

第四十二条　认可机构应当公开认可条件、认可程序、收费标准等信息。

认可机构受理认可申请，不得向申请人提出与认可活动无关的要求或者限制条件。

第四十三条　认可机构应当在公布的时间内，按照国家标准和国务院认证认可监督管理部门的规定，完成对认证机构、检查机构、实验室的评审，作出是否给予认可的决定，并对认可过程作出完整记录，归档留存。认可机构应当确保认可的客观公正和完整有效，并对认可结论负责。

认可机构应当向取得认可的认证机构、检查机构、实验室颁发认可证书，并公布取得认可的认证机构、检查机构、实验室名录。

第四十四条 认可机构应当按照国家标准和国务院认证认可监督管理部门的规定，对从事评审、审核等认证活动的人员进行考核，考核合格的，予以注册。

第四十五条 认可证书应当包括认可范围、认可标准、认可领域和有效期限。

第四十六条 取得认可的机构应当在取得认可的范围内使用认可证书和认可标志。取得认可的机构不当使用认可证书和认可标志的，认可机构应当暂停其使用直至撤销认可证书，并予公布。

第四十七条 认可机构应当对取得认可的机构和人员实施有效的跟踪监督，定期对取得认可的机构进行复评审，以验证其是否持续符合认可条件。取得认可的机构和人员不再符合认可条件的，认可机构应当撤销认可证书，并予公布。

取得认可的机构的从业人员和主要负责人、设施、自行制定的认证规则等与认可条件相关的情况发生变化的，应当及时告知认可机构。

第四十八条 认可机构不得接受任何可能对认可活动的客观公正产生影响的资助。

第四十九条 境内的认证机构、检查机构、实验室取得境外认可机构认可的，应当向国务院认证认可监督管理部门备案。

第五章 监 督 管 理

第五十条 国务院认证认可监督管理部门可以采取组织同行评议，向被认证企业征求意见，对认证活动和认证结果进行抽查，要求认证机构以及与认证有关的检查机构、实验室报告业务活动情况的方式，对其遵守本条例的情况进行监督。发现有违反本条例行为的，应当及时查处，涉及国务院有关部门职责的，应当及时通报有关部门。

第五十一条 国务院认证认可监督管理部门应当重点对指定的认证机构、实验室进行监督，对其认证、检查、检测活动进行定期或者不定期的检查。指定的认证机构、实验室，应当定期向国务院认证认可监督管理部门提交报告，并对报告的真实性负责；报告应当对从事列入目录产品认证、检查、检测活动的情况作出说明。

第五十二条 认可机构应当定期向国务院认证认可监督管理部门提交报告，并对报告的真实性负责；报告应当对认可机构执行认可制度的情况、从事认可活动的情况、从业人员的工作情况作出说明。

国务院认证认可监督管理部门应当对认可机构的报告作出评价，并采取查阅认可活动档案资料、向有关人员了解情况等方式，对认可机构实施监督。

第五十三条 国务院认证认可监督管理部门可以根据认证认可监督管理的需要，就有关事项询问认可机构、认证机构、检查机构、实验室的主要负责人，调查了解情况，给予告诫，有关人员应当积极配合。

第五十四条 县级以上地方人民政府市场监督管理部门在国务院认证认可监督管理部门的授权范围内，依照本条例的规定对认证活动实施监督管理。

国务院认证认可监督管理部门授权的县级以上地方人民政府市场监督管理部门，以下称地方认证监督管理部门。

第五十五条 任何单位和个人对认证认可违法行为，有权向国务院认证认可监督管理部门和地方认证监督管理部门举报。国务院认证认可监督管理部门和地方认证监督管理部门应当及时调查处理,并为举报人保密。

第六章 法律责任

第五十六条 未经批准擅自从事认证活动的,予以取缔,处10万元以上50万元以下的罚款,有违法所得的,没收违法所得。

第五十七条 境外认证机构未经登记在中华人民共和国境内设立代表机构的,予以取缔,处5万元以上20万元以下的罚款。

经登记设立的境外认证机构代表机构在中华人民共和国境内从事认证活动的,责令改正,处10万元以上50万元以下的罚款,有违法所得的,没收违法所得;情节严重的,撤销批准文件,并予公布。

第五十八条 认证机构接受可能对认证活动的客观公正产生影响的资助,或者从事可能对认证活动的客观公正产生影响的产品开发、营销等活动,或者与认证委托人存在资产、管理方面的利益关系的,责令停业整顿;情节严重的,撤销批准文件,并予公布;有违法所得的,没收违法所得;构成犯罪的,依法追究刑事责任。

第五十九条 认证机构有下列情形之一的,责令改正,处5万元以上20万元以下的罚款,有违法所得的,没收违法所得;情节严重的,责令停业整顿,直至撤销批准文件,并予公布:

(一)超出批准范围从事认证活动的;

(二)增加、减少、遗漏认证基本规范、认证规则规定的程序的;

(三)未对其认证的产品、服务、管理体系实施有效的跟踪调查,或者发现其认证的产品、服务、管理体系不能持续符合认证要求,不及时暂停其使用或者撤销认证证书并予公布的;

(四)聘用未经认可机构注册的人员从事认证活动的。

与认证有关的检查机构、实验室增加、减少、遗漏认证基本规范、认证规则规定的程序的,依照前款规定处罚。

第六十条 认证机构有下列情形之一的,责令限期改正;逾期未改正的,处2万元以上10万元以下的罚款:

(一)以委托人未参加认证咨询或者认证培训等为理由,拒绝提供本认证机构业务范围内的认证服务,或者向委托人提出与认证活动无关的要求或限制条件的;

(二)自行制定的认证标志的式样、文字和名称,与国家推行的认证标志相同或者近似,或者妨碍社会管理,或者有损社会道德风尚的;

(三)未公开认证基本规范、认证规则、收费标准等信息的;

(四)未对认证过程作出完整记录,归档留存的;

(五)未及时向其认证的委托人出具认证证书的。

与认证有关的检查机构、实验室未对与认证有关的检查、检测过程作出完整记录,归档留存的,依照前款规定处罚。

第六十一条 认证机构出具虚假的认证结论,或者出具的认证结论严重失实的,撤销批准文件,并予公布;对直接负责的主管人员和负有直接责任的认证人员,撤销其执业资格;构成犯罪的,依法追究刑事责任;造成损害的,认证机构应当承担相应的赔偿责任。

指定的认证机构有前款规定的违法行为的,同时撤销指定。

第六十二条 认证人员从事认证活动,不在认证机构执业或者同时在两个以上认证机构执业的,责令改正,给予停止执业6个月以上2年以下的处罚,仍不改正的,撤销其执业资格。

第六十三条 认证机构以及与认证有关的实验室未经指定擅自从事列入目录产品的认证以及与认证有关的检查、检测活动的,责令改正,处10万元以上50万元以下的罚款,有违法所得的,没收违法所得。

认证机构未经指定擅自从事列入目录产品的认证活动的,撤销批准文件,并予公布。

第六十四条 指定的认证机构、实验室超出指定的业务范围从事列入目录产品的认证以及与认证有关的检查、检测活动的,责令改正,处10万元以上50万元以下的罚款,有违法所得的,没收违法所得;情节严重的,撤销指定直至撤销批准文件,并予公布。

指定的认证机构转让指定的认证业务的,依照前款规定处罚。

第六十五条 认证机构、检查机构、实验室取得境外认可机构认可,未向国务院认证认可监督管理部门备案的,给予警告,并予公布。

第六十六条 列入目录的产品未经认证,擅自出厂、销售、进口或者在其他经营活动中使用的,责令改正,处5万元以上20万元以下的罚款,有违法所得的,没收违法所得。

第六十七条 认可机构有下列情形之一的,责令改正;情节严重的,对主要负责人和负有责任的人员撤职或者解聘:

(一)对不符合认可条件的机构和人员予以认可的;

(二)发现取得认可的机构和人员不符合认可条件,不及时撤销认可证书,并予公布的;

(三)接受可能对认可活动的客观公正产生影响的资助的。

被撤职或者解聘的认可机构主要负责人和负有责任的人员,自被撤职或者解聘之日起5年内不得从事认可活动。

第六十八条 认可机构有下列情形之一的,责令改正;对主要负责人和负有责任的人员给予警告:

(一)受理认可申请,向申请人提出与认可活动无关的要求或者限制条件的;

(二)未在公布的时间内完成认可活动,或者未公开认可条件、认可程序、收费标准等信息的;

(三)发现取得认可的机构不当使用认可证书和认可标志,不及时暂停其使用或者撤销认可证书并予公布的;

(四)未对认可过程作出完整记录,归档留存的。

第六十九条 国务院认证认可监督管理部门和地方认证监督管理部门及其工作人员,滥用职权、徇私舞弊、玩忽职守,有下列行为之一的,对直接负责的主管人员和其他直接责任人员,依法给予降级或者撤职的行政处分;构成犯罪的,依法追究刑事责任:

(一)不按照本条例规定的条件和程序,实施批准和指定的;

（二）发现认证机构不再符合本条例规定的批准或者指定条件，不撤销批准文件或者指定的；

（三）发现指定的实验室不再符合本条例规定的指定条件，不撤销指定的；

（四）发现认证机构以及与认证有关的检查机构、实验室出具虚假的认证以及与认证有关的检查、检测结论或者出具的认证以及与认证有关的检查、检测结论严重失实，不予查处的；

（五）发现本条例规定的其他认证认可违法行为，不予查处的。

第七十条　伪造、冒用、买卖认证标志或者认证证书的，依照《中华人民共和国产品质量法》等法律的规定查处。

第七十一条　本条例规定的行政处罚，由国务院认证认可监督管理部门或者其授权的地方认证监督管理部门按照各自职责实施。法律、其他行政法规另有规定的，依照法律、其他行政法规的规定执行。

第七十二条　认证人员自被撤销执业资格之日起5年内，认可机构不再受理其注册申请。

第七十三条　认证机构未对其认证的产品实施有效的跟踪调查，或者发现其认证的产品不能持续符合认证要求，不及时暂停或者撤销认证证书和要求其停止使用认证标志给消费者造成损失的，与生产者、销售者承担连带责任。

第七章　附　　则

第七十四条　药品生产、经营企业质量管理规范认证，实验动物质量合格认证，军工产品的认证，以及从事军工产品校准、检测的实验室及其人员的认可，不适用本条例。

依照本条例经批准的认证机构从事矿山、危险化学品、烟花爆竹生产经营单位管理体系认证，由国务院安全生产监督管理部门结合安全生产的特殊要求组织；从事矿山、危险化学品、烟花爆竹生产经营单位安全生产综合评价的认证机构，经国务院安全生产监督管理部门推荐，方可取得认可机构的认可。

第七十五条　认证认可收费，应当符合国家有关价格法律、行政法规的规定。

第七十六条　认证培训机构、认证咨询机构的管理办法由国务院认证认可监督管理部门制定。

第七十七条　本条例自2003年11月1日起施行。1991年5月7日国务院发布的《中华人民共和国产品质量认证管理条例》同时废止。

二、国务院文件

国务院关于在我国统一实行法定计量单位的命令

(1984年2月27日国务院发布)

1959年国务院发布《关于统一计量制度的命令》，确定米制为我国的基本计量制度以来，全国推广米制、改革市制、限制英制和废除旧杂制的工作，取得了显著成绩。为贯彻对外实行开放政策，对内搞活经济的方针，适应我国国民经济、文化教育事业的发展，以及推进科学技术进步和扩大国际经济、文化交流的需要，国务院决定在采用先进的国际单位制的基础上，进一步统一我国的计量单位。经1984年1月20日国务院第21次常务会议讨论，通过了国家计量局《关于在我国统一实行法定计量单位的请示报告》、《全面推行我国法定计量单位的意见》和《中华人民共和国法定计量单位》。现发布命令如下：

一、我国的计量单位一律采用《中华人民共和国法定计量单位》（附后）。

二、我国目前在人民生活中采用的市制计量单位，可以延续使用到1990年，1990年底以前要完成向国家法定计量单位的过渡。农田土地面积计量单位的改革，要在调查研究的基础上制订改革方案，另行公布。

三、计量单位的改革是一项涉及到各行各业和广大人民群众的事，各地区、各部门务必充分重视，制定积极稳妥的实施计划，保证顺利完成。

四、本命令责成国家计量局负责贯彻执行。本命令自公布之日起生效。过去颁布的有关规定，与本命令有抵触的，以本命令为准。

附件：中华人民共和国法定计量单位

附件　　　　　　中华人民共和国法定计量单位

我国的法定计量单位（以下简称法定单位）包括：

(1) 国际单位制的基本单位（见表1）；
(2) 国际单位制的辅助单位（见表2）；
(3) 国际单位制中具有专门名称的导出单位（见表3）；
(4) 国家选定的非国际单位制单位（见表4）；
(5) 由以上单位构成的组合形式的单位；
(6) 由词头和以上单位所构成的十进倍数和分数单位（见表5）。

法定单位的定义、使用方法等，由国家计量局另行规定。

表1　　　　　　　　　　　　　国际单位制的基本单位

量的名称	单位名称	单位符号
长度	米	m
质量	千克（公斤）	kg
时间	秒	s
电流	安［培］	A
热力学温度	开［尔文］	K
物质的量	摩［尔］	mol
发光强度	坎［德拉］	cd

表2　　　　　　　　　　　　　国际单位制的辅助单位

量的名称	单位名称	单位符号
平面角	弧度	rad
立体角	球面度	sr

表3　　　　　　　　　　　国际单位制中具有专门名称的导出单位

量的名称	单位名称	单位符号	其他表示示例
频率	赫［兹］	Hz	s^{-1}
力；重力	牛［顿］	N	$kg \cdot m/s^2$
压力，压强，应力	帕［斯卡］	Pa	N/m^2
能量；功；热	焦［耳］	J	$N \cdot m$
功率；辐射通量	瓦［特］	W	J/s
电荷量	库［仑］	C	$A \cdot s$
电位；电压；电动势	伏［特］	V	W/A
电容	法［拉］	F	C/V
电阻	欧［姆］	Ω	V/A
电导	西［门子］	S	A/V
磁通量	韦［伯］	Wb	$V \cdot s$
磁通量密度，磁感应强度	特［斯拉］	T	Wb/m^2
电感	亨［利］	H	Wb/A
摄氏温度	摄氏度	℃	
光通量	流［明］	lm	$cd \cdot sr$
光照度	勒［克斯］	lx	lm/m^2
放射性活度	贝可［勒尔］	Bq	s^{-1}
吸收剂量	戈［瑞］	Gy	J/kg
剂量当量	希［沃特］	Sv	J/kg

表 4　　　　　　　　　　　　国家选定的非国际单位制单位

量的名称	单位名称	单位符号	换算关系和说明
时间	分 [小]时 日，(天)	min h d	1min＝60s 1h＝60min＝3600s 1d＝24h＝86400s
[平面]角	度 [角]分 [角]秒	° ′ ″	$1°＝(π/180)rad$ $1′＝(1/60)°＝(π/10800)rad$ $1″＝(1/60)′＝(π/648000)rad$
体积，容积	升	L (l)	$1L＝1dm^3＝10^{-3}m^3$
质量	吨 原子质量单位	t u	$1t＝10^3kg$ $1u≈1.660540×10^{-27}kg$
旋转速度	转每分	r/min	$1r/min＝(1/60)s^{-1}$
长度	海里	n mile	1n mile＝1852m （只用于航行）
速度	节	kn	1kn＝1n mile/h ＝(1852/3600)m/s （只用于航行）
能	电子伏	eV	$1eV≈1.602177×10^{-19}J$
级差	分贝	dB	
线密度	特[克斯]	tex	$1tex＝10^{-6}kg/m$
面积	公顷	hm^2	$1hm^2＝10^4m^2$

表 5　　　　　　　　　　　　用于构成十进倍数和分数单位的词头

所表示的因数	词头名称	词头符号	所表示的因数	词头名称	词头符号
10^{24}	尧[它]	Y	10^{-1}	分	d
10^{21}	泽[它]	Z	10^{-2}	厘	c
10^{18}	艾[可萨]	E	10^{-3}	毫	m
10^{15}	拍[它]	P	10^{-6}	微	μ
10^{12}	太[拉]	T	10^{-9}	纳[诺]	n
10^{9}	吉[咖]	G	10^{-12}	皮[可]	p
10^{6}	兆	M	10^{-15}	飞[母拖]	f
10^{3}	千	k	10^{-18}	阿[托]	a
10^{2}	百	h	10^{-21}	仄[普托]	z
10^{1}	十	da	10^{-24}	幺[科托]	y

注　1. 周、月、年（年的符号为 a）为一般常用时间单位。
　　2. [ ]内的字，是在不致混淆的情况下，可以省略的字。
　　3. ( )内的字为前者的同义语。
　　4. 角度单位度分秒的符号不处于数字后时，用括弧。
　　5. 升的符号中，小写字母 l 为备用符号。
　　6. r 为"转"的符号。
　　7. 人民生活和贸易中，质量习惯称为重量。
　　8. 公里为千米的俗称，符号为 km。
　　9. 10^4 称为万，10^8 称为亿，10^{12} 称为万亿，这类数词的使用不受词头名称的影响，但不应与词头混淆。

中华人民共和国强制检定的工作计量器具检定管理办法

(1987年4月15日国务院国发〔1987〕31号发布)

第一条 为适应社会主义现代化建设需要，维护国家和消费者的利益，保护人民健康和生命、财产的安全，加强对强制检定的工作计量器具的管理，根据《中华人民共和国计量法》第九条的规定，制定本办法。

第二条 强制检定是指由县级以上人民政府计量行政部门所属或者授权的计量检定机构，对用于贸易结算、安全防护、医疗卫生、环境监测方面，并列入本办法所附《中华人民共和国强制检定的工作计量器具目录》的计量器具实行定点定期检定。

进行强制检定工作及使用强制检定的工作计量器具，适用本办法。

第三条 县级以上人民政府计量行政部门对本行政区域内的强制检定工作统一实施监督管理，并按照经济合理、就地就近的原则，指定所属或者授权的计量检定机构执行强制检定任务。

第四条 县级以上人民政府计量行政部门所属计量检定机构，为实施国家强制检定所需要的计量标准和检定设施由当地人民政府负责配备。

第五条 使用强制检定的工作计量器具的单位或者个人，必须按照规定将其使用的强制检定的工作计量器具登记造册，报当地县（市）级人民政府计量行政部门备案，并向其指定的计量检定机构申请周期检定。当地不能检定的，向上一级人民政府计量行政部门指定的计量检定机构申请周期检定。

第六条 强制检定的周期，由执行强制检定的计量检定机构根据计量检定规程确定。

第七条 属于强制检定的工作计量器具，未按照本办法规定申请检定或者经检定不合格的，任何单位或者个人不得使用。

第八条 国务院计量行政部门和各省、自治区、直辖市人民政府计量行政部门应当对各种强制检定的工作计量器具作出检定期限的规定。执行强制检定工作的机构应当在规定期限内按时完成检定。

第九条 执行强制检定的机构对检定合格的计量器具，发给国家统一规定的检定证书、检定合格证或者在计量器具上加盖检定合格印；对检定不合格的，发给检定结果通知书或者注销原检定合格印、证。

第十条 县级以上人民政府计量行政部门按照有利于管理、方便生产和使用的原则，结合本地区的实际情况，可以授权有关单位的计量检定机构在规定的范围内执行强制检定工作。

第十一条 被授权执行强制检定任务的机构，其相应的计量标准，应当接受计量基准或者社会公用计量标准的检定；执行强制检定的人员，必须经授权单位考核合格；授权单位应当对其检定工作进行监督。

第十二条 被授权执行强制检定任务的机构成为计量纠纷中当事人一方时，按照《中华人民共和国计量法实施细则》的有关规定处理。

第十三条 企业、事业单位应当对强制检定的工作计量器具的使用加强管理，制定相应的规章制度，保证按照周期进行检定。

第十四条 使用强制检定的工作计量器具的任何单位或者个人，计量监督、管理人员和执行强制检定工作的计量检定人员，违反本办法规定的，按照《中华人民共和国计量法实施细则》的有关规定，追究法律责任。

第十五条 执行强制检定工作的机构，违反本办法第八条规定拖延检定期限的，应当按照送检单位的要求，及时安排检定，并免收检定费。

第十六条 国务院计量行政部门可以根据本办法和《中华人民共和国强制检定的工作计量器具目录》，制定强制检定的工作计量器具的明细目录。

第十七条 本办法由国务院计量行政部门负责解释。

第十八条 本办法自一九八七年七月一日起施行。

三、部门规章和文件

（一）国家市场监督管理总局

检验检测机构资质认定管理办法

（2015年4月9日国家质量监督检验检疫总局令第163号公布，根据2021年4月2日《国家市场监督管理总局关于废止和修改部分规章的决定》修改）

第一章 总 则

第一条 为了规范检验检测机构资质认定工作，优化准入程序，根据《中华人民共和国计量法》及其实施细则、《中华人民共和国认证认可条例》等法律、行政法规的规定，制定本办法。

第二条 本办法所称检验检测机构，是指依法成立，依据相关标准或者技术规范，利用仪器设备、环境设施等技术条件和专业技能，对产品或者法律法规规定的特定对象进行检验检测的专业技术组织。

本办法所称资质认定，是指市场监督管理部门依照法律、行政法规规定，对向社会出具具有证明作用的数据、结果的检验检测机构的基本条件和技术能力是否符合法定要求实施的评价许可。

第三条 在中华人民共和国境内对检验检测机构实施资质认定，应当遵守本办法。

法律、行政法规对检验检测机构资质认定另有规定的，依照其规定。

第四条 国家市场监督管理总局（以下简称市场监管总局）主管全国检验检测机构资质认定工作，并负责检验检测机构资质认定的统一管理、组织实施、综合协调工作。

省级市场监督管理部门负责本行政区域内检验检测机构的资质认定工作。

第五条 法律、行政法规规定应当取得资质认定的事项清单，由市场监管总局制定并公布，并根据法律、行政法规的调整实行动态管理。

第六条 市场监管总局依据国家有关法律法规和标准、技术规范的规定，制定检验检测机构资质认定基本规范、评审准则以及资质认定证书和标志的式样，并予以公布。

第七条 检验检测机构资质认定工作应当遵循统一规范、客观公正、科学准确、公平公开、便利高效的原则。

第二章 资质认定条件和程序

第八条 国务院有关部门以及相关行业主管部门依法成立的检验检测机构，其资质认定由市场监管总局负责组织实施；其他检验检测机构的资质认定，由其所在行政区域的省级市场监督管理部门负责组织实施。

第九条 申请资质认定的检验检测机构应当符合以下条件：

（一）依法成立并能够承担相应法律责任的法人或者其他组织；

（二）具有与其从事检验检测活动相适应的检验检测技术人员和管理人员；

（三）具有固定的工作场所，工作环境满足检验检测要求；

（四）具备从事检验检测活动所必需的检验检测设备设施；

（五）具有并有效运行保证其检验检测活动独立、公正、科学、诚信的管理体系；

（六）符合有关法律法规或者标准、技术规范规定的特殊要求。

第十条 检验检测机构资质认定程序分为一般程序和告知承诺程序。除法律、行政法规或者国务院规定必须采用一般程序或者告知承诺程序的外，检验检测机构可以自主选择资质认定程序。

检验检测机构资质认定推行网上审批，有条件的市场监督管理部门可以颁发资质认定电子证书。

第十一条 检验检测机构资质认定一般程序：

（一）申请资质认定的检验检测机构（以下简称申请人），应当向市场监管总局或者省级市场监督管理部门（以下统称资质认定部门）提交书面申请和相关材料，并对其真实性负责；

（二）资质认定部门应当对申请人提交的申请和相关材料进行初审，自收到申请之日起5个工作日内作出受理或者不予受理的决定，并书面告知申请人；

（三）资质认定部门自受理申请之日起，应当在30个工作日内，依据检验检测机构资质认定基本规范、评审准则的要求，完成对申请人的技术评审。技术评审包括书面审查和现场评审（或者远程评审）。技术评审时间不计算在资质认定期限内，资质认定部门应当将技术评审时间告知申请人。由于申请人整改或者其他自身原因导致无法在规定时间内完成的情况除外；

（四）资质认定部门自收到技术评审结论之日起，应当在10个工作日内，作出是否准予许可的决定。准予许可的，自作出决定之日起7个工作日内，向申请人颁发资质认定证书。不予许可的，应当书面通知申请人，并说明理由。

第十二条 采用告知承诺程序实施资质认定的，按照市场监管总局有关规定执行。

资质认定部门作出许可决定前，申请人有合理理由的，可以撤回告知承诺申请。告知承诺申请撤回后，申请人再次提出申请的，应当按照一般程序办理。

第十三条 资质认定证书有效期为6年。

需要延续资质认定证书有效期的，应当在其有效期届满3个月前提出申请。

资质认定部门根据检验检测机构的申请事项、信用信息、分类监管等情况，采取书面审查、现场评审（或者远程评审）的方式进行技术评审，并作出是否准予延续的决定。

对上一许可周期内无违反市场监管法律、法规、规章行为的检验检测机构，资质认定部门可以采取书面审查方式，对于符合要求的，予以延续资质认定证书有效期。

第十四条 有下列情形之一的,检验检测机构应当向资质认定部门申请办理变更手续:

(一)机构名称、地址、法人性质发生变更的;

(二)法定代表人、最高管理者、技术负责人、检验检测报告授权签字人发生变更的;

(三)资质认定检验检测项目取消的;

(四)检验检测标准或者检验检测方法发生变更的;

(五)依法需要办理变更的其他事项。

检验检测机构申请增加资质认定检验检测项目或者发生变更的事项影响其符合资质认定条件和要求的,依照本办法第十条规定的程序实施。

第十五条 资质认定证书内容包括:发证机关、获证机构名称和地址、检验检测能力范围、有效期限、证书编号、资质认定标志。

检验检测机构资质认定标志,由 China Inspection Body and Laboratory Mandatory Approval 的英文缩写 CMA 形成的图案和资质认定证书编号组成。式样如下:

第十六条 外方投资者在中国境内依法成立的检验检测机构,申请资质认定时,除应当符合本办法第九条规定的资质认定条件外,还应当符合我国外商投资法律法规的有关规定。

第十七条 检验检测机构依法设立的从事检验检测活动的分支机构,应当依法取得资质认定后,方可从事相关检验检测活动。

资质认定部门可以根据具体情况简化技术评审程序、缩短技术评审时间。

第十八条 检验检测机构应当定期审查和完善管理体系,保证其基本条件和技术能力能够持续符合资质认定条件和要求,并确保质量管理措施有效实施。

检验检测机构不再符合资质认定条件和要求的,不得向社会出具具有证明作用的检验检测数据和结果。

第十九条 检验检测机构应当在资质认定证书规定的检验检测能力范围内,依据相关标准或者技术规范规定的程序和要求,出具检验检测数据、结果。

第二十条 检验检测机构不得转让、出租、出借资质认定证书或者标志;不得伪造、变造、冒用资质认定证书或者标志;不得使用已经过期或者被撤销、注销的资质认定证书或者标志。

第二十一条 检验检测机构向社会出具具有证明作用的检验检测数据、结果的,应当在其检验检测报告上标注资质认定标志。

第二十二条 资质认定部门应当在其官方网站上公布取得资质认定的检验检测机构信息,并注明资质认定证书状态。

第二十三条 因应对突发事件等需要,资质认定部门可以公布符合应急工作要求的检验检测机构名录及相关信息,允许相关检验检测机构临时承担应急工作。

第三章 技术评审管理

第二十四条 资质认定部门根据技术评审需要和专业要求,可以自行或者委托专业技术评价机构组织实施技术评审。

资质认定部门或者其委托的专业技术评价机构组织现场评审(或者远程评审)时,应当指派两名以上与技术评审内容相适应的评审人员组成评审组,并确定评审组组长。必要时,可以聘请相关技术专家参加技术评审。

第二十五条 评审组应当严格按照资质认定基本规范、评审准则开展技术评审活动,在规定时间内出具技术评审结论。

专业技术评价机构、评审组应当对其承担的技术评审活动和技术评审结论的真实性、符合性负责,并承担相应法律责任。

第二十六条 评审组在技术评审中发现有不符合要求的,应当书面通知申请人限期整改,整改期限不得超过30个工作日。逾期未完成整改或者整改后仍不符合要求的,相应评审项目应当判定为不合格。

评审组在技术评审中发现申请人存在违法行为的,应当及时向资质认定部门报告。

第二十七条 资质认定部门应当建立并完善评审人员专业技能培训、考核、使用和监督制度。

第二十八条 资质认定部门应当对技术评审活动进行监督,建立责任追究机制。

资质认定部门委托专业技术评价机构组织技术评审的,应当对专业技术评价机构及其组织的技术评审活动进行监督。

第二十九条 专业技术评价机构、评审人员在评审活动中有下列情形之一的,资质认定部门可以根据情节轻重,对其进行约谈、暂停直至取消委托其从事技术评审活动:

(一)未按照资质认定基本规范、评审准则规定的要求和时间实施技术评审的;

(二)对同一检验检测机构既从事咨询又从事技术评审的;

(三)与所评审的检验检测机构有利害关系或者其评审可能对公正性产生影响,未进行回避的;

(四)透露工作中所知悉的国家秘密、商业秘密或者技术秘密的;

(五)向所评审的检验检测机构谋取不正当利益的;

(六)出具虚假或者不实的技术评审结论的。

第四章 监督检查

第三十条 市场监管总局对省级市场监督管理部门实施的检验检测机构资质认定工作进行监督和指导。

第三十一条 检验检测机构有下列情形之一的,资质认定部门应当依法办理注销手续:

（一）资质认定证书有效期届满，未申请延续或者依法不予延续批准的；
（二）检验检测机构依法终止的；
（三）检验检测机构申请注销资质认定证书的；
（四）法律、法规规定应当注销的其他情形。

第三十二条 以欺骗、贿赂等不正当手段取得资质认定的，资质认定部门应当依法撤销资质认定。

被撤销资质认定的检验检测机构，三年内不得再次申请资质认定。

第三十三条 检验检测机构申请资质认定时提供虚假材料或者隐瞒有关情况的，资质认定部门应当不予受理或者不予许可。检验检测机构在一年内不得再次申请资质认定。

第三十四条 检验检测机构未依法取得资质认定，擅自向社会出具具有证明作用的数据、结果的，依照法律、法规的规定执行；法律、法规未作规定的，由县级以上市场监督管理部门责令限期改正，处3万元罚款。

第三十五条 检验检测机构有下列情形之一的，由县级以上市场监督管理部门责令限期改正，逾期未改正或者改正后仍不符合要求的，处1万元以下罚款。
（一）未按照本办法第十四条规定办理变更手续的；
（二）未按照本办法第二十一条规定标注资质认定标志的。

第三十六条 检验检测机构有下列情形之一的，法律、法规对撤销、吊销、取消检验检测资质或者证书等有行政处罚规定的，依照法律、法规的规定执行；法律、法规未作规定的，由县级以上市场监督管理部门责令限期改正，处3万元罚款：
（一）基本条件和技术能力不能持续符合资质认定条件和要求，擅自向社会出具有证明作用的检验检测数据、结果的；
（二）超出资质认定证书规定的检验检测能力范围，擅自向社会出具有证明作用的数据、结果的。

第三十七条 检验检测机构违反本办法规定，转让、出租、出借资质认定证书或者标志，伪造、变造、冒用资质认定证书或者标志，使用已经过期或者被撤销、注销的资质认定证书或者标志的，由县级以上市场监督管理部门责令改正，处3万元以下罚款。

第三十八条 对资质认定部门、专业技术评价机构以及相关评审人员的违法违规行为，任何单位和个人有权举报。相关部门应当依据各自职责及时处理，并为举报人保密。

第三十九条 从事资质认定的工作人员，在工作中滥用职权、玩忽职守、徇私舞弊的，依法予以处理；构成犯罪的，依法追究刑事责任。

第五章 附 则

第四十条 本办法自2015年8月1日起施行。国家质量监督检验检疫总局于2006年2月21日发布的《实验室和检查机构资质认定管理办法》同时废止。

检验检测机构监督管理办法

(2021年4月8日国家市场监督管理总局令第39号发布)

第一条 为了加强检验检测机构监督管理工作，规范检验检测机构从业行为，营造公平有序的检验检测市场环境，依照《中华人民共和国计量法》及其实施细则、《中华人民共和国认证认可条例》等法律、行政法规，制定本办法。

第二条 在中华人民共和国境内检验检测机构从事向社会出具具有证明作用的检验检测数据、结果、报告（以下统称检验检测报告）的活动及其监督管理，适用本办法。

法律、行政法规对检验检测机构的监督管理另有规定的，依照其规定。

第三条 本办法所称检验检测机构，是指依法成立，依据相关标准等规定利用仪器设备、环境设施等技术条件和专业技能，对产品或者其他特定对象进行检验检测的专业技术组织。

第四条 国家市场监督管理总局统一负责、综合协调检验检测机构监督管理工作。

省级市场监督管理部门负责本行政区域内检验检测机构监督管理工作。

地（市）、县级市场监督管理部门负责本行政区域内检验检测机构监督检查工作。

第五条 检验检测机构及其人员应当对其出具的检验检测报告负责，依法承担民事、行政和刑事法律责任。

第六条 检验检测机构及其人员从事检验检测活动应当遵守法律、行政法规、部门规章的规定，遵循客观独立、公平公正、诚实信用原则，恪守职业道德，承担社会责任。

检验检测机构及其人员应当独立于其出具的检验检测报告所涉及的利益相关方，不受任何可能干扰其技术判断的因素影响，保证其出具的检验检测报告真实、客观、准确、完整。

第七条 从事检验检测活动的人员，不得同时在两个以上检验检测机构从业。检验检测授权签字人应当符合相关技术能力要求。

法律、行政法规对检验检测人员或者授权签字人的执业资格或者禁止从业另有规定的，依照其规定。

第八条 检验检测机构应当按照国家有关强制性规定的样品管理、仪器设备管理与使用、检验检测规程或者方法、数据传输与保存等要求进行检验检测。

检验检测机构与委托人可以对不涉及国家有关强制性规定的检验检测规程或者方法等作出约定。

第九条 检验检测机构对委托人送检的样品进行检验的，检验检测报告对样品所检项目的符合性情况负责，送检样品的代表性和真实性由委托人负责。

第十条 需要分包检验检测项目的，检验检测机构应当分包给具备相应条件和能力的检验检测机构，并事先取得委托人对分包的检验检测项目以及拟承担分包项目的检验检测机构的同意。

检验检测机构应当在检验检测报告中注明分包的检验检测项目以及承担分包项目的检

验检测机构。

第十一条 检验检测机构应当在其检验检测报告上加盖检验检测机构公章或者检验检测专用章,由授权签字人在其技术能力范围内签发。

检验检测报告用语应当符合相关要求,列明标准等技术依据。检验检测报告存在文字错误,确需更正的,检验检测机构应当按照标准等规定进行更正,并予以标注或者说明。

第十二条 检验检测机构应当对检验检测原始记录和报告进行归档留存。保存期限不少于6年。

第十三条 检验检测机构不得出具不实检验检测报告。

检验检测机构出具的检验检测报告存在下列情形之一,并且数据、结果存在错误或者无法复核的,属于不实检验检测报告:

(一)样品的采集、标识、分发、流转、制备、保存、处置不符合标准等规定,存在样品污染、混淆、损毁、性状异常改变等情形的;

(二)使用未经检定或者校准的仪器、设备、设施的;

(三)违反国家有关强制性规定的检验检测规程或者方法的;

(四)未按照标准等规定传输、保存原始数据和报告的。

第十四条 检验检测机构不得出具虚假检验检测报告。

检验检测机构出具的检验检测报告存在下列情形之一的,属于虚假检验检测报告:

(一)未经检验检测的;

(二)伪造、变造原始数据、记录,或者未按照标准等规定采用原始数据、记录的;

(三)减少、遗漏或者变更标准等规定的应当检验检测的项目,或者改变关键检验检测条件的;

(四)调换检验检测样品或者改变其原有状态进行检验检测的;

(五)伪造检验检测机构公章或者检验检测专用章,或者伪造授权签字人签名或者签发时间的。

第十五条 检验检测机构及其人员应当对其在检验检测工作中所知悉的国家秘密、商业秘密予以保密。

第十六条 检验检测机构应当在其官方网站或者以其他公开方式对其遵守法定要求、独立公正从业、履行社会责任、严守诚实信用等情况进行自我声明,并对声明内容的真实性、全面性、准确性负责。

检验检测机构应当向所在地省级市场监督管理部门报告持续符合相应条件和要求、遵守从业规范、开展检验检测活动以及统计数据等信息。

检验检测机构在检验检测活动中发现普遍存在的产品质量问题的,应当及时向市场监督管理部门报告。

第十七条 县级以上市场监督管理部门应当依据检验检测机构年度监督检查计划,随机抽取检查对象、随机选派执法检查人员开展监督检查工作。

因应对突发事件等需要,县级以上市场监督管理部门可以应急开展相关监督检查工作。

国家市场监督管理总局可以根据工作需要,委托省级市场监督管理部门开展监督检查。

第十八条 省级以上市场监督管理部门可以根据工作需要，定期组织检验检测机构能力验证工作，并公布能力验证结果。

检验检测机构应当按照要求参加前款规定的能力验证工作。

第十九条 省级市场监督管理部门可以结合风险程度、能力验证及监督检查结果、投诉举报情况等，对本行政区域内检验检测机构进行分类监管。

第二十条 市场监督管理部门可以依法行使下列职权：

（一）进入检验检测机构进行现场检查；

（二）向检验检测机构、委托人等有关单位及人员询问、调查有关情况或者验证相关检验检测活动；

（三）查阅、复制有关检验检测原始记录、报告、发票、账簿及其他相关资料；

（四）法律、行政法规规定的其他职权。

检验检测机构应当采取自查自改措施，依法从事检验检测活动，并积极配合市场监督管理部门开展的监督检查工作。

第二十一条 县级以上地方市场监督管理部门应当定期逐级上报年度检验检测机构监督检查结果等信息，并将检验检测机构违法行为查处情况通报实施资质认定的市场监督管理部门和同级有关行业主管部门。

第二十二条 县级以上市场监督管理部门应当依法公开监督检查结果，并将检验检测机构受到的行政处罚等信息纳入国家企业信用信息公示系统等平台。

第二十三条 任何单位和个人有权向县级以上市场监督管理部门举报检验检测机构违反本办法规定的行为。

第二十四条 县级以上市场监督管理部门发现检验检测机构存在不符合本办法规定，但无需追究行政和刑事法律责任的情形的，可以采用说服教育、提醒纠正等非强制性手段予以处理。

第二十五条 检验检测机构有下列情形之一的，由县级以上市场监督管理部门责令限期改正；逾期未改正或者改正后仍不符合要求的，处3万元以下罚款：

（一）违反本办法第八条第一款规定，进行检验检测的；

（二）违反本办法第十条规定分包检验检测项目，或者应当注明而未注明的；

（三）违反本办法第十一条第一款规定，未在检验检测报告上加盖检验检测机构公章或者检验检测专用章，或者未经授权签字人签发或者授权签字人超出其技术能力范围签发的。

第二十六条 检验检测机构有下列情形之一的，法律、法规对撤销、吊销、取消检验检测资质或者证书等有行政处罚规定的，依照法律、法规的规定执行；法律、法规未作规定的，由县级以上市场监督管理部门责令限期改正，处3万元罚款：

（一）违反本办法第十三条规定，出具不实检验检测报告的；

（二）违反本办法第十四条规定，出具虚假检验检测报告的。

第二十七条 市场监督管理部门工作人员玩忽职守、滥用职权、徇私舞弊的，依法予以处理；涉嫌构成犯罪，依法需要追究刑事责任的，按照有关规定移送公安机关。

第二十八条 本办法自2021年6月1日起施行。

市场监管总局关于进一步推进检验检测机构资质认定改革工作的意见

(2019年10月24日国家市场监督管理总局国市监检测〔2019〕206号发布)

各省、自治区、直辖市及新疆生产建设兵团市场监管局（厅、委）：

为深入贯彻"放管服"改革要求，认真落实"证照分离"工作部署，进一步推进检验检测机构资质认定改革，创新完善检验检测市场监管体制机制，优化检验检测机构准入服务，加强事中事后监管，营造公平竞争、健康有序的检验检测市场营商环境，充分激发检验检测市场活力，现就有关事项提出如下意见。

一、主要改革措施

（一）依法界定检验检测机构资质认定范围，逐步实现资质认定范围清单管理。

1. 法律、法规未明确规定应当取得检验检测机构资质认定的，无需取得资质认定。对于仅从事科研、医学及保健、职业卫生技术评价服务、动植物检疫以及建设工程质量鉴定、房屋鉴定、消防设施维护保养检测等领域的机构，不再颁发资质认定证书。已取得资质认定证书的，有效期内不再受理相关资质认定事项申请，不再延续资质认定证书有效期。

2. 法律、行政法规对检验检测机构资质管理另有规定的，应当按照国务院有关要求实施检验检测机构资质认定，避免相同事项的重复认定、评审。

（二）试点推行告知承诺制度。

在检验检测机构资质认定工作中，对于检验检测机构能够自我承诺符合告知的法定资质认定条件，市场监管总局和省级市场监管部门通过事中事后予以核查纠正的许可事项，采取告知承诺方式实施资质认定。具体工作按照国务院有关要求和市场监管总局制定的《检验检测机构资质认定告知承诺实施办法（试行）》（见附件）实施。

市场监管总局负责的检验检测机构资质认定事项和省级市场监管部门负责的涉及本行政区域内自由贸易试验区检验检测机构资质认定事项，先行试点实施告知承诺制度。根据试点工作情况，待条件成熟后，在全国范围内推行。

（三）优化准入服务，便利机构取证。

1. 检验检测机构申请延续资质认定证书有效期时，对于上一许可周期内无违法违规行为，未列入失信名单，并且申请事项无实质变化的，市场监管总局和省级市场监管部门可以采取形式审查方式，对于符合要求的，予以延续资质认定证书有效期，无需实施现场评审。

2. 检验检测机构申请无需现场确认的机构法定代表人、最高管理者、技术负责人、授权签字人等人员变更或者无实质变化的有关标准变更时，可以自我声明符合资质认定相关要求，并向市场监管总局或者省级市场监管部门报备。

3. 对于选择一般资质认定程序的，许可时限压缩四分之一，即：15个工作日内作出许可决定、7个工作日内颁发资质认定证书；全面推行检验检测机构资质认定网上许可系统，逐步实现申请、许可、发证全过程电子化。

（四）整合检验检测机构资质认定证书，实现检验检测机构"一家一证"。

1. 逐步取消检验检测机构以授权名称取得的资质认定证书，以在机构实体取得的资质认定证书上背书的形式保留其授权名称；检验检测机构与其依法设立的分支机构实行统一质量体系管理的，按照机构自愿申请原则，试点推行证书"一体化"管理，资质认定证书附分支机构地点以及检验检测能力。

2. 检验检测机构具有的检验检测基本条件、技术能力、资质认定信息等相关内容统一接入对外公布的全国检验检测机构大数据平台，纳入全国检验检测服务业统计工作。

二、抓好相关落实工作

（一）加强组织领导，做好宣传培训、指导工作。

各省级市场监管部门要高度重视资质认定改革工作，积极组织做好相关改革措施的宣传、解读工作。加强相关资质认定工作人员和监管人员培训，加快完善网上许可系统、信息系统建设，确保资质认定改革工作顺利推进。

（二）坚持依法推进，切实履职到位。

各省级市场监管部门要依法推进检验检测机构资质认定相关改革措施，切实履行相关职责，充分释放改革红利。积极配合市场监管总局做好相关法律法规立法协调和修订工作，不断完善法制保障。

（三）加强事中事后监管，落实主体责任。

各省级市场监管部门要全面落实"双随机、一公开"监管要求，对社会关注度高、风险等级高、投诉举报多、暗访问题多的领域实施重点监管，加大抽查比例，严查伪造、出具虚假检验检测数据和结果等违法行为；积极运用信用监管手段，逐步完善"互联网＋监管"系统，落实检验检测机构主体责任和相关产品质量连带责任；对以告知承诺方式取得资质认定的机构承诺的真实性进行重点核查，发现虚假承诺或者承诺严重不实的，应当撤销相应资质认定事项，予以公布并记入其信用档案。

本意见规定的相关改革事项自2019年12月1日起施行。

附件：检验检测机构资质认定告知承诺实施办法（试行）

市场监管总局
2019年10月24日

（此件公开发布）

附件　　检验检测机构资质认定告知承诺实施办法（试行）

第一条　为进一步简政放权、优化检验检测市场营商环境，完善检验检测机构资质认定管理制度，提高检验检测机构资质认定审批效率，依照《国务院关于在全国推开"证照分离"改革的通知》《检验检测机构资质认定管理办法》等相关规定，制定本办法。

第二条　本办法所称的告知承诺，是指检验检测机构提出资质认定申请，国家市场监督管理总局或者省级市场监督管理部门（以下统称资质认定部门）一次性告知其所需资质认定条件和要求以及相关材料，检验检测机构以书面形式承诺其符合法定条件和技术能力要求，由资质认定部门作出资质认定决定的方式。

第三条　检验检测机构首次申请资质认定、申请延续资质认定证书有效期、增加检验检测项目、检验检测场所变更时，可以选择以告知承诺方式取得相应资质认定。特殊食品、医疗器械检验检测除外。

第四条　国家市场监督管理总局负责检验检测机构资质认定告知承诺统一管理、组织实施、后续核查监督工作。

各省级市场监督管理部门负责实施所辖区域内检验检测机构资质认定告知承诺、后续核查监督工作。

第五条　对实行检验检测机构资质认定告知承诺的事项，资质认定部门应当向申请机构告知下列内容：

（一）资质认定事项所依据的主要法律、法规、规章的名称和相关条款；

（二）检验检测机构应当具备的条件和技术能力要求；

（三）需要提交的相关材料；

（四）申请机构作出虚假承诺或者承诺内容严重不实的法律后果；

（五）资质认定部门认为应当告知的其他内容。

第六条　申请机构愿意作出承诺的，应当对下列内容作出承诺：

（一）所填写的相关信息真实、准确；

（二）已经知悉资质认定部门告知的全部内容；

（三）本机构能够符合资质认定部门告知的条件和技术能力要求，并按照规定接受后续核查；

（四）本机构能够提交资质认定部门告知的相关材料；

（五）愿意承担虚假承诺或者承诺内容严重不实所引发的相应法律责任；

（六）所作承诺是本机构的真实意思表示。

第七条　对实行检验检测机构资质认定告知承诺的事项，应当由资质认定部门提供告知承诺书。告知承诺书文本式样（见附件）由国家市场监督管理总局统一制定。

资质认定部门应当在其政务大厅或者网站上公示告知承诺书，便于检验检测机构索取或者下载。

第八条　检验检测机构可以通过登录资质认定部门网上审批系统或者现场提交加盖机构公章的告知承诺书以及符合要求的相关申请材料，资质认定部门应当自收到机构申请之日起5个工作日内作出是否受理的决定,告知承诺书和相关申请材料不齐全或者不符合法定形式的,资质认定部门应当一次性告知申请机构需要补正的全部内容。

告知承诺书一式两份,由资质认定部门和申请机构各自留档保存,鼓励申请机构主动公开告知承诺书。

第九条　申请机构在规定时间内提交的申请材料齐全、符合法定形式的,资质认定部门应当当场作出资质认定决定。

资质认定部门应当自作出资质认定决定之日起7个工作日内,向申请机构颁发资质认定证书。

第十条　资质认定部门作出资质认定决定后,应当在3个月内组织相关人员按照《检验检测机构资质认定管理办法》有关技术评审管理的规定以及评审准则的相关要求,对机构承诺内容是否属实进行现场核查,并作出相应核查判定;对于机构首次申请或者检验检测项目涉及强制性标准、技术规范的,应当及时进行现场核查。

现场核查人员应当在规定时限内出具现场核查结论,并对其承担的核查工作和核查结论的真实性、符合性负责,依法承担相应法律责任。

第十一条　对于机构作出虚假承诺或者承诺内容严重不实的,由资质认定部门依照《行政许可法》的相关规定撤销资质认定证书或者相应资质认定事项,并予以公布。

被资质认定部门依法撤销资质认定证书或者相应资质认定事项的检验检测机构,其基于本次行政许可取得的利益不受保护,对外出具的相关检验检测报告不具有证明作用,并承担因此引发的相应法律责任。

第十二条　对于检验检测机构作出虚假承诺或者承诺内容严重不实的,由资质认定部门记入其信用档案,该检验检测机构不再适用告知承诺的资质认定方式。

第十三条　以告知承诺方式取得资质认定的检验检测机构发生违法违规行为的,依照法律法规的相关规定,予以处理。

第十四条　资质认定部门工作人员在实施告知承诺工作中存在滥用职权、玩忽职守、徇私舞弊行为的,依照相关法律法规的规定,予以处理。

第十五条　对实行告知承诺的相关资质认定事项,检验检测机构不选择告知承诺方式的,资质认定部门应当依照《检验检测机构资质认定管理办法》的有关规定实施资质认定。

第十六条　本办法由国家市场监督管理总局负责解释。

第十七条　本办法自2019年12月1日起施行。

附件　　检验检测机构资质认定告知承诺书

本机构就申请审批的资质认定事项,作出下列承诺:

(一)所填写的相关信息真实、准确;

(二)已经知悉资质认定部门告知的全部内容;

(三)本机构能够符合资质认定部门告知的条件和技术能力要求,并按照规定接受后续核查;

(四)本机构能够提交资质认定部门告知的相关材料;

（五）愿意承担虚假承诺、承诺内容严重不实所引发的相应法律责任；

（六）所作承诺是本机构的真实意思表示。

法定代表人签字：

（申请机构盖章）

年　月　日

（一式两份）

资质认定部门的告知内容

一、审批依据

本行政审批事项的依据为：

1.《中华人民共和国计量法》第二十二条规定：为社会提供公证数据的产品质量检验机构，必须经省级以上人民政府计量行政部门对其计量检定、测试的能力和可靠性考核合格。

2.《中华人民共和国计量法实施细则》第二十九条规定：为社会提供公证数据的产品质量检验机构，必须经省级以上人民政府计量行政部门计量认证。

3.《中华人民共和国认证认可条例》第十六条规定：向社会出具具有证明作用的数据和结果的检查机构、实验室，应当具备有关法律、行政法规规定的基本条件和能力，并依法经认定后，方可从事相应活动，认定结果由国务院认证认可监督管理部门公布。

4.《中华人民共和国食品安全法》第八十四条规定：食品检验机构按照国家有关认证认可的规定取得资质认定后，方可从事食品检验活动。

5.《检验检测机构资质认定管理办法》。

二、申请条件

申请机构应当符合《中华人民共和国计量法实施细则》第三十条和《检验检测机构资质认定管理办法》第二章规定的条件，且近2年内未因检验检测违法违规行为受到行政处罚（首次申请机构除外）。

三、应当提交的申请材料

根据审批依据和法定条件，申请机构应当根据申请类型提交相应材料：

（一）首次、延续证书申请材料目录

1. 检验检测机构资质认定申请书；

2. 典型检测报告；

3. 法人证照（营业执照或者登记/注册证书；非法人检验检测机构需提供检验检测机构批文、所属法人单位营业执照或者登记/注册证书、法人授权文件和最高管理者的任命文件）；

4. 固定场所文件；

5. 授权签字人的相关材料；

6.《检验检测机构资质认定告知承诺书》。

（二）检验检测场所变更申请材料目录

1. 检验检测机构资质认定申请书；
2. 场所变更后的法人证照（营业执照或者登记/注册证书）；
3. 固定场所文件；
4. 《检验检测机构资质认定告知承诺书》。

（三）增加检验检测项目申请材料目录

1. 检验检测机构资质认定申请书；
2. 增加检验检测项目领域典型检测报告；
3. 相关固定场所文件；
4. 授权签字人的相关材料；
5. 《检验检测机构资质认定告知承诺书》。

四、告知承诺的办理程序

申请机构选择告知承诺方式的，应向资质认定部门提交签章后的告知承诺书原件（一式二份）及相关申请材料。

资质认定部门应当按照《检验检测机构资质认定告知承诺实施办法（试行）》相关规定实施审批。

资质认定部门将在作出准予资质认定决定后3个月内，按照《检验检测机构资质认定管理办法》关于技术评审管理的相关规定对申请机构的承诺内容是否属实进行现场核查。

五、监督和法律责任

对于申请机构作出虚假承诺或者承诺内容严重不实的，由资质认定部门依照《行政许可法》的相关规定撤销许可决定，并予以公布。被资质认定部门依法撤销许可决定的检验检测机构，其基于本次行政许可取得的利益不受保护，对外出具的相关检验检测报告不具有证明作用，并承担因此引发的相应法律责任。

以告知承诺方式取得资质认定的检验检测机构发生其他违法违规行为，依照法律法规的相关规定，予以处理。

六、诚信管理

检验检测机构作出虚假承诺、承诺内容严重不实的，由资质认定部门记入其信用档案，该检验检测机构不再适用告知承诺的资质认定方式。

市场监管总局关于进一步深化改革促进检验检测行业做优做强的指导意见

(2021年9月10日国家市场监督管理总局国市监检测发〔2021〕55号发布)

各省、自治区、直辖市和新疆生产建设兵团市场监管局（厅、委）：

检验检测是国家质量基础设施的重要组成部分，是国家重点支持发展的高技术服务业和生产性服务业，在提升产品质量、推动产业升级、保护生态环境、促进经济社会高质量发展等方面发挥着重要作用。近年来，我国检验检测行业快速发展，结构持续优化，市场机制逐步完善，综合实力不断增强，但仍存在创新能力和品牌竞争力不强、市场化集约化水平有待提升、市场秩序不够规范等问题。为进一步深化改革，促进检验检测行业做优做强，现提出如下意见。

一、总体要求

（一）指导思想。以习近平新时代中国特色社会主义思想为指导，全面贯彻党的十九大和十九届二中、三中、四中、五中全会精神，坚定不移贯彻新发展理念，以推动高质量发展为主题，以深化供给侧结构性改革为主线，以改革创新为根本动力，围绕建设质量强国、制造强国，服务以国内大循环为主体、国内国际双循环相互促进的新发展格局，加快建设现代检验检测产业体系，推动检验检测服务业做优做强，实现集约化发展，为经济社会发展提供更加有力的技术支撑。

（二）基本原则。

——坚持深化改革。坚定不移推进经营性检验检测机构市场化改革，破除制约行业发展的体制机制障碍，持续优化市场化法治化国际化营商环境。

——坚持创新驱动。坚持把创新作为驱动检验检测发展的第一动力，完善检验检测创新体系，加强共性技术平台建设，提升自主创新能力，推动行业向专业化和价值链高端延伸。

——坚持市场主导。充分发挥市场在资源配置中的决定性作用，推动有效市场和有为政府更好结合，激发各类市场主体活力，增强检验检测行业发展内生动力，提高经济质量效益和核心竞争力。

——坚持目标导向。聚焦国家战略和经济社会发展重大需求，对标国际先进水平，明确主攻方向和突破口，统筹检验检测行业与产业链深度融合，推动检验检测行业集约发展。

（三）总体目标。到2025年，检验检测体系更加完善，创新能力明显增强，发展环境持续优化，行业总体技术能力、管理水平、服务质量和公信力显著提升，涌现一批规模效益好、技术水平高、行业信誉优的检验检测企业，培育一批具有国际影响力的检验检测知名品牌，打造一批检验检测高技术服务业集聚区和公共服务平台，形成适应新时代发展需要的现代化检验检测新格局。

二、着力深化改革,推动检验检测机构市场化发展

(四)推进检验检测机构改革。按照政府职能转变和事业单位改革的要求,进一步理顺政府与市场的关系,积极推进事业单位性质检验检测机构的市场化改革。科学界定检验检测机构功能定位,经营类机构要转企改制为独立的市场主体,实现市场化运作,规范经营行为,提升技术能力,着力做优做强;公益类机构要大力推进整合,优化布局结构,强化公益属性,严格执行事业单位相关管理政策,提升职业化、专业化服务水平。各地市场监管部门要按照地方党委政府的部署和要求,积极稳妥推进检验检测机构改革,强化涉及国家安全、公共安全、生态安全、公众健康安全等领域检验检测机构的建设和管理,更好服务市场监管和地方经济社会发展。

国有企业性质检验检测机构要深化混合所有制改革,推动完善现代企业制度,健全企业法人治理结构,提高国有资本配置和运行效率。坚持以资本为纽带完善混合所有制检验检测企业治理结构和管理方式,国有资本出资人和各类非国有资本出资人以股东身份履行权利和职责,使混合所有制企业成为真正的市场主体。加快国有企业性质检验检测机构的优化布局和结构调整,推进国有企业战略性重组、专业化整合,推动国有企业性质检验检测机构率先做强做优做大。

(五)鼓励社会资本进入检验检测行业。鼓励民营企业和其他社会资本投资检验检测服务,支持具备条件的企业申请相关资质,面向社会提供检验检测服务。鼓励非公有资本参与国有检验检测企业混合所有制改革,非公有资本投资主体可通过出资入股、收购股权、认购可转债、股权置换等多种方式,参与国有检验检测企业改制重组或国有控股上市检验检测公司增资扩股以及企业经营管理。

(六)打造共性技术服务平台。加强政府实验室建设,完善检验检测公共服务体系,推动创建、整合、提升一批关键共性技术平台,解决跨行业、跨领域的关键共性技术问题。支持各地加强检验检测认证公共服务平台示范区、检验检测高技术服务业集聚区建设,围绕京津冀协同发展、粤港澳大湾区建设、海南自由贸易港建设、长江三角洲区域一体化发展、振兴东北老工业基地、成渝地区双城经济圈建设等国家战略,促进检验检测行业与地方经济建设深度融合发展。支持科研院所、大专院校、生产企业及其他社会组织开放共享检验检测资源,鼓励各类检验检测机构依法推进仪器设备、实验环境、标准物质等要素资源的社会共享共用,提升相关要素资源的利用效率。

三、坚持创新引领,强化技术支撑能力

(七)提升行业自主创新能力。瞄准国际技术前沿,推进检验检测国家重点研发计划实施,加强关键核心技术攻关,突破一批基础性、公益性和产业共性技术瓶颈。研究面向基础材料、新产品、新工艺、新装备的跨行业通用检验检测技术,重点发展在线、快速检验检测技术,实现关键检验检测技术自主可控。推动检验检测与互联网、人工智能、大数据、区块链和量子传感技术融合发展,引导行业数字化转型升级,不断提升检验检测服务的智能化水平。鼓励检验检测机构参与检验检测仪器设备、试剂耗材、标准物质的设计研发,加强对检测方法、技术规范、仪器设备、服务模式、标识品牌等方面的知识产权保护,建立国产仪器设备"进口替代"验证评价体系,推动仪器设备质量提升和"进口替代"。

（八）促进产业转型升级。聚焦产业发展和民生需求，支持检验检测机构从提供单一检测服务向参与产品设计、研发、生产、使用全生命周期提供解决方案发展，引导检验检测机构开展质量基础设施"一站式"服务、实现"一体化"发展，为社会提供优质、高效、便捷的综合服务。鼓励检验检测机构与科研机构、计量技术机构、标准研究机构、认证认可机构等加强合作，充分发挥国家质量基础设施一体化服务效能，加强检验检测技术标准体系建设。组织开展检验检测助推产业优化升级行动，支持检验检测机构牵头组建高水平创新联合体，加快技术创新与产业化应用，推动检验检测产业与先进制造业、现代服务业、现代农业和产业集聚区协同创新、融合发展，引导检验检测服务业向专业化和价值链高端延伸。加快推进军民检验检测体系融合，促进军民检验检测资质互认，强化大型检测设备共享共用，更好服务国防建设和经济发展。

（九）加强国家质检中心建设。围绕国民经济重点领域、先进制造业支撑领域、战略性新兴产业领域，重点支持建设一批新一代信息技术、高端装备制造业、新材料、智能及新能源汽车、新能源等高水平国家质检中心。支持国家质检中心积极建设国家重点实验室、国家制造业创新中心、国家产业创新中心和国家技术创新中心，鼓励国家质检中心积极参与首台套重大技术装备检测评定工作，充分发挥国家质检中心的技术引领和支撑作用。加强国家质检中心规范管理，严格建设标准和程序规定，完善退出机制，优化国家质检中心布局。

（十）加强人才队伍建设。围绕重点学科领域和创新方向，突出"高精尖缺"导向，坚持引进和培养并重，加快培养高层次领军人才和紧缺急需人才，着力造就一批高水平创新团队。支持地方政府、高等院校、职业技术学校、教育培训机构以及检验检测机构开展合作办学，共建检验检测相关专业门类和人才培养体系。鼓励各类市场主体依法开设检验检测相关培训项目，不断增加检验检测领域的培训服务供给，提升从业人员专业素质。

四、激发市场活力，提升质量竞争力

（十一）完善市场要素资源供给。支持政府部门和金融部门完善针对检验检测行业的融资渠道和扶持政策，建立检验检测行业发展基金或科研创新基金，健全针对检验检测服务业特点的金融救助机制。支持保险部门建立检验检测服务质量保险制度，对于检验检测责任事故先行赔付，通过保险杠杆调节检验检测机构经营运行模式，提升质量竞争力。进一步打破部门垄断和行业壁垒，加大政府购买服务力度，营造不同所有制检验检测机构公平竞争的良好环境。

（十二）引导行业品牌建设。完善检验检测行业品牌培育、发展、激励、保护政策和机制，营造良好的检验检测品牌成长环境。鼓励检验检测机构依法进行商标注册、品牌保护，不断提升检验检测行业品牌意识、价值和形象。着力扶持、培育一批技术能力强、服务信誉好的检验检测机构成为行业品牌，提高品牌的知名度、美誉度和公信力，推动形成检验检测国际知名品牌。鼓励检验检测机构通过认可机构的认可，不断提升社会知名度和国际市场竞争力。支持中小型检验检测机构"专精特新"发展道路，弘扬企业家精神和工匠精神，培育一批"单项冠军""隐形冠军"。

（十三）深化国际合作交流。围绕完善内外贸一体化调控体系，促进检验检测内外相衔接，建设更高水平开放型经济新体制，以拓展多双边合作机制、推动检验检测数据与结果国际互认为重点，积极参与国际规则和标准制定，加强国际相关制度、标准和技术的跟踪研究。支持国内机构拓展国际业务，鼓励检验检测机构在境外设立分支机构、办事处，通过合资、并购等方式加强海外布局。鼓励检验检测机构开展"一带一路"国家和地区的技术培训、实验室共建、实验室间比对、质量管理体系建设等业务，深化务实合作，促进共同发展。

五、加强规范管理，提高行业公信力

（十四）加大监管力度。健全以"双随机、一公开"监管和"互联网＋监管"为基本手段、以重点监管为补充、以信用监管为基础的新型检验检测监管机制。建立健全部门联合监管工作模式，充分发挥各自监管优势，加强信息互通和协作联动，进一步规范检验检测机构从业行为，加大重点领域及高风险领域的抽查比例，强化线上线下渠道监管，严厉打击检验检测违法行为。加快推动检验检测机构行业监管及行政处罚信息纳入国家企业信用信息公示系统，构建失信联合惩戒机制，提高违法失信成本。积极利用"互联网＋监管""大数据""云监管"等智慧监管手段和能力验证、实验室间比对等技术措施，加强监管方式创新，提升监管效能。

（十五）强化行业自律。严格落实检验检测机构主体责任，鼓励检验检测机构通过向社会公开承诺、发布诚信声明、公开检验检测报告等方式接受社会监督。推动行业协会、商会等建立健全行业经营自律规范、自律公约和职业道德准则，规范会员行为。完善检验检测机构自查平台建设，引导行业开展自我约束和自我监督。

（十六）加强社会监督。优化12315平台服务，畅通群众举报渠道，做到有案必查、查必有果。完善检验检测机构资质认定信息查询系统、检验检测报告编号查询系统等信息查询平台，鼓励社会公众和消费者对检验检测机构进行信息查询和监督。开展明察暗访工作，完善暗访线索与行政监管的衔接机制。探索建立"吹哨人"、内部举报人等制度，鼓励同业监督。

六、保障措施

（十七）优化营商环境。坚持深化"放管服"改革，全面落实"证照分离"改革工作部署。依法界定检验检测机构资质认定实施范围，发布资质认定领域范围清单。全面推行检验检测机构资质认定告知承诺制度，加强对机构承诺内容真实性的核查。进一步压缩资质认定许可和评审时限，精简优化许可、评审程序和内容，便利机构取证。对事业单位改革、国有企业改革、集团化检验检测机构跨行业、跨区域发展等改革发展过程中出现的新情况、新业态积极进行政策研究，及时出台措施，持续优化检验检测市场营商环境。

（十八）强化法治保障。结合地方检验检测立法工作经验，推动检验检测管理条例立法研究，进一步建立健全检验检测相关法律法规体系。加强相关法律制度的协调和衔接，优化完善检验检测机构经营运行、监督管理、资质认定、建设发展相关规章制度，形成完备的法律制度链条，做到有法可依、违法必究。

（十九）积极争取支持。各级市场监管部门要积极争取地方政府和发展改革、财政、税务、科技、工信等部门的支持，加强与各产业领域归口部门的协调沟通，完善工作机制，出台配套政策，推动检验检测融入地方和行业经济发展大局，形成政府引导、部门联合、社会参与的检验检测体系建设工作格局。

（二十）完善统计监测。大力推进检验检测服务业统计监测工作，完善统计调查制度和行业运行监测预警工作机制，推动建立行业监测工作队伍，不断丰富检验检测相关管理和运行数据的采集手段，提升统计监测工作质量。大力提倡检验检测行业管理信息公开，加快建设检验检测行业监测信息公共服务平台，引导社会监督。

（二十一）加强宣传引导。充分发挥报刊、广播、电视等新闻媒体和网络新媒体作用，结合"世界认可日""全国检验检测机构开放日"等重要活动，积极组织开展实验室开放、科普宣传、便民检测、技术培训等各种活动，增进社会公众对检验检测行业的了解和信任，宣传检验检测服务经济社会高质量发展的经验和成效，加大对检验检测违法违规典型案例的曝光力度，让追求卓越、崇尚质量、诚信有为成为检验检测行业的价值导向和时代精神。

市场监管总局

2021 年 9 月 10 日

（此件公开发布）

关于企业使用的非强检计量器具
由企业依法自主管理的公告

(1999年3月19日国家质量技术监督局第6号发布)

为落实《国务院办公厅关于印发国家质量技术监督局职能配置、内设机构和人员编制规定的通知》规定（国办发〔1998〕84号），国家质量技术监督局决定对企业使用的非强制检定计量器具的检定周期和检定方式由企业依法自主管理的有关事项，公告如下：

一、企业使用的非强制检定计量器具，是指除企业最高计量标准器具以及用于贸易结算、安全防护、医疗卫生、环境监测方面的列入强制检定目录以外的其他计量标准器具和工作计量器具。非强制检定计量器具的检定周期，由企业根据计量器具的实际使用情况，本着科学、经济和量值准确的原则自行确定。

二、非强制检定计量器具的检定方式，由企业根据生产和科研的需要，可以自行决定在本单位检定或者送其他计量检定机构检定、测试，任何单位不得干涉。

三、企业使用的最高计量标准器具，以及用于贸易结算、安全防护、医疗卫生、环境监测方面列入强制检定目录的工作计量器具，应当进行强制检定。未按照规定申请检定或者检定不合格的，企业不得使用。

市场监管总局关于调整实施强制管理的计量器具目录的公告

（2020年10月26日市场监督管理总局第42号发布）

为持续优化营商环境，深入落实"放管服"改革举措，市场监管总局决定调整实施强制管理的计量器具目录。现将调整后的《实施强制管理的计量器具目录》（以下简称《目录》）予以公布。

一、自本公告发布之日起，列入《目录》且监管方式为"型式批准"和"型式批准、强制检定"的计量器具应办理型式批准或者进口计量器具型式批准；其他计量器具不再办理型式批准或者进口计量器具型式批准。

二、自本公告发布之日起，列入《目录》且监管方式为"强制检定"和"型式批准、强制检定"的工作计量器具，使用中应接受强制检定，其他工作计量器具不再实行强制检定，使用者可自行选择非强制检定或者校准的方式，保证量值准确。

三、自本公告发布之日起，各级市场监管部门对不在《目录》型式批准范围内的计量器具，已经受理但尚未完成型式批准的，依法终止行政许可程序；各级计量技术机构对不在《目录》强制检定范围内的工作计量器具，已经受理但尚未完成检定的，继续完成检定工作。

四、根据强制检定的工作计量器具的结构特点和使用状况，强制检定采取以下两种方式：

1. 只做首次强制检定。按实施方式分为：只做首次强制检定，失准报废；只做首次强制检定，限期使用，到期轮换。

2. 进行周期检定。

五、强制检定的工作计量器具的检定周期，由相应的检定规程确定。凡计量检定规程规定的检定周期做了修订的，应以修订后的检定规程为准。

其中，电动汽车充电桩延期至2023年1月1日起实行强制检定。鼓励各地方对其具体强制检定方式予以探索。

六、强制检定的工作计量器具的强检方式、强检范围及说明见《目录》。

七、自本公告发布之日起，《市场监管总局关于发布实施强制管理的计量器具目录的公告》（2019年第48号）废止，其中第四项废止的相关文件依然废止。

特此公告。

附件：实施强制管理的计量器具目录

市场监管总局
2020年10月26日

附件 　　　　　　　**实施强制管理的计量器具目录**

一级序号	二级序号	一级目录	二级目录	监管方式	强检方式	强检范围及说明
1	(1)	体温计	体温计	型式批准 强制检定	玻璃体温计只做型式批准和首次强制检定，失准报废；其他体温计周期检定	用于医疗卫生；医疗机构对人体温度的测量
2	(2)	非自动衡器	非自动衡器	型式批准 强制检定	周期检定	用于贸易结算；商品、包裹、行李、粮食等的称重
3	(3)	自动衡器	动态汽车衡（车辆总重计量）	型式批准 强制检定	周期检定	用于安全防护；车辆超限超载的称重 用于贸易结算；商品的称重
4	(4)	轨道衡	轨道衡	型式批准 强制检定	周期检定	用于贸易结算；商品的称重
5	(5)	计量罐	铁路计量罐（车）	强制检定	周期检定	用于贸易结算；液体容积的测量
	(6)		船舶液货计量舱（供油船舶计量舱、船舶污油舱、污水舱、运输船舶计量舱5000载重吨以下）	强制检定	周期检定	用于贸易结算；原油、成品油及其他液体或固体容积的测量
	(7)		立式金属罐	强制检定	周期检定	用于贸易结算；液体容积的测量
6	(8)	称重传感器	称重传感器	型式批准	—	—
7	(9)	称重显示器	称重显示器	型式批准	—	—
8	(10)	加油机	燃油加油机	型式批准 强制检定	周期检定	用于贸易结算；成品油流量的测量
9	(11)	加气机	液化石油气加气机	型式批准 强制检定	周期检定	用于贸易结算；石油气流量的测定
	(12)		压缩天然气加气机	型式批准 强制检定	周期检定	用于贸易结算；天然气流量的测定
	(13)		液化天然气加气机	型式批准 强制检定	周期检定	用于贸易结算；天然气流量的测定
10	(14)	水表	水表 DN15～DN50	型式批准 强制检定	工业用：周期检定 生活用：首次强制检定，限期使用，到期轮换	用于贸易结算；用水量的测量
11	(15)	燃气表	燃气表 G1.6～G16	型式批准 强制检定	工业用：周期检定 生活用：首次强制检定，限期使用，到期轮换	用于贸易结算；煤气（天然气）用量的测定
12	(16)	热能表	热能表 DN15～DN50	型式批准 强制检定	周期检定	用于贸易结算；用热量的测定

三、部门规章和文件

续表

一级序号	二级序号	一级目录	二级目录	监管方式	强检方式	强检范围及说明
13	(17)	流量计	流量计（口径范围 DN300 及以下）	型式批准强制检定	周期检定	用于贸易结算：液体、气体、蒸汽流量的测量
14	(18)	血压计（表）	无创自动测量血压计	型式批准强制检定	周期检定	用于医疗卫生：医疗机构对人体血压的测量
	(19)		无创非自动测量血压计	型式批准强制检定	周期检定	用于医疗卫生：医疗机构对人体血压的测量
15	(20)	眼压计	眼压计	型式批准强制检定	周期检定	用于医疗卫生：医疗机构对人体眼压的测量
16	(21)	压力仪表	指示类压力表、显示类压力表	型式批准强制检定	周期检定	用于安全防护：1. 电站锅炉主气包和给水压力的测量；2. 固定式空压机风仓及总管压力的测量；3. 发电机、气轮机油压及机车压力的测量；4. 带报警装置压力的测量；5. 密封增压容器压力的测量；6. 有害、有毒、腐蚀性严重介质压力的测量
17	(22)	机动车测速仪	机动车测速仪	型式批准强制检定	周期检定	用于安全防护：机动车行驶速度的监测
18	(23)	出租汽车计价器	出租汽车计价器	型式批准强制检定	周期检定	用于贸易结算：出租汽车计时计里程的测量
19	(24)	电能表	电能表	型式批准强制检定	工业用：周期检定 生活用：首次强制检定，限期使用，到期轮换或根据表计状态延期	用于贸易结算：用电量的测量
20	(25)	声级计	声级计	型式批准强制检定	周期检定	用于环境监测：噪声的测量
21	(26)	力计	纯音听力计	型式批准强制检定	周期检定	用于医疗卫生：医疗机构对人体听力的测量
	(27)		阻抗听力计	型式批准强制检定	周期检定	用于医疗卫生：医疗机构对人体听力的测量
22	(28)	焦度计	焦度计	型式批准强制检定	周期检定	用于医疗卫生：医疗机构、眼镜制配场所对眼镜片焦度的测量
23	(29)	验光仪器	验光仪、综合验光仪	型式批准强制检定	周期检定	用于医疗卫生：医疗机构、眼镜制配场所验光使用
	(30)		验光镜片箱	型式批准强制检定	周期检定	用于医疗卫生：医疗机构、眼镜制配场所验光使用
	(31)		角膜曲率计	型式批准强制检定	周期检定	用于医疗卫生：医疗机构、眼镜制配场所测量角膜曲率使用

续表

一级序号	二级序号	一级目录	二级目录	监管方式	强检方式	强检范围及说明
24	(32)	糖量计	糖量计	型式批准 强制检定	周期检定	用于贸易结算：制糖原料含糖量的测量
25	(33)	烟尘粉尘测量仪	烟尘采样器	型式批准	—	
	(34)		粉尘采样器	型式批准	—	
	(35)		粉尘浓度测量仪	型式批准		
26	(36)	颗粒物采样器	颗粒物采样器	型式批准		
27	(37)	大气采样器	大气采样器	型式批准	—	—
28	(38)	透射式烟度计	透射式烟度计	型式批准 强制检定	周期检定	用于环境监测：柴油发动机污染物的测量
29	(39)	水分测定仪	烘干法水分测定仪	型式批准 强制检定	周期检定	用于贸易结算：水分的测量
	(40)		电容法和电阻法谷物水分测定仪	型式批准 强制检定	周期检定	用于贸易结算：谷物水分的测量
	(41)		原棉水分测定仪	型式批准 强制检定	周期检定	用于贸易结算：水分的测量
30	(42)	呼出气体酒精含量检测仪	呼出气体酒精含量检测仪	型式批准 强制检定	周期检定	用于安全防护：对机动车司机是否酒后开车的监测
31	(43)	谷物容重器	谷物容重器	强制检定	周期检定	用于贸易结算：谷物收购时等定价每升重量的测量
32	(44)	乳汁计	乳汁计	强制检定	周期检定	用于贸易结算：乳汁浓度和密度的测量
33	(45)	电动汽车充电桩	电动汽车交（直）流充电桩/非车载直流充电机	强制检定	周期检定	用于贸易结算：向社会提供充电服务的电动汽车充电桩充电量的测量
34	(46)	放射治疗用电离室剂量计	放射治疗用电离室剂量计	强制检定	周期检定	用于医疗卫生：医疗机构对人体放射剂量的测量
35	(47)	医用诊断X射线设备	非数字化医用诊断X射线仪	强制检定	周期检定	用于医疗卫生：医疗机构对人体进行辐射诊断和治疗
36	(48)	医用活度计	医用活度计	强制检定	周期检定	用于医疗卫生：医疗机构以放射性核素进行诊断和治疗的核素活度的测量
37	(49)	心脑电测量仪器	心电图仪	强制检定	周期检定	用于医疗卫生：医疗机构对人体心电位的测量
	(50)		脑电图仪	强制检定	周期检定	用于医疗卫生：医疗机构对人体脑电位的测量
	(51)		多参数监护仪	强制检定	周期检定	用于医疗卫生：医疗机构对人体心电、脉搏、血氧饱和度等测量

三、部门规章和文件

续表

一级序号	二级序号	一级目录	二级目录	监管方式	强检方式	强检范围及说明
38	(52)	电力测量用互感器	电力测量用互感器	500kV（含）以下型式批准、强制检定；500kV以上型式批准	周期检定	用于贸易结算；作为电能表的配套设备，对用电量的测量
39	(53)	测绘仪器	手持式激光测距仪	型式批准	—	—
	(54)		全站仪	型式批准	—	—
	(55)		测地型GNSS接收机	型式批准	—	—
40	(56)	有毒有害、易燃易爆气体检测（报警）仪	二氧化硫气体检测仪	型式批准	—	—
	(57)		硫化氢气体分析仪	型式批准	—	—
	(58)		一氧化碳检测报警器	型式批准	—	—
	(59)		一氧化碳二氧化碳红外线气体分析器	型式批准	—	—
	(60)		烟气分析仪	型式批准	—	—
	(61)		化学发光法氮氧化物分析仪	型式批准	—	—
	(62)		甲烷测定器	型式批准	—	—

标准物质管理办法

(1987年7月10日国家计量局〔87〕量局法字第231号发布)

第一条 根据《中华人民共和国计量法实施细则》第六十一条、第六十三条的规定，制定本办法。

第二条 本办法适用的标准物质是指用于统一量值的标准物质。用于统一量值的标准物质，包括化学成分分析标准物质、物理特性与物理化学特性测量标准物质和工程技术特性测量标准物质。

第三条 凡向外单位供应的标准物质的制造以及标准物质的销售和发放，必须遵守本办法。

第四条 企业、事业单位制造标准物质，必须具备与所制造的标准物质相适应的设施、人员和分析测量仪器设备，并向国务院计量行政部门申请办理《制造计量器具许可证》。

第五条 企业、事业单位制造标准物质新产品，应进行定级鉴定，并经评审取得标准物质定级证书。

第六条 标准物质的定级条件：

（一）一级标准物质

1. 用绝对测量法或两种以上下同原理的准确可靠的方法定值。在只有一种定值方法的情况下，用多个实验室以同种准确可靠的方法定值；
2. 准确度具有国内量高水平，均匀性在准确度范围之内；
3. 稳定性在一年以上或达到国际上同类标准物质的先进水平；
4. 包装形式符合标准物质技术规范的要求。

（二）二级标准物质

1. 用与一级标准物质进行比较测量的方法或一级标准物质的定值方法定值；
2. 准确度和均匀性未达到一级标准物质的水平，但能满足一般测量的需要；
3. 稳定性在半年以上，或能满足实际测量的需要；
4. 包装形式符合标准物质技术规范的要求。

第七条 申请《制造计量器具许可证》和定级证书的单位，需向国务院计量行政部门填报申请书并提交标准物质样品三份和以下材料：

（一）生产设施、技术人员状况和分析测量仪器设备及实验室条件的情况；

（二）研制计划任务书；

（三）研制报告，包括制备方法、制备工艺、稳定性考察、均匀性检验，定值的测量方法、测量结果及数据处理等；

（四）国内外同种标准物质主要特性的对照比较情况；

（五）试用情况报告；

（六）标准物质产品检验证书的式样；

（七）保障统一量值需要的供应能力和措施。

第八条 国务院计量行政部门聘请有关主管部门和有关单位的专家组成标准物质技术评审组织，负责对申请《制造计量器具许可证》的考核以及标准物质定级鉴定的评审。定级鉴定由国务院计量行政部门按标准物质的专业分类，授权有关主管部门的技术机构或法定计量检定机构负责。

标准物质技术评审组织的章程和工作程序，由国务院计量行政部门组织制定。

第九条 经标准物质技术评审组织的评审，对符合本办法第四条、第六条规定的，由国务院计量行政部门审批后颁发《制造计量器具许可证》和标准物质定级证书，统一规定编号，列入标准物质目录，并向全国公布。

企业、事业单位未取得《制造计量器具许可证》和标准物质定级证书，有关主管部门不得批准其投入生产。

第十条 申请标准物质定级鉴定经评审未通过的，可准许申请单位改进后再进行一次鉴定、评审，经二次鉴定、评审仍未通过的，申请单位改进后，需重新办理申请手续。

第十一条 制造标准物质的企业、事业单位，必须对重复制造的每批标准物质，进行定值检验和均匀性检验，出具标准物质产品检验证书，保证其技术指标不低于原定级的要求。

第十二条 取得《制造计量器具许可证》制造标准物质的企业、事业单位，拟停止供应的，应在六个月以前向国务院计量行政部门报告。未经批准，不得擅自停止供应。

第十三条 经标准物质技术评审组织评定，对技术指标落后，不适应国家需要的标准物质，国务院计量行政部门可以决定将其降级或废除，并相应地更换或撤销《制造计量器具许可证》、标准物质定级证书和编号。

第十四条 企业、事业单位未取得《制造计量器具许可证》和标准物质定级证书的，不得制造用以销售和向外单位发放的标准物质。

第十五条 没有标准物质产品检验证书和编号的，或超过有效期的标准物质，一律不得销售和向外单位发放。

第十六条 负责标准物质定级鉴定的单位以及考核、鉴定、评审人员，必须对申请单位提供的样品和技术资料保密。

第十七条 国务院计量行政部门负责全国标准物质工作的管理，其工作机构负责受理《制造计量器具许可证》考核、定级鉴定的申请，办理发证手续，并进行其他有关组织工作。

第十八条 县级以上地方人民政府计量行政部门负责本行政区域内制造、销售标准物质的监督检查，对违反本办法规定的，有权依照《中华人民共和国计量法实施细则》的有关规定决定行政处罚。

第十九条 对外商在中国销售标准物质的监督管理，按照国务院计量行政部门制定的有关进口计量器具的规定执行。

第二十条 与本办法有关的申请书、定级证书的式样以及标准物质编号方法、技术规范，由国务院计量行政部门统一制定。

第二十一条 申请《制造计量器具许可证》和定级鉴定，应按规定缴纳费用。

第二十二条 本办法由国务院计量行政部门负责解释。

第二十三条 本办法自发布之日起施行。以前发布的有关标准物质的管理办法，凡与本办法有抵触的，以本办法为准。

国家标准样品管理办法

(2021年5月31日国家市场监督管理总局国市监标技规〔2021〕1号发布)

第一章 总 则

第一条 为了加强国家标准样品管理，规范国家标准样品的制作、应用和监督，根据《中华人民共和国标准化法》，制定本办法。

第二条 本办法所称标准样品是指以实物形态存在的标准，其规定的特性可以是定量的或定性的，应当具有均匀性、稳定性、准确性和溯源性。

第三条 需要在全国范围内统一的标准样品，应当制作国家标准样品。

第四条 国家标准样品的制作（包括项目提出、立项、研制、技术评审、编号、批准发布）、应用及监督工作，适用本办法。

第五条 国家标准样品的制作应当以国家经济社会发展、科技创新和标准化发展相关战略、规划和政策为依据，以科学技术研究成果和实践经验为基础。

第六条 国家标准样品的制作应当坚持通用性原则，鼓励自主技术创新，重点研制战略性新兴产业、重要支柱产业和民生产业等密切关系国计民生的国家标准样品并开展试点示范，促进国家标准样品应用。对技术先进并取得显著效益的国家标准样品以及在标准样品工作中做出显著成绩的单位和个人，按照国家有关规定给予表彰和奖励。

第七条 国家标准样品的制作应当积极开展对外交流与合作，广泛推动参与标准样品国际活动和相关国际标准制定，推进国家标准样品国际化。

第二章 组 织 管 理

第八条 国务院标准化行政主管部门统一管理国家标准样品工作，包括国家标准样品工作的规划、协调、组织管理和对外交流与合作等。

国务院标准化行政主管部门委托专业审评机构评估国家标准样品的立项申请、审核国家标准样品报批材料。

第九条 全国标准样品技术委员会依据《全国专业标准化技术委员会管理办法》的规定，负责国家标准样品的项目提出、组织研制、技术评审和跟踪评估，以及其他技术性工作。

第十条 研制单位负责国家标准样品的研制工作，保证国家标准样品的持续有效供应。

第三章 立 项

第十一条 国务院标准化行政主管部门组织研究国家标准样品立项指南，统一纳入当年国家标准立项指南中公开发布。

第十二条 任何社会团体、企业事业组织以及公民均可以向国务院标准化行政主管部门申请开展或者参与国内外标准样品工作,提出国家标准样品项目建议。

第十三条 项目建议由全国标准样品技术委员会论证其科学性、必要性和可行性;经全体委员表决通过的,报国务院标准化行政主管部门申请立项。

申请立项应当报送国家标准样品项目建议书、可行性研究报告等有关材料,重点说明下列内容:

(一)项目基本信息;

(二)国际标准化组织、其他国家或者地区相关标准样品研制情况以及国内相关领域标准样品研制情况;

(三)相关技术标准的制定和实施情况;

(四)项目的必要性和可行性;

(五)项目应用范围;

(六)项目主要技术内容和技术路线;

(七)项目进度安排;

(八)项目研制单位相关工作基础和资质条件情况;

(九)需要说明的其他情况。

第十四条 研制单位应当具备《标准样品工作导则 第 7 部分:标准样品生产者能力的通用要求》国家标准规定的技术能力和工作条件。

第十五条 专业审评机构组织专家定期对立项申请进行评估。

评估工作原则上每个季度开展一次。评估内容主要包括:

(一)是否符合本办法第二条、第三条、第五条、第六条规定的原则;

(二)是否与相关技术标准制定或实施协调衔接;

(三)是否符合本办法第十三条的要求;

(四)需要评估的其他内容。

第十六条 国务院标准化行政主管部门应当将符合本办法第十五条规定的国家标准样品项目向社会公开征求意见,并根据需要征求有关行政主管部门意见。征求意见期限一般不少于 10 个工作日。紧急情况下可以缩短征求意见期限,但一般不少于 5 个工作日。

第十七条 国务院标准化行政主管部门应当根据征求意见及处理情况,决定是否立项。

决定予以立项的,国务院标准化行政主管部门应当下达国家标准样品项目计划。

决定不予立项的,应当向全国标准样品技术委员会反馈不予立项的理由。

第十八条 国家标准样品项目计划原则上不得变更。确需变更的,全国标准样品技术委员会应当向国务院标准化行政主管部门提出申请,经同意后再行变更。

需变更完成时间的项目,应当于项目原完成日期前 3 个月提出申请,原则上延长时间不得超过一年。

第十九条 需复制的国家标准样品,原研制单位应当在国家标准样品到期前 3 个月通过国家标准样品信息管理系统提出复制申请。超过复制申请提出期限的国家标准样品项目如需再次开展工作,应当按照研制项目的要求重新提出立项申请。

第四章 研　　制

第二十条 研制国家标准样品应当按照《标准样品工作导则》系列国家标准及相关标准的要求进行。

具有量值的国家标准样品，应溯源至国际基本单位（SI）、国家计量基准标准或其他公认的参考标准。

第二十一条 研制国家标准样品应当同时编写国家标准样品研制报告。研制报告内容应当包括：研制项目策划、原料来源和选取、研制技术路线、样品制备、均匀性和稳定性的研究方法及结果、定值程序的描述、定值方法及检测数据、特性值的赋予、特性值的计量溯源性或特性值的可追溯性（适用时）的描述、不确定度评定、包装贮存条件、有效期以及原始数据和检测报告等。

第二十二条 研制国家标准样品应当同时编写国家标准样品证书。证书内容应当符合《标准样品工作导则　第4部分：标准样品证书、标签和附带文件的内容》国家标准的要求。

第五章 技　术　评　审

第二十三条 全国标准样品技术委员会应当成立评审专家组承担国家标准样品送审材料的技术评审。评审专家组应当具有专业性和代表性。研制单位人员不得承担技术评审工作。

在技术评审中对技术指标有异议时，可安排第三方机构进行符合性测试。第三方机构应当具有相关领域较高的技术水平和良好信誉。

评审专家和承担符合性测试工作的第三方机构应当对所接触的技术资料保密。

第二十四条 技术评审主要采取会议形式，必要时增加现场评审。

会议评审内容主要包括：

（一）国家标准样品的研制技术；

（二）均匀性和稳定性的研究方法及结果；

（三）定值方法及数据；

（四）特性值的计量溯源性或特性值的可追溯性（适用时）的描述；

（五）不确定度的评定；

（六）包装储存条件；

（七）需要评审的其他技术内容。

现场评审应当重点审查研制工艺和过程数据的真实性。

评审专家组对上述技术内容进行评审，采取表决方式形成评审结论。评审专家组3/4成员表决同意，方为通过。表决结果应当记入评审结论。

第二十五条 通过技术评审的项目，研制单位形成报批材料，报送全国标准样品技术委员会。报批材料包括：报批公文、研制报告、证书内容、评审会登记表、标准样品实物（照片）、需要报送的其他材料。

研制单位应当对国家标准样品质量及报送材料的真实性、完整性负责。

第二十六条 项目报批材料应当由全国标准样品技术委员会提交全体委员表决;经全体委员表决通过的,报国务院标准化行政主管部门。

全国标准样品技术委员会对国家标准样品的技术科学性、程序规范性负责。

第二十七条 未通过技术评审的项目,研制单位应当按专家意见整改,由全国标准样品技术委员会适时组织二次技术评审。

二次技术评审仍不能通过的项目,由全国标准样品技术委员会提出项目终止建议,报国务院标准化行政主管部门。

国务院标准化行政主管部门研究确认后,予以终止。

第六章 批 准 发 布

第二十八条 专业审评机构对报批材料完整性、程序规范性和技术评审情况等审核。

第二十九条 国家标准样品由国务院标准化行政主管部门统一批准、编号,以公告形式发布。

国家标准样品的编号由国家标准样品代号(GSB)、分类目录号、顺序号和年代号构成。

复制的国家标准样品编号保留原国家标准样品代号、分类目录号和顺序号,只变更复制批次号和年代号。

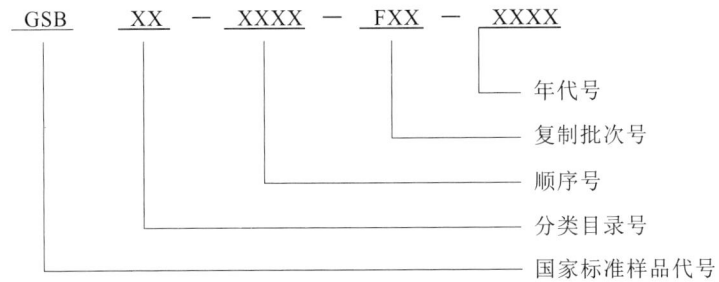

第三十条 国家标准样品证书应当加盖国务院标准化行政主管部门印章,由全国标准样品技术委员会统一印制。

第三十一条 批准发布的国家标准样品基本信息在全国标准信息公共服务平台上公开。

第三十二条 国家标准样品的有效期由稳定性研究结果确定,并在国家标准样品证书中明确标注。

批准发布后的国家标准样品,如确需延长有效期,研制单位应当在国家标准样品到期前3个月向全国标准样品技术委员会提出申请。经专家审议后报送国务院标准化行政主管部门审批,并在全国标准信息公共服务平台公布。

延期申请内容应当包括申请延长有效期限内稳定性监测的数据、结果分析及专家意见。

第三十三条 国家标准样品研制过程中形成的相关技术资料,研制单位和全国标准样品技术委员会应当及时归档、妥善保管。

研制单位、应用单位应当按照标准样品工作导则及行业相关规定等对国家标准样品进行储存管理。

第七章 应 用 与 监 督

第三十四条 标准样品应用于测量系统的校准、测量程序的评估、给其他材料赋值和质量控制。

技术标准规定的技术指标及试验方法需要标准样品相配合才能确保其应用效果在不同时间、空间的一致性时,应当使用国家标准样品。

第三十五条 国务院标准化行政主管部门应当通过全国标准信息公共服务平台接受社会各方对国家标准样品应用情况的意见反馈,及时反馈全国标准样品技术委员会。

全国标准样品技术委员会应当收集国家标准样品应用情况和存在问题,及时研究处理,并对应用情况进行跟踪评估。

研制单位应当对国家标准样品的质量进行持续监控,做到可追溯,定期向全国标准样品技术委员会报告应用情况。

第三十六条 全国标准样品技术委员会应当根据国家标准样品的应用情况适时组织复验工作,提出继续有效、复制或者废止的结论,并报送国务院标准化行政主管部门。

第三十七条 对于不适应社会发展需要和技术进步需求、不能保证持续供应和有效应用的国家标准样品,国务院标准化行政主管部门应当公开征集,重新组织开展研制工作。

第三十八条 任何单位和个人对国家标准样品的研制和应用有异议的,可以通过全国标准信息公共服务平台向国务院标准化行政主管部门反馈,国务院标准化行政主管部门按职责予以处理。

第八章 附 则

第三十九条 本办法由国务院标准化行政主管部门负责解释。

第四十条 本办法自印发之日起施行。行政规范性文件《国家实物标准暂行管理办法》(国标发〔1986〕4号)同时废止。

（二）国家认证认可监督管理委员会

国家认监委关于实施《检验检测机构资质认定管理办法》的若干意见

（2015年7月29日中国国家认证认可监督管理委员会国认实〔2015〕49号发布）

各省、自治区、直辖市质量技术监督局（市场监督管理部门），各直属检验检疫局，各国家资质认定（计量认证）行业评审组，中国合格评定国家认可中心：

《检验检测机构资质认定管理办法》（质检总局令第163号，以下简称《办法》）已于2015年4月9日公布，自2015年8月1日施行。为贯彻实施该《办法》，落实国务院、国家质检总局有关深化检验检测机构资质许可改革要求，切实履行检验检测机构资质认定与监管工作职责，进一步简政放权，营造公平竞争、有序开放的检验检测市场环境，推动检验检测高技术现代服务业做强做大、健康发展，保证检验检测机构资质认定各项改革措施顺利到位，现提出以下意见，请各单位结合本地区实际情况贯彻执行。

一、关于检验检测机构资质认定实施范围

按照"法无授权不可为"的法治原则，依照《计量法》及其实施细则、《认证认可条例》等有关法律、行政法规的规定，向社会出具具有证明作用的数据和结果的检验检测机构，应当依法经国家认证认可监督管理部门（以下简称国家认监委）或者各省、自治区、直辖市人民政府质量技术监督部门（市场监督管理部门）（以下简称省级资质认定部门）资质认定（计量认证）。

二、关于检验检测机构主体准入条件

（一）凡是依法设立的法人和其他组织，其依法注册、登记的经营范围或者业务范围包括检验检测，并且能够独立、公正从业的，均可申请检验检测机构资质认定。其他组织包括：依法取得工商行政机关颁发的《营业执照》的企业法人分支机构、特殊普通合伙企业、民政部门登记的民办非企业单位（法人）等符合法律法规规定的机构。

（二）若检验检测机构是机关或者事业单位的内设机构，不具备法人资格，可由其法人授权，申请检验检测机构资质认定。其对外出具的检验检测报告或者证书的法律责任由其所在法人单位承担，并予以明示。

（三）生产企业内部的检验检测机构不在检验检测机构资质认定范围之内。生产企业出资设立的具有法人资格的检验检测机构可以申请检验检测机构资质认定，应当遵循检验检测机构客观独立、公正公开、诚实守信的相关从业规定。

（四）取消"在华设立外资检验检测机构的外方投资者，需要具有3年以上检验检测从业经历"的准入规定。

三、关于调整有关检验检测机构资质、资格许可权限

（一）国家认监委不再对各省、自治区、直辖市、副省级城市、计划单列市的质检院（所）以及省级纤维检验机构实施验收许可工作，交由省级资质认定部门负责管理，上述机构首次申请、复查换证、变更（含扩项）等事项均由省级资质认定部门负责实施。省级资质认定部门对相关检验检测机构的验收和授权工作与检验检测机构资质认定合并实施，但沿用颁发有效期为3年的验收或者授权证书，自2015年8月1日起执行。

（二）国家认监委不再对省级纤维检验机构实施检验检测机构资质认定，交由省级资质认定部门负责管理，上述机构首次申请、复查换证、变更（含扩项）等事项均由省级资质认定部门负责实施，自2015年8月1日起执行。

四、关于检验检测机构资质认定分级实施

（一）国家认监委负责国务院有关部门以及相关行业主管部门依法设立的检验检测机构资质认定工作，包括四类机构：一是经国家事业单位登记管理局登记的事业单位法人；二是经国家工商总局登记注册或者核准名称的企业法人；三是国务院有关部门以及相关行业主管部门直属管辖的机构；四是国务院有关部门、相关行业主管部门、相关行业协会根据需要，与国家认监委共同确定纳入国家级资质认定管理范围的机构。

省级资质认定部门负责本行政区域内依法设立的检验检测机构的资质认定工作。

（二）检验检测机构根据业务发展需要，在异地依法设立的分支机构（含分公司、子公司等），应当向分支机构所在地省级资质认定部门申请检验检测机构资质认定。纳入国家认监委资质认定管理范围的检验检测机构，在异地依法设立的分支机构与总部实行统一管理体系的，可以向国家认监委申请检验检测机构资质认定。

五、关于检验检测机构资质认定的技术评审

（一）国家认监委和省级资质认定部门（以下统称资质认定部门）应当按照《检验检测机构资质认定评审准则》、评审补充要求和评审程序规定实施技术评审，确定评审关键控制点，加强对检验检测机构技术和管理能力核查，简化文件审查。各直属出入境检验检疫局协助国家认监委实施所属检验检测机构的技术评审。《检验检测机构资质认定评审准则》于2016年1月1日正式实施，在正式实施之前，原《实验室资质认定评审准则》依然适用。

（二）资质认定部门应当自受理申请之日起，45个工作日内完成技术评审工作，由于申请人自身原因，无法在规定时限内完成的除外。资质认定部门委托专业技术机构组织实施技术评审工作的，应当与被委托机构签订委托协议，并对其实施有效监督，保证技术评审活动公正、客观。被委托机构不得利用技术评审增加申请人负担、谋取不当利益。

（三）资质认定部门应当根据检验检测机构的申请事项、自我声明和分类监管情况，确定复查换证评审方式，减少不必要的现场评审；对检验检测机构依法设立的分支机构，可以根据具体情况简化文件审查、减少现场评审内容，采信相关评价结果，避免重复评审。

六、关于检验检测机构资质认定证书有效期的衔接

检验检测机构资质认定证书有效期由3年调整为6年。本次资质认定证书有效期调整为自然过渡，目前检验检测机构持有的资质认定证书，在有效期内仍然有效，有效期届满前，按照规定申请复查换证。自2015年8月1日起，统一颁发有效期为6年的检验检测机构资质认定证书。

七、关于检验检测人员的有关要求

（一）检验检测机构授权签字人应当具有中级及以上技术职称或者同等能力，"博士研究生毕业，从事相关专业检验检测工作1年及以上；硕士研究生毕业，从事相关专业检验检测工作3年及以上；大学本科毕业，从事相关专业检验检测工作5年及以上；大学专科毕业，从事相关专业检验检测工作8年及以上"可视为具有同等能力。

（二）食品检验机构授权签字人应当具有中级及以上技术职称或者同等能力，"食品、生物、化学等专业博士研究生毕业，从事食品检验工作1年及以上；食品、生物、化学等专业硕士研究生毕业，从事食品检验工作3年及以上；食品、生物、化学等专业大学本科毕业，从事食品检验工作5年及以上；食品、生物、化学等专业大学专科毕业，从事食品检验工作8年及以上"可视为具有同等能力。

八、关于检验检测报告或者证书的责任

（一）取得检验检测机构资质认定的机构对其出具的检验检测报告或者证书负责，并承担相应法律责任。检验检测机构因自身原因导致检验检测结果错误、偏离或者其他后果的，应当自行承担相应解释、召回或者赔偿责任。涉及违反相关法律法规的，还应依法追究其相关法律责任。

（二）检验检测机构应当在资质认定的能力范围内开展检验检测工作，不含检验检测方法的各类产品标准、限值标准可不列入检验检测机构资质认定的能力范围，但在出具检验检测报告或者证书时可作为判定依据使用。

九、关于检验检测机构资质认定标志、检验检测专用章的规定

（一）检验检测机构在资质认定证书确定的能力范围内，对社会出具具有证明作用数据、结果时，应当标注检验检测机构资质认定标志，并加盖检验检测专用章。检验检测机构资质认定标志应按照国家认监委有关标志管理的文件规定，符合尺寸、比例、颜色方面的要求，并准确、清晰标注证书编号。检验检测机构资质认定标志加盖（或者印刷）在检验检测报告或者证书封面，颜色建议为红色、蓝色或者黑色。检验检测专用章加盖在检验检测报告封面的机构名称位置或者检验检测结论位置，骑缝位置也应加盖。检验检测专用章应表明检验检测机构完整的、准确的名称。检验检测机构在其出具的各类检验检测报告或者证书上均应加盖检验检测专用章，用以表明该检验检测报告或者证书由其出具，并由该检验检测机构负责。检验检测机构应当建立检验检测专用章的管理制度，并对检验检测专用章的使用进行规范管理。

（二）检验检测机构为科研、教学、内部质量控制等活动出具检验检测数据、结果时，在资质认定证书确定的检验检测能力范围内的，出具的检验检测报告或者证书上可以不标注检验检测机构资质认定标志；在资质认定证书确定的检验检测能力范围外的，出具的检验检测报告或者证书上不得标注检验检测机构资质认定标志。

十、关于检验检测机构资质认定的监督管理

（一）国家认监委负责制定检验检测机构资质认定监督管理制度，组织对获得检验检

测机构资质认定的机构实施监督检查并负责对省级资质认定部门实施的检验检测机构资质认定工作进行监督和指导。

国家认监委在组织实施国家级检验检测机构资质认定的监督检查时,可以采取三种方式:一是委托行业检验检测机构资质认定评审组,组织实施相关行业领域国家级检验检测机构资质认定的监督检查;二是委托直属出入境检验检疫局组织实施检验检疫系统检验检测机构资质认定的监督检查;三是直接组织实施检验检测机构资质认定监督检查。

(二)省级资质认定部门负责所辖区域检验检测机构资质认定的监督管理。原则上,省级资质认定部门负责对辖区内取得省级检验检测机构资质认定证书的机构进行监督检查;需要时,根据国家认监委的安排,也可以对辖区内取得国家级检验检测机构资质认定的机构进行监督检查。

省级资质认定部门应当贯彻落实国家认监委有关监督管理的工作制度和年度监督检查计划,并组织实施。省级资质认定部门也可以结合本行政区域的监管实际,制定适应本区域情况的细化监管制度或者检查方案,但不应与国家认监委的总体制度要求相矛盾,也不应形成不必要的重复检查。有关细化的地方监管制度和年度检查方案应当在实施前向国家认监委备案。省级资质认定部门可以直接组织实施,也可以组织地(市)、县级质量技术监督部门(市场监督管理部门)共同实施对辖区内检验检测机构资质认定的监督检查。

(三)地(市)、县级质量技术监督部门(市场监督管理部门)根据省级资质认定部门的安排,结合本行政区域的实际监管需要,可以组织对所辖区域内的检验检测机构进行资质认定监督检查,依法查处违法行为,并将查处结果上报省级资质认定部门。涉及国家认监委或者其他省级资质认定部门的,应及时上报省级资质认定部门,由其省级资质认定部门负责向国家认监委报告,或者向其他省级资质认定部门通报。

十一、关于检验检测机构资质认定分类监督管理

(一)根据风险程度分类监管

检验检测风险在不同区域、领域或者不同时期会有差异,资质认定部门应从实际出发,识别获得资质认定证书的检验检测机构的业务特点和风险点,逐步形成与实际情况相适应的风险管理机制。以下为风险程度较高领域:

1. 涉及安全的领域,例如食品安全、信息安全、环境安全、建筑安全等领域;

2. 涉及司法鉴定、质量仲裁等领域;

3. 涉及民生、公益和消费者利益的领域,如装饰装修材料检验、机动车安全技术检验等领域。

资质认定部门应对从事上述领域工作的检验检测机构重点关注。

(二)根据自我声明进行监管

鼓励检验检测机构通过自我声明,对有关质量体系的有效运行、技术能力的变更、分支机构的设立和运行等进行自我承诺,资质认定部门可以先期信任此类承诺,减少或者不进行现场评审。资质认定部门应对检验检测机构自我声明事项进行事后核查或者根据举报进行调查,杜绝虚假自我声明的行为。

(三)根据举报投诉进行监管

对于检验检测机构违法违规行为的举报,资质认定部门经调查核实后,除按照行政处理、处罚程序进行相应处置外,还应当将涉事检验检测机构的违法违规行为记录入其诚信档案,加强对其后续跟踪和检查。

(四)其他监管方式

资质认定部门还应通过检验检测机构年度报告、"双随机"抽查、专项监督检查、能力验证、统计制度或者利用国家认可机构的监督结果等其他监督管理方式,形成全国互联互通的监督管理模式。资质认定部门应进一步完善检验检测服务业统计制度,充分利用统计制度的基本信息,建立检验检测机构诚信档案数据库,并据此实施分类监管。

十二、关于检验检测机构资质认定能力验证的规定

资质认定部门应有组织、有计划、有重点地开展能力验证或者比对活动,应当积极争取财政部门对能力验证活动的补贴。资质认定部门应科学规划能力验证项目数量,确保质量,避免随意设置能力验证项目,增加检验检测机构负担。

检验检测机构参加资质认定部门组织开展的能力验证或者比对活动,经初测和补测,能力验证结果不满意,技术能力不能满足资质认定要求的,检验检测机构应当及时按照资质认定部门的要求进行整改,整改后仍不满足要求的,资质认定部门应当对其资质能力范围进行调整。

国家认监委

2015 年 7 月 29 日

国家认监委关于印发检验检测机构资质认定配套工作程序和技术要求的通知

(2015年7月29日国家认证认可监督管理委员会国认实〔2015〕50号发布)

各省、自治区、直辖市质量技术监督局（市场监督管理部门），各直属检验检疫局，各国家资质认定（计量认证）行业评审组，中国合格评定国家认可中心：

《检验检测机构资质认定管理办法》（质检总局令第163号）已于2015年4月9日公布，自2015年8月1日施行。为进一步贯彻落实该办法，我委现印发《资质认定 公正性和保密性要求》等15份配套工作程序和技术要求（不发纸质版，请在认监委网站下载，网址：WWW.CNCA.GOV.CN），相关文件自发布之日起试行，试行期一年，请有关单位遵照执行，特此通知。

国家认监委
2015年7月29日

附件：
1. 检验检测机构资质认定　公正性和保密性要求
2. 检验检测机构资质认定　专业技术评价机构基本要求
3. 检验检测机构资质认定　评审员管理要求
4. 检验检测机构资质认定　标志及其使用要求
5. 检验检测机构资质认定　证书及其使用要求
6. 检验检测机构资质认定　检验检测专用章使用要求
7. 检验检测机构资质认定　分类监管实施意见
8. 检验检测机构资质认定　评审工作程序
9. 检验检测机构资质认定　评审准则
10. 检验检测机构资质认定　刑事技术机构评审补充要求
11. 检验检测机构资质认定　司法鉴定机构评审补充要求
12. 检验检测机构资质认定　许可公示表
13. 检验检测机构资质认定　申请书
14. 检验检测机构资质认定　评审报告
15. 检验检测机构资质认定　审批表

附件1： **检验检测机构资质认定 公正性和保密性要求**

一、为了确保检验检测机构资质认定工作的公正实施，为按照国家有关保密的规定对资质认定工作中获得的信息依法进行保密，根据《检验检测机构资质认定管理办法》，制订本要求。

二、本要求规定了在检验检测机构资质认定工作中应遵循的公正性和保密性方面的基本原则，适用于检验检测机构资质认定工作中的所有活动。

三、检验检测机构资质认定工作的方针和政策应充分体现和保证资质认定工作的公正性。凡遵守国家相关法律法规并符合检验检测机构资质认定申请条件的检验检测机构，无论其规模、隶属关系、经济状况如何，均可申请资质认定。

四、检验检测机构资质认定应严格按照程序要求实施，对检验检测机构进行资质认定的人员不得从事任何可能影响公正性的活动，包括对检验检测机构提供咨询等商业活动。

五、资质认定部门不得以任何方式向检验检测机构推荐咨询服务机构或咨询人员。其委托的专业技术评价机构及其行为不得损害资质认定的保密性、客观性和公正性。

六、检验检测机构资质认定工作不接受任何影响其工作公正性的经济资助。

七、资质认定工作的管理人员、支撑人员、评审员、技术专家等，在参与资质认定的决定、从事评审、处理申诉和投诉前均须签署"公正性与保密性声明"，承诺遵守各项公正性和保密性规定，主动报告本人、以及本人所在的机构与工作对应的检验检测机构之间存在的或潜在的行政、经济、商务等方面的利害关系，并对公正性相关承诺承担法律责任。凡有利益冲突的人员均应主动回避。

八、影响资质认定过程和结果的人员应客观履行职责，不受任何可能损害资质认定公正性的商业、财务和其他压力的影响。

九、资质认定部门对其在资质认定过程中获得的有关检验检测机构的商业、技术等信息负有保密责任。未经检验检测机构的书面同意，不得对外透露其保密信息，法律法规另有规定，或者需要履行法定责任的除外。

十、应保密的信息包括：

——检验检测机构申请资质认定的资料及文件；

——评审或其他资质认定过程中所获取的有关信息；

——检验检测机构档案；

——特别规定的其他保密信息。

十一、在下列情况下，资质认定部门可以披露保密信息：

——得到获准资质认定的检验检测机构书面同意；

——履行法定责任。

十二、下列信息不属于保密范围：

——对外公布的关于获准资质认定状态的信息。包括获准资质认定、拒绝资质认定、暂缓资质认定、暂停或撤销资质认定、扩大或缩小资质认定范围的信息及获准资质认定的范围；

——检验检测机构获取资质认定应对外公开的信息；

——资质认定部门从其他合法渠道获得的有关检验检测机构的公开信息。

十三、本要求自发文之日起实施。

附件 2： 检验检测机构资质认定 专业技术评价机构基本要求

已被国认实〔2017〕10 号《检验检测机构资质认定 专业技术评价机构管理要求》替代。

附件 3： 检验检测机构资质认定 评审员管理要求

已被《检验检测机构资质认定能力评价 评审员管理要求》（RB/T 213—2017）替代。

附件 4： 检验检测机构资质认定 标志及其使用要求

一、为了对检验检测机构资质认定标志的使用进行管理，规范检验检测行为，根据《检验检测机构资质认定管理办法》，制定本要求。

二、检验检测机构资质认定部门负责对检验检测机构核发资质认定证书和资质认定标志。检验检测机构资质认定标志由 CMA 图案和资质认定证书编号组成。具体要求见附件。

三、检验检测机构应在其检验检测报告或证书和相关宣传资料中正确使用资质认定标志。资质认定标志应符合本要求规定的尺寸比例，并准确、清晰标注证书编号。资质认定标志的颜色建议为红色、蓝色或者黑色。

四、检验检测机构在资质认定证书确定的能力范围内，对社会出具具有证明作用数据、结果时，应当标注资质认定标志。资质认定标志加盖（或印刷）在检验检测报告或证书封面上部适当位置。

五、检验检测机构应注重对检验检测机构资质认定标志使用的管理，建立并保存相关使用记录。

六、本要求自发文之日起实施。

附件

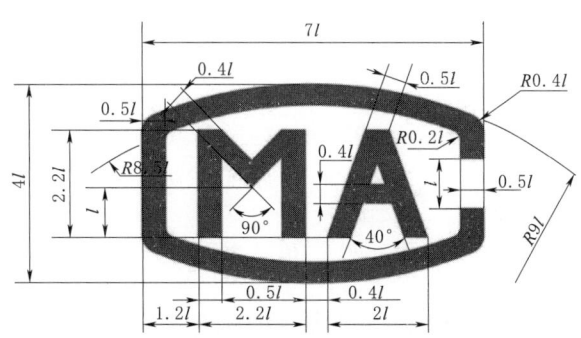

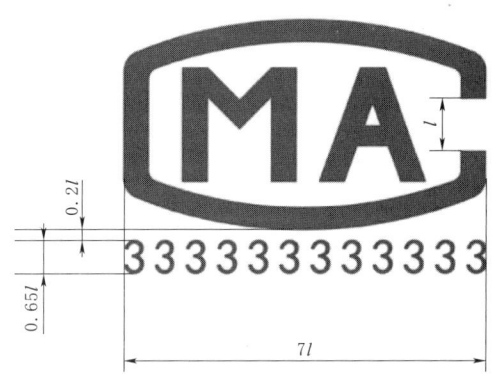

资质认定标志使用说明

1. 标志的图形：资质认定标志的整个图形由英文字母 CMA 形成的图案和资质认定证书编号组成。证书编号由 12 位数字组成。CMA 是 China Inspection Body and Laboratory Mandatory Approval 的英文缩写。

2. 标志的使用：取得检验检测机构资质认定证书的机构，可使用证书中的"许可使用标志"，进行对外宣传，并允许在资质认定范围内出具的检验检测报告或证书上予以使用。

3. 标志的规格：使用标志时，应按照标志规定的比例，根据情况放大或缩小，不可更改标志比例，标志上下部分的颜色应一致。

4. 证书的编号：在标志下面的数字编号也为资质认定证书的编号。

附件 5： 检验检测机构资质认定　证书及其使用要求

一、为了对检验检测机构资质认定证书进行管理，规范检验检测行为，根据《检验检测机构资质认定管理办法》，制定本要求。

二、检验检测机构资质认定证书由国家认监委统一监制。

三、检验检测机构资质认定证书内容包括：发证机关、获证机构名称和地址、法律责任承担单位、检验检测能力范围、有效期限、证书编号、资质认定标志。检验检测机构资质认定证书式样见附件 A。资质认定证书与其附表共同构成对检验检测机构技术能力的认定，资质认定证书附表见附件 B。

四、检验检测机构资质认定证书编号由 12 位数字组成，资质认定证书编号要求见附件 C。

五、本要求自发文之日起实施。

附件 A： **检验检测机构资质认定证书式样**

附件 B：

检验检测机构
资质认定证书附表

XXXXXXXXXXX

检验检测机构名称：

批准日期：

有效期至：

批准部门：

国家认证认可监督管理委员会制

注 意 事 项

1. 本附表分两部分，第一部分是经资质认定部门批准的授权签字人及其授权签字范围，第二部分是经资质认定部门批准检验检测的能力范围。

2. 取得资质认定证书的检验检测机构，向社会出具具有证明作用的数据和结果时，必须在本附表所限定的检验检测的能力范围内出具检验检测报告或证书，并在报告或者书中正确使用CMA标志。

3. 本附表无批准部门骑缝章无效。

4. 本附表页码必须连续编号，每页右上方注明：第×页共×页。

一、批准××××××××××××××××××××授权签字人及领域表

证书编号：××××××××××　　　地址：　　　　　　第×页共×页

序号	姓名	职务/职称	批准授权签字领域	备注

二、批准××××××××××××××××××××检验检测的能力范围

证书编号：××××××××××× 　　　　地址：　　　　　　　　　　　　第×页共×页

序号	类别（产品/项目/参数）	产品/项目/参数		依据的标准（方法）名称及编号（含年号）	限制范围	说明
		序号	名称			

附件C： **检验检测机构资质认定证书编号要求**

资质认定证书编号由12位数字组成。

"第1-2位"为发证年份后两位代码。如：2015年的代码为15。

"第3-4位"为发证机关代码。国家认监委及省级质量技术监督部门的编码分别为：00 国家认监委　01 北京　02 天津　03 河北　04 山西　05 内蒙古　06 辽宁　07 吉林　08 黑龙江　09 上海　10 江苏　11 浙江　12 安徽　13 福建　14 江西　15 山东　16 河南　17 湖北　18 湖南　19 广东　20 广西　21 海南　22 重庆　23 四川　24 贵州　25 云南　26 西藏　27 陕西　28 甘肃　29 青海　30 宁夏　31 新疆。

"第5-6位"为专业领域类别代码：00 食品　01 建筑工程　02 建材　03 卫生计生　04 农林牧渔　05 机动车安检　06 公安刑事技术　07 司法鉴定　08 机械　09 电子信息　10 轻工　11 纺织服装　12 环境与环保　13 水质　14 化工　15 医疗器械　16 采矿冶金　17 能源　18 医学　19 生物安全　20 综合　21 其他。（**注：具备食品检验检测能力的机构一律按照00类划分**）

"第7-8位"为行业主管部门代码：00 教育　01 工业和信息　02 公安　03 司法　04 国土资源　05 环保　06 住房与建设　07 交通　08 水利　09 农业　10 卫计委　11 技术监督　12 检验检疫　13 安全生产　14 食品药品　15 林业　16 中科院　17 粮食　18 国防科工　19 海洋　20 测绘　21 铁路　22 机械　23 化工　24 石油　25 电力　26 轻工　27 商贸　28 建材　29 供销　30 分析测试与冶金　31 有色　32 节能　33 军队　34 其他。

"第9-12位"为发证流水号。从"0001"开始，按数字顺序排列。

附件6： **检验检测机构资质认定　检验检测专用章使用要求**

一、为了对检验检测专用章进行管理，规范检验检测行为，根据《检验检测机构资质认定管理办法》，制定本要求。

二、检验检测机构向社会出具具有证明作用的检验检测数据、结果的，应当在其检验检测报告或证书上加盖检验检测专用章，用以表明该检验检测报告或证书由其出具，并由该检验检测机构负责。

三、检验检测专用章应表明检验检测机构完整的、准确的名称。检验检测专用章加盖在检验检测报告或证书封面的机构名称位置或检验检测结论位置，骑缝位置也应加盖。

四、检验检测机构应加强对检验检测专用章管理，建立相应的责任制度和用章登记制度，安排专人负责保管和使用，用章记录资料要存档备查。

五、检验检测专用章的式样要经过本单位法人或法人授权人批准。

六、检验检测专用章的式样变更，也须要经过本单位法人或法人授权人批准。

七、检验检测专用章应含下列内容：本单位名称、"检验检测专用章"字样、五星标识。专用章形状通常为圆形，参考式样如下。

八、丢失检验检测专用章的，单位要及时声明作废。

九、本要求自发文之日起实施。

附件 7：　　　检验检测机构资质认定　分类监管实施意见

一、指导思想

为贯彻落实"在深化行政审批制度改革、简政放权的基础上，树立底线思维，突出问题导向，强化风险管理，加强事中和事后监管"的要求，根据《检验检测机构资质认定管理办法》，进一步强化对检验检测机构的监督管理，建立检验检测机构诚信档案，实施分类监督管理，不断提升全国检验检测服务业为经济和社会发展提供支撑和服务的效能。

二、工作目标

探索建立检验检测机构分类监管制度。按照检验检测机构及其运行风险的大小，日常管理表现，投诉举报情况，监督检查结果以及其他方面的信息反馈，建立检验检测机构诚信档案，并据此实施差异化的监督管理，实现全国统一的检验检测机构科学监管体系，提升监管有效性和及时性。

三、工作职责分工

国家认监委负责全国检验检测机构分类监管的统一管理和组织实施，制定分类监管的政策制度，对获得国家级资质认定证书的检验检测机构进行分类监管。国家认监委负责对省级资质认定部门实施的分类监管工作进行监督和指导。

省级质量技术监督部门（市场监督管理部门）（以下称"省级资质认定部门"）负责对获得省级资质认定证书检验检测机构的分类监管。

四、监管分类及评价标准

依据有关法律法规、《检验检测机构资质认定管理办法》《检验检测机构资质认定评审准则》等有关文件的规定，结合资质认定部门的监管实际，资质认定部门将检验检测机构分为 A、B、C、D 四个类别，并根据不同类别采取不同的监管模式。

1. A 类：熟悉国家相关法律法规的规定并切实遵守践行，诚实守信，主动落实主体责任，自律意识较好，内部管理规范，检验检测行为客观公正，没有出现用户投诉或其他负面情况，整体运行管理状态良好。

2. B 类：熟悉国家相关法律法规，基本做到遵章守纪，有一定自律意识，内部管理比较规范，检验检测行为较为公正，用户投诉少且投诉事项轻微，所从事的检验检测领域风险较小，不存在明显的质量安全隐患。

3. C类：对国家相关法律法规不够熟悉，承担主体责任的主动性和自律意识存在不足，内部管理存在的瑕疵较多，承担的检验检测产品或服务质量有一定风险，关键岗位人员流动较频繁，检验检测设备和设施陈旧或状态不佳，存在一定数量的投诉举报并且部分被查实，有较为明显的违规风险。

4. D类：对国家相关法律法规不熟悉，内部管理混乱，存在检测数据不准确甚至虚假数据、超范围检验检测等重大问题，管理体系不能证明得到有效运行，检验检测能力严重缺失或存在欺瞒，承担的检验检测产品或服务质量风险很大，上年度和本年度发生过违法或严重违规的案件，全年度未参加能力验证和比对试验，关键岗位人员流动异常频繁等，整体运行管理存在重大违规风险和安全隐患等。

资质认定部门根据检验检测专业领域风险程度，检验检测机构自我声明、认可机构认可、年度监督检查、能力验证、现场评审表现、其他部门反馈的意见、申投诉调查处理结果以及其他渠道获得的信息对检验检测机构实施分类。在首次启动分类监管时，所有检验检测机构起始默认类别为B类。

五、监管要求

（一）建立健全检验检测机构分类监督管理档案

1. 资质认定部门应建立检验检测机构分类监管档案。资质认定部门应及时录入监管的信息，检验检测机构分类出现变化时，原有档案不予删除，需留下每次分类变化痕迹，每年进行复核确认。

2. 分类监管档案内容包括（不限于）：检验检测机构名称、地址、联系人、联系电话、营业执照（或事业法人证书）复印件、资质认定证书及附表复印件、既往监督管理记录、分类发生变化情况等。分类监管档案的建设可以与资质认定行政许可系统、监督管理系统以及统计直报系统相结合。

（二）建立健全监管机制

根据检验检测机构分类结果，资质认定部门可以采取如下监管措施实施分类监管。

1. 年度监督检查。由国家认监委统一组织，由资质认定部门对获证检验检测机构进行现场检查，每年组织一次。

2. 日常监督检查。由资质认定部门组织，按照分类监管类别对应的检查频次，由县级以上质量技术监督部门（市场监督管理部门）实施。每次检查应由2名以上监管人员执行，必要时可以聘请技术专家参加。可采用"双随机"方式抽查。

3. 投诉调查。根据对检验检测机构的举报和投诉，由资质认定部门自行或者委托县级以上质量技术监督部门对检验检测机构进行调查。调查注重对投诉举报及其他渠道线索的查证落实，并据此实施对检验检测机构的行政处理或处罚。

（三）监督检查的频次

对不同类别的检验检测机构实施不同的监管频次和管理方式。原则上，对A类检验检测机构予以"信任"，B类检验检测机构予以"鼓励"，C类检验检测机构予以"鞭策"，D类检验检测机构予以"整顿"。

1. 对被确定为A类的检验检测机构，原则上不将其列为下一年度的年度监督检查对象（法律法规规章另有规定、出现责任事故、收到投诉举报等情况除外，以下各类检验检测机构均同）。对 A 类检验检测机构的日常监督检查一般 3 年进行一次。

2. 对被确定为 B 类的检验检测机构，在下一年度的年度监督检查中，可根据情况（如备选机构数量不足）选择性地抽取少数机构进行检查。日常监督检查一般每 2 年实施一次。

3. 对被确定为 C 类的检验检测机构，在下一年度的年度监督检查中原则上尽量抽取进行检查。日常监督检查一般每 1 年实施一次。

4. 对被确定为 D 类的检验检测机构，在下一年度的年度监督检查中列为必须检查对象。对 D 类检验检测机构的日常监督检查频次每年不少于 2 次。

当年度接受资质认定部门"年度监督检查"的，视同接受过一次日常监督检查。

六、分类评价及监督

（一）分类评价结果主要提供给资质认定部门进行日常管理时使用，不得用于社会宣传或者暗示检验检测机构的市场竞争力。

（二）资质认定部门对检验检测机构的分类进行动态管理，随时根据相关情况调整分类。检验检测机构存在违法违规行为被实施行政处罚的，该检验检测机构等级在当年度直接降为 D 类。

（三）为了确保检验检测机构分类监管的统一性，确保监管质量，国家认监委将每年组织对省级资质认定部门分类监管情况进行督查。

附件8：　　　　检验检测机构资质认定　评审工作程序

本评审工作程序依据《检验检测机构资质认定管理办法》要求制定，其目的是规范检验检测机构资质认定评审过程。

1 评审类型及时限

检验检测机构资质认定评审工作分为：现场评审和书面审查。

1.1 现场评审

现场评审的类型，包括首次评审、变更评审、复查评审和其他评审。

首次评审：对未获得资质认定的检验检测机构，在其建立和运行管理体系后提出申请，资质认定部门对其是否满足资质认定条件进行现场确认的评审。

变更评审：对已获得资质认定的检验检测机构，其组织机构、工作场所、关键人员、技术能力、管理体系等发生变化，资质认定部门对其是否满足资质认定条件进行现场确认的评审。

复查评审：对已获得资质认定的检验检测机构，在资质认定证书有效期届满前三个月申请办理证书延续，资质认定部门对其资质是否持续满足资质认定条件进行现场确认的评审。

其他评审：对已获得资质认定的检验检测机构，因资质认定部门监管、处理申诉投诉等需要，对检验检测机构是否满足资质认定条件进行现场确认的评审。

1.2 书面审查

书面审查的类型，包括变更审查和自我声明审查。

变更审查：对已获得资质认定的检验检测机构，其机构名称、法人性质、地址、法定代表人、最高管理者、技术负责人、授权签字人、检验检测标准等发生变更,或自愿取消资质认定项目,资质认定部门对其变更情况是否满足资质认定条件进行的书面审核。

自我声明审查:对已获得资质认定的检验检测机构,资质认定部门对其的自我声明的书面审核。对于作出自我声明的机构,资质认定部门将在后续监督管理中对其声明内容是否属实进行检查,若发现承诺内容不实,资质认定部门将撤销审批决定,并将相关情况记入诚信档案。

1.3 技术评审时限

资质认定部门受理申请后,应当及时组织专家进行评审,技术评审应当在资质认定部门受理申请后 45 个工作日内完成(含提交评审结论),由于申请人自身原因导致无法在规定时限内完成的情况除外。

2 现场评审准备

2.1 确定实施部门

资质认定部门受理检验检测机构的资质认定申请后,可自行组织实施评审,如需委托专业技术评价组织实施评审,应将如下资料转交专业技术评价组织:

(1)检验检测机构提交的《申请书》;
(2)检验检测机构的《质量手册》、《程序文件》(适用时);
(3)检验检测机构的相关说明;
(4)资质认定评审工作用表。

2.2 组建评审组

(1)评审组组成

资质认定部门或其委托的专业技术评价组织,应根据被评审检验检测机构申请资质认定的检验检测项目和专业类别,按照专业覆盖、就近就便的原则组建评审组。评审组由 1 名组长、1 名以上评审员或技术专家组成。评审组成员应在组长的领导下,按照资质认定发部门或其委托的专业技术评价组织下达的评审任务,独立开展资质认定评审活动,并对评审结论负责。

(2)评审组长职责

①带头遵守评审纪律和行为准则,要求评审组成员的行为符合有关规定,对评审组成员进行必要的指导,对评审组成员的现场评审表现做出评价;

②带领评审组开展现场评审工作,并对现场评审活动的合法性、规范性及评审结论的准确性、真实性、完整性负责;

③代表评审组与被评审检验检测机构沟通、协调、控制现场评审过程,裁决评审工作中的分歧和其他事宜;

④协调评审组与资质认定部门派出的监督人员的联系。

⑤负责现场评审前的策划,包括:文件审查、评审日程安排、商定现场试验项目、填写评审的前期准备记录以及评审前应准备的事项等;

⑥在现场评审首次会议前,向评审组介绍评审的有关工作内容和要求;

⑦根据被评审检验检测机构实际情况,结合评审组成员的意见,负责提出现场评审结论;

⑧组织对被评审检验检测机构整改情况的验收;

⑨负责评审资料的汇总和整理,并及时向资质认定部门或其委托的专业技术评价组织报告评审情况和结论以及报送评审资料。

(3) 评审员职责

①遵守评审组计划日程安排和评审组任务分工,完成相关内容的评审工作,服从评审组组长的安排和调度,遵守评审纪律和行为准则,对其评审内容结论的准确性、真实性、完整性负直接责任;

②按照评审组的分工,做好评审前的信息收集,负责管理要素的评审员应协助评审组组长做好前期文件审查工作,负责技术要素的评审员应协助评审组组长确定现场试验考核项目,负责评审报告中相关记录的填写。

(4) 技术专家职责

①遵守评审组计划日程的安排,遵守评审纪律和行为准则,服从评审组组长的安排和调度,对其评审内容结论的准确性、真实性、完整性负责;

②按照评审组的分工,协助评审组组长或评审员确定现场试验考核项目,协助评审员开展检验检测能力确认工作。

2.3 材料审查

评审组长应在评审员或者技术专家的配合下对检验检测机构提交的申请材料进行审查。通过审查提交的《检验检测机构资质认定申请书》,对检验检测机构的工作类型、能力范围、检验检测资源配置以及管理体系运作所覆盖的范围进行了解,并依据《检验检测机构资质认定评审准则》及相应的技术标准,对申请人的《质量手册》《程序文件》等进行文件符合性审查,对管理体系的运行予以初步评价。

(1) 对《检验检测机构资质认定申请书》及附件的审查要点

①审查检验检测机构的法人地位证明材料,审核其经营范围是否满足公正性检验检测的要求;

②检验检测机构是否有固定的工作场所;

③"申请资质认定检验检测能力表"中的项目/参数及所依据的标准是否正确,是否属于资质认定范围;

④仪器设备(标准物质)配置的填写是否正确,所列仪器设备是否满足其申请项目/参数的检验检测能力要求,并可独立调配使用;

⑤技术负责人、授权签字人及特定领域的检验检测人员的职称和工作经历是否符合规定;

⑥组织机构框图是否清晰。

(2) 对《质量手册》的审查要点

①《质量手册》的条款应包括《检验检测机构资质认定评审准则》相关规定;

②质量方针明确,质量目标可测量、具有可操作性;

③质量职能明确;

④管理体系描述清楚,要素阐述简明、切实,文件之间接口关系明确;

⑤质量活动处于受控状态;管理体系能有效运行并进行自我改进。

(3) 对《程序文件》的审查要点

①需要有程序文件描述的要素,均被恰当地编制成了程序文件;

②程序文件结合检验检测机构的特点,具有可操作性;

③程序文件之间、程序与质量手册之间有清晰关联。

(4) 审查结果处理

评审组长应当在收到申请材料10个工作日内完成材料审查,并将审查意见反馈资质认定部门或其委托的专业技术评价组织,当材料不符合要求时,由资质认定部门或其委托的专业技术评价组织通知申请机构更改。

2.4 下发评审通知

材料审查合格后,资质认定部门或其委托的专业技术评价组织向被评审的检验检测机构下发《检验检测资质认定现场评审通知书》,同时告知评审组按计划实施评审。

2.5 编制评审计划

评审组接到现场评审任务后,编写《检验检测机构现场评审日程计划表》。对评审的日期、时间、工作内容、评审组分工等进行策划安排。并就以下问题与被评审的检验检测机构进行沟通:

(1) 确定评审的日程;

(2) 确定现场试验项目;

(3) 商定交通、住宿等安排。

3. 实施技术评审

3.1 召开预备会议

评审组长在现场评审前应召开全体评审组成员参加的预备会,会议内容包括:

(1) 评审组长声明评审工作的公正、客观、保密;

(2) 说明本次评审的目的、范围和依据;

(3) 介绍检验检测机构文件审查情况;

(4) 明确现场评审要求,统一有关判定原则;

(5) 听取评审组成员有关工作建议,解答评审组成员提出的疑问;

(6) 确定评审组成员分工,明确评审组成员职责,并向评审组成员提供相应评审文件及现场评审表格;

(7) 确定现场评审日程表;

(8) 需要时,要求检验检测机构提供与评审相关的补充材料;

(9) 需要时,组长对新获证评审员和技术专家进行必要的培训及评审经验交流。

3.2 首次会议

首次会议由评审组长主持召开,评审组全体成员,检验检测机构最高管理者、技术负责人、质量主管和检验检测业务部门负责人应参加首次会议,会议内容如下:

(1) 组长宣布开会,介绍评审组成员;检验检测机构介绍与会人员;

(2) 评审组长宣读资质认定部门的评审通知,说明评审的目的、依据、范围、原则,明确评审将涉及的部门、人员;

(3) 确认评审日程表;

(4)宣布评审组成员分工；

(5)向检验检测机构做出保密的承诺；

(6)澄清有关问题，明确限制条件（如洁净区、危险区、限制交谈人员等）；

(7)检验检测机构为评审组配备陪同人员，确定评审组的工作场所及评审工作所需资源。

3.3 考察检验检测机构场所

首次会议结束，由陪同人员引领评审组进行现场考察，考察检验检测机构相关的办公及检验检测场所。现场参观的过程是观察、考核的过程。有的场所通过一次性的参观之后可能不再重复检查，要利用有限的时间收集最大量的信息。在现场参观的同时要及时进行有关的提问，有目的的观察环境条件、仪器设备、检验检测设施是否符合检验检测的要求，并做好记录。现场参观应在评审日程表规定的时间内完成，防止由于检验检测机构陪同人员过细的介绍，而影响后面的评审工作进程。也不要因个别评审员对某个问题的深入核查而耽误了其他评审员的时间。

3.4 现场试验

检验检测机构是否使用合适的方法和程序来进行检验检测应通过现场试验予以考核。通过现场试验，考核检验人员的操作能力以及环境、设备等保证能力。

(1)考核项目的选择

首次评审现场试验项目需覆盖申请范围内所有大类，复查评审时可根据具体情况酌情减少。

(2)现场试验考核的方式

对检验检测机构的现场试验考核，可采取盲样试验、人员比对、仪器比对、见证实验和报告验证的方式进行。

(3)现场试验结果的应用

①盲样试验、人员比对、仪器比对、过程考核、应出具检验检测报告或证书；报告或证书验证应出具检验原始记录或检验检测报告或证书。

②在现场操作考核中，如果盲样试验、人员比对、仪器比对的结果数据不合格，或与已知数据明显偏离，应要求检验检测机构分析原因；如属偶然原因，可安排检验检测机构重新试验；如属于系统偏差，则应认为该检验检测机构不具备该项检验检测能力。

(4)现场试验的评价

现场试验结束后，评审员应对试验的结果进行评价，评价内容如下：

①采用的检验检测标准是否正确；

②检验检测结果的表述是否准确、清晰、明了；

③检验检测人员是否有相应的检验检测经验；

④检验检测操作的熟练程度如何；

⑤环境设施和适宜程度；

⑥样品的接收、登记、描述、放置、样品制备及处置是否规范；

⑦检验检测设备、测试系统的调试、使用是否正确；

⑧检验检测记录是否规范。

(5) 现场提问

现场提问是现场评审的一部分，是评价检验检测机构工作人员是否经过相应的教育、培训，是否具有相应的经验和技能而进行资格确认的一种形式。检验检测机构最高管理者、技术负责人、质量主管、授权签字人、各管理岗位人员以及所有从事检验检测活动的人员均应接受现场提问。

现场提问可与现场参观、操作考核、查阅记录等活动结合进行，也可以在座谈等场合进行。

现场提问的内容中可以是基础性的问题：如就法律法规、评审准则、体系文件、检验检测标准、检验检测技术等方面的提问。也可就评审中发现的问题、尚不清楚的问题作跟踪性或澄清性提问。对所有的提问应有相应的记录，以便作出合理的评审结论。

(6) 查阅质量记录

管理体系过程中产生的记录，以及检验检测过程中产生的记录是复现管理过程和检验检测过程的有力证据。评审组应通过对质量记录的查证，评价管理体系运行的有效性，以及技术操作的正确性。对质量记录的查阅应注重以下问题：

①文件资料的控制，以及档案管理是否适用、有效、符合受控的要求，并有相应的资源保证；

②检验检测机构管理体系运行记录是否齐全、科学，能否有效反映管理体系运行状况；

③原始记录、报告或证书格式内容应合理，并包含足够的信息；

④记录做到清晰、准确，应包括影响检验结果的全部信息，如图表，全过程等；

⑤记录的形成、修改、保管符合体系文件的有关规定。

(7) 填写现场评审记录

对检验检测机构现场评审的过程要记录在《检验检测机构资质认定评审报告》的评审表中。评审员在依据《检验检测机构资质认定评审准则》和评审补充要求对检验检测机构进行评审的同时，应详细记录基本符合和不符合条款及事实。评审结论分为"符合""基本符合""基本符合（需现场复核）""不符合"。

(8) 现场座谈

通过现场座谈考核检验检测机构技术人员和管理人员基础知识、了解检验检测机构人员对体系文件的理解、澄清现场观察中的一些问题、交流思想、统一认识。座谈一般由以下人员参加：各级管理干部和管理岗位人员、内审员、监督人员、主要抽样、检验检测人员、新增员工。座谈中应该针对以下问题进行提问和讨论：

①对《评审准则》的理解；

②对检验检测机构体系文件的理解；

③《评审准则》和体系文件在实际工作中的应用情况；

④各岗位人员对其职责的理解；

⑤各类人员应具备的专业知识；

⑥评审过程中发现的一些问题，以及需要与被评审方澄清的问题。

(9) 授权签字人考核

授权签字人是指由检验检测机构提名，经过资质认定部门考核合格，签发检验检测报告和证书的人员。授权签字人应当满足如下条件：

①具备中级以上（含中级）职称或准则规定的同等能力；
②具备相应的工作经历；
③熟悉或掌握有关仪器设备的检定/校准状态；
④熟悉或掌握所承担签字领域的相应技术标准方法；
⑤熟悉检验检测机构管理和检验检测报告或证书审核签发程序；
⑥具备对检验检测结果做出相应评价的判断能力；
⑦熟悉《检验检测机构资质认定评审准则》以及相关的法律法规、技术文件的要求。

考核由评审组长主持，评审组成员参与，对每个授权签字人填写一张《检验检测机构现场考核授权签字人评价记录表》，记录的内容如下：

①考核中提出的主要问题，以及被考核人的回答情况；
②主考人的评价意见。

（10）检验检测能力的确定

确认检验检测机构的检验检测能力是评审组进行现场评审的核心环节，每一名评审员都应该严肃认真的核准检验检测机构的能力，为资质认定的行政许可提供真实可靠的评审结论。核准的检验检测能力必须满足以下条件：

①立项所依据的标准。立项所依据的检验检测标准必须现行有效；在无国家标准、行业标准、地方标准、团体标准、国际标准的前提下，检验检测机构可自行制定非标方法，其制定、验证、确认等过程的证明文件应能证明该非标方法的科学、准确、可靠；
②设施和环境须满足检验检测要求；
③检验检测全过程所需要的全部设备的量程、准确度必须满足预期使用要求；
④所有的检验检测数据均应溯源到国家计量基准；
⑤所有的检验检测人员均能正确完成检验检测工作；
⑥能够通过现场试验、盲样测试等证明相应的检验检测能力。

确定检验检测能力时应注意如下问题：

①检验检测能力是以现有的条件为依据，不能以许诺、推测作为依据；
②临时借用设备的项目不能作为检验检测能力；
③检验检测项目按申请的范围进行确认，评审员不得擅自增加项目；
④被评审方不能提供检验检测标准、检验检测人员不具备相应的技能、无检验检测设备或检验检测设备配置不正确、环境条件不满足检验检测要求的，均按不具备检验检测能力处理；
⑤同一检验检测项目中只有部分满足标准要求的，应在"限制范围或说明"栏内予以注明；
⑥检验检测机构自行制定的非标方法，应在"限制范围或说明"栏内予以注明：仅限特定合同约定的委托检验检测。

（11）《评审组确认的检验检测能力》的填写

评审报告中的检验检测机构能力表，应按检验检测机构能力分类规范填写。

（12）评审组内部会

在现场评审期间，每天应安排时间召开评审组内部会，主要内容有：交流当天评审情况，讨论评审发现的情况，确定是否构成不符合项；评审组长了解评审工作进度，及时调整评审员的工作任务，组织、调控评审过程。并对评审员的一些疑难问题提出处理意见。

最后一次评审组内部会，由评审组长主持对评审情况进行汇总，确定评审通过的检验检测能力，提出不符合项和整改要求，形成评审结论并做好评审记录。会议结束后，应向被评审方代表通报评审结论并请对方对这些结果发表意见，需要时解答被评审方代表关心的问题或消除双方观点的差异。

（13）与检验检测机构沟通

形成评审组意见后，评审组长应与被评审检验检测机构最高管理者进行沟通，通报评审中发现的不符合情况和评审结论意见，听取被评审检验检测机构的意见。

（14）评审结论

评审结论分为"符合""基本符合""基本符合需现场复核""不符合"四种。

（15）评审报告

评审组长负责撰写评审组意见，意见主要内容包括：

现场评审的依据、评审组人数、现场评审时间、评审范围、评审的基本过程、对机构体系运行有效性和承担第三方公正检验的评价、对人员素质、仪器设备、环境条件和检验报告的评价、对现场试验操作考核的评价、建议批准通过资质认定的项目数量及需要说明的其他问题、不符合项及需要整改的问题。

《评审报告》应使用国家认证认可监督管理委员会统一印制下发的文本，有关人员应在相应的栏目内签字。

（16）末次会议

末次会议由评审组长主持召开，评审组成员全部参加，被评审单位的主要负责人必须参加。末次会议内容如下：

①评审情况和评审中发现的问题；

②宣读评审意见和评审结论；

③对"不符合项、基本符合项"提出整改要求；

④被评审检验检测机构对评审结论发表意见；

⑤宣布现场评审工作结束。

4. 整改的跟踪验证

现场评审结束后，检验检测机构在商定的时间内对评审组提出的不符合内容进行整改，整改时间不超过 30 天。整改完成后形成书面材料报评审组长确认，评审组长在收到检验检测机构的整改材料后，应在 5 个工作日完成跟踪验证，向资质认定部门或其委托的专业技术评价组织上报评审相关材料。

（1）对评审结论为"基本符合"的检验检测机构，应采取文件评审的方式进行跟踪验证：

①检验检测机构提交整改报告和相应见证材料；

②评审组长根据见证材料确认整改是否有效，符合要求。

整改符合要求的，由评审组长填写《评审报告》中的《整改完成记录》，上报审批。

(2) 对评审结论为"基本符合需现场复核"的检验检测机构，应采取现场检查的方式进行跟踪验证：

①检验检测机构提交整改报告和相关见证材料；

②评审组长组织相关评审人员，对需整改的不符合内容进行现场检查，确认整改是否有效；

③整改有效、符合要求的，由评审组长填写《评审报告》中的《整改完成记录》，上报审批。

5. 评审材料汇总上报

评审组应向资质认定部门或者其委托的专业技术评价组织上报下列材料：

（1）申请书；

（2）评审报告；

（3）合格证书附表；

（4）整改报告；

（5）评审中发生的所有记录；

（6）光盘（内容有：申请书；评审报告；证书附表；整改报告正文；评审中发生的所有记录）。

6. 终止评审

遇到如下情况，评审组应请示下达评审任务的资质认定部门或其委托的专业技术评价组织，经同意后可终止评审。

（1）检验检测机构无合法的法律地位；

（2）检验检测机构人员严重不足；

（3）检验检测机构场所与检验检测要求严重不满足；

（4）检验检测机构缺乏必备的仪器、设备、标准物质；

（5）检验检测机构管理体系严重失控；

（6）检验检测机构存在严重违法违规问题。

附件 9： 检验检测机构资质认定　评审准则

已被《检验检测机构资质认定能力评价　检验检测机构通用要求》(RB/T 214—2017)替代。

附件 10： 检验检测机构资质认定　刑事技术机构评审补充要求

略。

附件 11： 检验检测机构资质认定　司法鉴定机构评审补充要求

略。

附件 12： 检验检测机构资质认定　许可公示表

略。

附件 13：　　　　　检验检测机构资质认定　申请书

已被国认实〔2017〕10 号《检验检测机构资质认定　申请书》替代。

附件 14：　　　　　检验检测机构资质认定　评审报告

已被国认实〔2017〕10 号《检验检测机构资质认定　评审报告》替代。

附件 15：　　　　　检验检测机构资质认定　审批表

已被国认实〔2017〕10 号《检验检测机构资质认定　审批表》替代。

国家认监委关于进一步明确检验检测机构资质认定工作有关问题的通知

(2017年1月3日国家认证认可监督管理委员会国认实〔2017〕2号发布)

各省、自治区、直辖市质量技术监督局(市场监督管理部门):

为贯彻落实国务院推进简政放权、放管结合、优化服务改革工作要求,深化检验检测机构资质认定行政许可制度改革,建立统一的检验检测机构资质认定制度,质检总局和国家认监委发布了《检验检测机构资质认定管理办法》《关于实施〈检验检测机构资质认定管理办法〉的若干意见》《关于实施〈检验检测机构资质认定配套工作程序和技术要求〉的通知》《检验检测机构资质认定评审准则》等系列规范性文件。但近期在对各地的监督检查中发现有的地方在执行中与规范性文件要求不一致,同时也为落实国家审计署对资质认定提出的相关要求,现就检验检测机构资质认定有关工作进一步明确如下,请各地认真贯彻执行。

一、资质认定部门应当认真贯彻落实行政许可制度改革的要求,执行放宽主体准入条件、允许租赁设备和分包、许可非标方法等释放红利的政策措施,简化审批手续,规范审批流程。

二、为规范产品标识标签的检验检测行为,降低因标识标签检验检测不规范导致的许可风险,本通知发布之日起,检验检测机构申请标识标签检验检测能力资质认定时,若检验检测机构仅对产品标识标签的完整性、规范性进行核查,不对产品的实物与标识标签内容真实性进行检验检测,应在限制范围予以说明。资质认定部门对检验检测机构提交的标识标签相关标准进行资质认定评审时,应审核检验检测机构是否具备标识标签真实性检验检测的技术能力。取得含限制范围标识标签项目资质认定的机构,在对外出具相关检验检测报告时,应在委托合同及检验检测报告上注明标识标签检验检测结果"不包括内容真实性的核实"或类似描述。

三、资质认定部门在受理资质认定申请时,不得设置前置条件,国家质检中心、省级质检院所、出入境检验检疫技术机构、国家级司法鉴定机构可自愿申请实验室和检验机构认可。资质认定部门要加强信息化建设,推行"互联网+政务服务"建设。

四、为便利检验检测机构办理招投标等相关事务,资质认定部门可根据实际情况为检验检测机构核发资质认定证书副本(式样见附件),资质认定证书正、副本具备同等法律效力。

附件:资质认定证书副本式样

国家认监委
2017年1月3日

三、部门规章和文件

（此件公开发布）

附件　　　　　　　　资质认定证书副本式样

检验检测机构
资质认定证书

副本

证书编号：

名称：

地址：

经审查，你机构已具备国家有关法律、行政法规规定的基本条件和能力，现予批准，可以向社会出具具有证明作用的数据和结果，特发此证。资质认定包括检验检测机构计量认证。检验检测能力及授权签字人见证书附表。

许可使用标志　　　发证日期：

　　　　　　有效期至：　　公　章

　　　　　　　　　　发证机关：

本证书由国家认证认可监督管理委员会监制，在中华人民共和国境内有效。

国家认监委关于印发检验检测机构资质认定相关配套文件的通知

(2017年2月8日国家认证认可监督管理委员会国认实〔2017〕10号发布)

各省、自治区、直辖市质量技术监督局（市场监督管理部门）：

2015年7月29日，我委印发了《国家认监委关于印发检验检测机构资质认定配套工作程序和技术要求的通知》（国认实〔2015〕50号），该通知明确了相关文件试行期一年。经试行并调整完善，现正式印发《检验检测机构资质认定专业技术评价机构管理要求》及《检验检测机构资质认定申请书》《检验检测机构资质认定评审报告》《检验检测机构资质认定审核表》等文件。为确保新旧文件的有序过渡，本次印发文件自2017年7月1日正式施行，请各有关单位遵照执行。

特此通知。

附件：
1. 检验检测机构资质认定专业技术评价机构管理要求
2. 检验检测机构资质认定申请书
3. 检验检测机构资质认定评审报告
4. 检验检测机构资质认定审核表

国家认监委
2017年2月8日

(此件公开发布)

附件1： 检验检测机构资质认定专业技术评价机构管理要求

第一条 为了规范检验检测机构资质认定技术评审工作，加强对专业技术评价机构的监督管理，根据《检验检测机构资质认定管理办法》的有关规定，特制定本要求。

第二条 专业技术评价机构是指接受国家认监委和各省、自治区、直辖市质量技术监督部门（以下统称资质认定部门）委托，组织检验检测机构资质认定技术评审工作的机构。

第三条 专业技术评价机构应满足以下条件：
（一）是法人单位或法人单位的内设机构；
（二）熟悉检验检测机构资质认定法律法规、政策和工作程序；
（三）有与开展所委托检验检测资质认定技术评审活动相适应的工作人员和评审人员；
（四）有固定的工作场所和相应的经费保障。

第四条 专业技术评价机构应当与资质认定部门签署正式的委托协议，确定委托期限、业务范围和相关责任。专业技术评价机构只能在资质认定部门委托的期限和范围内开展工作，需要延续委托期限的，应当在委托协议有效期届满前两个月内与资质认定部门重新签订委托协议。

第五条 专业技术评价机构工作程序：

（一）专业技术评价机构在收到资质认定部门委托的技术评审任务后，应当对申请机构提交的申请材料进行技术审核。申请材料不符合要求的，专业技术评价机构应当及时告知申请机构进行修改。

（二）专业技术评价机构应当选择与申请机构能力范围相适应的评审人员，组建技术评审组，制定评审计划。评审计划需报资质认定部门审核同意。

（三）专业技术评价机构应当要求技术评审组根据评审计划，依据检验检测机构资质认定基本规范、评审准则的要求，完成对申请机构的技术评审。需要整改的，整改时间不得超过30个工作日，逾期不整改或者整改后仍不符合要求的，相应不符合的项目应不予推荐。如因申请机构自身原因，无法按计划实施技术评审的，应告知申请机构向资质认定部门提交延期评审的书面申请。

（四）专业技术评价机构应当对技术评审组提交的《检验检测机构资质认定评审报告》和相关评审材料进行审核，审核通过的，及时上报资质认定部门。

（五）上述工作程序应当在45个工作日内完成，因申请机构自身原因或者需要整改的除外。

第六条 专业技术评价机构应当建立相应的工作制度，明确组织技术评审的流程、评审关键控制点和相关工作人员岗位责任。

第七条 专业技术评价机构应健全和完善岗位培训制度，对承担资质认定委托任务的工作人员进行法律法规和业务知识培训，并定期进行知识更新培训。

第八条 专业技术评价机构行为规范：

（一）应当在规定时限内组织完成技术评审工作；

（二）应当在资质认定部门委托的业务范围内开展工作，遵循检验检测机构资质认定基本规范、评审准则的要求，不得擅自增加或者减少技术评审要求；

（三）应当遵守公正性的要求，不得开展向申请机构推销检验检测设备、技术资料、信息化系统、培训咨询服务等影响评审工作公正性的活动；

（四）应当遵守保密规定，不得泄露技术评审工作中所获悉的国家秘密、商业秘密、技术秘密。

第九条 专业技术评价机构及其组织开展的技术评审活动应当接受资质认定部门的监督：

（一）接受观察员监督。观察员由资质认定部门指派，可以是评审员、技术专家或者资质认定部门工作人员；

（二）接受技术评审复核。资质认定部门可以结合此前评审情况、分类监管、诚信档案、申投诉等信息对已通过技术评审但可能存在隐患或疑点的申请机构进行现场复核或文件复核。

第十条 专业技术评价机构在组织开展技术评审活动过程中存在下列情形之一的，资质认定部门可以根据情节轻重，对其作出告诫、暂停或者撤销组织开展技术评审活动的处：

（一）未按照资质认定基本规范、评审准则规定的要求和时限实施技术评审的；

（二）对同一申请机构既进行有偿咨询又组织技术评审的；

（三）透露组织评审活动过程中所获悉的国家秘密、商业秘密或者技术秘密的；

（四）向申请机构谋取不正当利益的；

（五）伪造或者篡改技术评审结论的；

（六）损害资质认定部门形象的。

第十一条 本要求自 2017 年 7 月 1 日起实施，2015 年 7 月 29 日国家认监委发布的《检验检测机构资质认定专业技术评价机构基本要求》同时废止。

附件 2：

检验检测机构资质认定申请书

机构名称（印章）：

主管部门（印章）：

申请日期：

国家认证认可监督管理委员会编制

填 表 须 知

1. 本《申请书》须用墨笔填写或计算机打印,字迹应清楚。

2. 本《申请书》填写页数不够时可附页,但须连同正页编为第　　页,共　　页。

3. 本《申请书》"主管部门"是指检验检测机构的行业主管部门或上级法人单位(无行业主管部门的独立法人单位可不填此项)。

4. 本《申请书》所选项在"□"内划"√"。

5. 本《申请书》的每一项须由检验检测机构如实填写,须经检验检测机构法定代表人或被授权人(适用时)签名有效。

6. 本《申请书》适用于首次、扩项、地址变更、复查和其他申请。

1. 概况

1.1 检验检测机构名称：_____
　　　　地址：_____
　　　　邮编：　　　　　　传真：　　　　　　E-mail：
　　　　负责人：　　　　职务：　　　　固定电话：　　　　手机：
　　　　联络人：　　　　职务：　　　　固定电话：　　　　手机：
　　　　社会信用代码：_____

1.2 所属法人单位名称（若检验检测机构是法人单位的不填此项）：
　　　　_____
　　　　地址：_____
　　　　负责人：　　　　　　职务：　　　　　　电话：
　　　　社会信用代码：_____

1.3 主管部门名称（若无主管部门的不填此项）：
　　　　_____
　　　　地址：_____
　　　　负责人：　　　　　　职务：　　　　　　电话：

1.4 检验检测机构设施特点：
　　　　固定□　　　临时□　　　可移动□　　　多场所□_____

1.5 法人类别

1.5.1 独立法人检验检测机构
　　　　社团法人□　　　事业法人□　　　企业法人□　　　其他□_____

1.5.2 检验检测机构所属法人（非独立法人检验检测机构填此项）
　　　　社团法人□　　　事业法人□　　　企业法人□　　　其他□_____

2. 申请类型

2.1 资质认定
　　　　首次□　　　扩项□　　　地址变更□　　　复查□　　　其他□_____

2.2 已获资质认定情况
　　　　资质认定证书编号：　　　　　　　　证书有效期至：

3. 申请资质认定的专业类别

4. 检验检测机构资源

4.1 检验检测机构总人数：_____名。
　　　　高级专业技术职称_____名，占_____%；中级专业技术职称_____名，占_____%；初级专业技术职称_____名，占_____%；其他_____名，占_____%。

4.2 检验检测机构设备设施资产情况：
   固定资产原值：_____万元。
   仪器设备总数：_____台（套）。
   产权状况：自有□_____%；租用□_____%；_____合资□_____%。

4.3 检验检测机构总面积：_____ m²。
   检验检测场地面积：_____ m²；温恒面积：_____ m²；户外检验检测场地面积：_____ m²。
   场地产权状况：自有□_____%；租用□_____%；其他□_____%。

4.4 多场所名称地点（适用时）：

4.5 本次新申请的地点（适用时）：

5. 附表

附表1：检验检测能力申请表
附表2：授权签字人汇总表
附表2-1：授权签字人基本信息表
附表3：组织机构框图
附表4：检验检测人员表
附表5：仪器设备（标准物质）配置表

6. 随《申请书》提交的附件

6.1 典型检验检测报告或证书（每个类别1份） □
6.2 质量手册（1套）（适用于首次评审） □
6.3 程序文件（1套）（适用于首次评审） □
6.4 其他证明文件：
6.4.1 法人地位证明文件（适用于首次、复查）
6.4.1.1 独立法人检验检测机构需提供法人登记/注册证书 □
6.4.1.2 非独立法人检验检测机构需提供下列材料：
6.4.1.2.1 检验检测机构设立批文 □
6.4.1.2.2 所属法人单位法律地位证明文件 □
6.4.1.2.3 法人授权文件 □
6.4.1.2.4 最高管理者的任命文件 □
6.4.2 固定场所产权/使用权证明文件 □
6.4.3 资质认定证书复印件（首次申请除外） □
6.4.4 从事特殊领域检验检测人员资质证明（适用时） □

7. 希望评审时间：   年   月   日

8. 检验检测机构自我承诺

8.1 本检验检测机构遵守《中华人民共和国计量法》《中华人民共和国认证认可条例》

《检验检测机构资质认定管理办法》等相关法律、法规及规章的规定。

8.2 本检验检测机构符合《检验检测机构资质认定评审准则》及相关评审补充要求。

8.3 本检验检测机构承诺所提交的申请及相关证明材料均为真实信息。

检验检测机构法定代表人签名：　　　　　　日期：

检验检测机构被授权人签名（适用时）：　　日期：

附表 1　　　　　　　　　　　　检验检测能力申请表

检验检测机构地址：　　　　　　　　　　　　　　　　　　　第　页，共　页

序号	类别（产品/项目/参数）	产品/项目/参数		依据的标准（方法）名称及编号（含年号）	限制范围	说明
		序号	名称			
一	家用电器					
1	电冰箱	1.1	###			
		1.2	###			
2	电视机	2.1	###			
		2.2	###			

注　①"检验检测能力"应依据国家、行业、地方、国际、区域标准。依据其他标准或方法的，应在"说明"中注明；

②以产品标准申请检验检测能力的，对于不具备检验检测能力的参数，应在"限制范围"中注明；只能检验检测"产品标准"的非主要参数的，不得以产品标准申请；

③多场所的检验检测机构，应按照不同场所分别填写本表；

④本表对"家用电器"等的填写仅为"示例"。检验检测机构可不受本"示例"限制，依据自身行业特点填写。示例："家用电器"，以汉字数字（一、二、三、…）为序，设立通栏填写检验检测大类；以阿拉伯数字（1、2、3、…）为序，填写类别（产品/参数/项目）；以次级阿拉伯数字（1.1、1.2、1.3、…）为序，填写产品/参数/项目的名称；

⑤对于具备食品检验能力的综合性检验检测机构，本表食品能力和非食品能力分开填写；

⑥可使用 xls 文件格式制作。

附表2　　　　　　　　　　　　　授 权 签 字 人 汇 总 表

检验检测机构地址：　　　　　　　　　　　　　　　　　　　　　　　　　　第　　页，共　　页

序号	姓名		职务/职称	申请授权签字领域	备注
	正体	签名			

注　①多场所的检验检测机构，应按照不同场所分别填写本表；
　　②对于具备食品检验能力的综合性检验检测机构，本表食品授权签字人和非食品授权签字人分开填写。

附表 2-1　　　　　　　　　授权签字人基本信息表

姓　名：_____ 性　别：_____ 出生年月：_____

职　务：_____ 职　称：_____ 文化程度：_____

部　门：_____

电　话：_____ 传　真：_____ 电子邮件：_____

申请签字的领域：_____

_____

何年毕业于何院校、何专业、受过何种培训：_____

_____

从事检验检测工作的经历：_____

_____

授权签字人签名：_____

相关说明（若授权领域有变更应予以说明）：

注　每位授权签字人填写一张表格。

附表3　　　　　　　　　　　组 织 机 构 框 图

注　①独立法人的应表明本检验检测机构内部和外部关系；
　　②非独立法人的应表明本检验检测机构在所在法人单位的位置，以及检验检测机构的内部和外部关系；
　　③直接关系（例如：行政隶属）用实线连接，间接关系（例如：业务指导）用虚线连接。

附表 4 　　　　　　　　　　　检 验 检 测 人 员 表

检验检测机构地址：　　　　　　　　　　　　　　　　　　　　　　　　　　第　页，共　页

序号	姓　名	性别	年龄	文化程度	职务（岗位）	职称	所学专业	从事本技术领域年限	现在部门岗位

注　与检验检测工作无关的人员无需填写（如财务、后勤人员）。

附表 5　　　　　　　　　　　　仪器设备（标准物质）配置表

检验检测机构地址：　　　　　　　　　　　　　　　　　　　　　　　　　　　　　第　页，共　页

序号	类别（产品/项目/参数）	产品/项目/参数		依据的标准（方法）名称及编号（含年号）	仪器设备（标准物质）			溯源方式	有效日期	确认结果
		序号	名称		名称	型号/规格/等级	测量范围			

注　①申请时，该表的前 4 项与《申请书》附表 1 对应，为了简化此表的填写，参数相同的不重复填写，序号可以不连续；
　　②溯源方式填写：检定、校准、内部校准等。
　　③多场所的检验检测机构，按不同场所分别填写；
　　④确认意见分为"符合"和"不符合"两种，检验检测机构应对仪器设备检定校准的数据和结果进行分析，判断是否符合检验检测标准、技术规范、程序的要求。

附件 3：

检验检测机构资质认定
评审报告

机构名称：

评审机构：

评审日期：

国家认证认可监督管理委员会编制

填 表 须 知

1. 本《评审报告》有印章和签字页的须为原件。
2. 本《评审报告》可用墨笔或计算机填写，字迹应清楚。
3. 本《评审报告》的表格填报页数不够时可附页，但须连同正页编为第　页，共　页。
4. 本《评审报告》所选项"□"内划"√"。本《评审报告》的每一项须由评审组如实填写，若出具虚假或者不实的评审结论，将追究评审组人员责任。
5. 本《评审报告》须经评审组签字有效。
6. 本《评审报告》适用检验检测机构申请资质认定的首次、扩项、地址变更、复查和其他评审。

1. 概况

1.1 检验检测机构名称：_____
　　 地址：_____
　　 邮编：　　　　　　传真：　　　　　　E－mail：
　　 负责人：　　　　　职务：　　　　　　固定电话：　　　　　　手机：
　　 联络人：　　　　　职务：　　　　　　固定电话：　　　　　　手机：
　　 社会信用代码：_____
1.2 所属法人单位名称（若检验检测机构是法人单位的不填此项）：
　　 _____
　　 地址：_____
　　 负责人：　　　　　职务：　　　　　　固定电话：
　　 社会信用代码：_____
1.3 检验检测机构设施特点：
　　 固定□　　　　临时□　　　　可移动□　　　　多场所□
1.4 法人类别：
1.4.1 独立法人检验检测机构
　　 社团法人□　　　事业法人□　　　企业法人□　　　其他□_____
1.4.2 检验检测所属法人单位（非独立法人检验检测机构填此项）
　　 社团法人□　　　事业法人□　　　企业法人□　　　其他□_____
1.5 评审类型
　　 首次□　　　扩项□　　　地址变更□　　　复查□　　　其他□_____
1.6 已获资质认定情况
　　 资质认定证书编号：　　　　　　　证书有效期至：

2. 评审地点（多场所的另附页）：

3. 评审组意见：

评审结论

符合□　　基本符合□　　基本符合（需现场复核）□　　不符合□

　　　评审组长签名：　　　　　　　　　　　　　　　　　　　日期：

注　评审组意见包括：
　　①现场评审时间；
　　②开展现场评审文件依据（如资质认定部门的评审通知书）；
　　③评审组人数；
　　④对检验检测机构是否符合资质认定基本条件的评价以及概况描述；
　　⑤重要变化情况（如新增地点、新增能力、新增授权签字人、其他重要变更等）；
　　⑥建议批准的授权签字人数量；
　　⑦建议批准的资质认定项目及数量；
　　⑧不符合项及整改建议；
　　⑨需要说明的其他事项。

4.

建议批准的检验检测能力表

检验检测机构地址：　　　　　　　　　　　　　　　　　　　　　　　　　　第　页，共　页

序号	类别（产品/项目/参数）	产品/项目/参数		依据的标准（方法）名称及编号（含年号）	限制范围	说明
		序号	名称			
一	家用电器					
1	电冰箱	1.1	###			
		1.2	###			
2	电视机	2.1	###			
		2.2	###			

检验检测机构法定代表人或被授权人（适用时）签名：

评审组长签名：

评审人员签名：

注　①"检验检测能力"应依据国家、行业、地方、国际、区域标准。依据其他标准或方法的，应在"说明"中注明；
　　②以产品标准申请检验检测能力的，对于不具备检验检测能力的参数，应在"限制范围"中注明；只能检验检测"产品标准"的非主要参数的，不得以产品标准申请；
　　③多场所的检验检测机构，应按照不同场所分别填写本表；
　　④本表对"家用电器"等的填写仅为"示例"。检验检测机构可不受本"示例"限制，依据自身行业特点填写。
　　示例："家用电器"，以汉字数字（一、二、三、…）为序，设立通栏填写检验检测大类；以阿拉伯数字（1、2、3、…）为序，填写类别（产品/参数/项目）；以次级阿拉伯数字（1.1、1.2、1.3、…）为序，填写产品/参数/项目的名称；
　　⑤对于具备食品检验能力的综合性检验检测机构，本表食品能力和非食品能力分开填写；
　　⑥可使用 xls 文件格式制作。

5.

建议批准的授权签字人

检验检测机构地址: 第   页,共   页

序号	姓名		职务/职称	授权签字领域	备注
	正体	签名			

检验检测机构法定代表人或被授权人(适用时)签名:

评审组长签名:

评审人员签名:

注 ①多场所的检验检测机构,应按照不同场所分别填写本表;
②对于具备食品检验能力的综合性检验检测机构,本表食品授权签字人和非食品授权签字人分开填写。

5－1

授权签字人评价记录表

考核的主要内容： 1. 工作经历；2. 职责权限；3. 检验检测技术；4. 承担签字领域的技术标准方法；5. 检验检测报告或证书审核签发程序；6. 评价检验检测结果的能力；7.《检验检测机构资质认定管理办法》及《检验检测机构资质认定评审准则》等技术文件。			
序号	被考核人姓名	职务及职称	经考核后所确认的签字领域
给予评价意见：			
评审人员签名：　　　　　　　　　　　　　　　　　　　　　　　　年　　月　　日			

注 被考核的授权签字人每人一张评价表。

6.

基本符合和不符合项汇总表

序号	条款号	观察发现	基本符合	不符合	备注

检验检测机构法定代表人或被授权人（适用时）签名：

评审组长签名：

注 ①在相应判定栏内划√；
②体系文件中有描述但实施不规范的，为基本符合；体系文件无规定或有规定未实施的，为不符合；
③"观察发现"应对基本符合和不符合的具体事实予以说明。

7.

现场考核项目表

检验检测机构地址：_____   第　页，共　页

序号	类别（产品/项目/参数）	产品/项目/参数		依据的标准（方法）名称及编号（含年号）	所用仪器名称、型号、准确度	考核形式/样品来源	检验检测人员	结论
		序号	名称					

检验检测机构法定代表人或被授权人（适用时）签名：

评审组长签名：

注　①本栏目按流水号填写，应标出对应的申请项目序号；
　　②考核形式可选择报告验证、现场实验（盲样考核、人员比对、仪器比对、样品复测、见证试验、操作演示）；
　　③样品来源可选择评审组提供、自备；
　　④多场所评审的，按评审场所分别填写；
　　⑤考核结论为不通过的应说明原因。

8.

评 审 组 人 员 名 单

姓名	单位名称	评审内容	联系方式	签字	备注

注 若评审人员为技术专家,请在"备注"栏予以说明。

9.

整改完成记录、评审组长确认意见表

需整改条款号	完 成 整 改 情 况

评审组长对整改完成情况的确认意见:
      评审组长签字:　　　　　　日期:

10.

提请资质认定部门关注的事项

检验检测机构名称：_____

被评审的检验检测机构存在以下情形：
1. 属于生产企业出资建立的具备独立法人资格的检验检测机构☐
2. 检验检测机构使用本机构外的专家和聘用临时人员较多 ☐
3. 检验检测使用了租赁设备：☐A. 租赁设备的比例较大（超过30%）；☐B. 租期短（在1年内）；☐C. 租赁关键设备；☐D. 租赁生产企业的设备；☐其他（请说明）_____
4. 检验检测有分包项目：☐A. 分包比例较大（超过30%）；☐B. 质量文件对分包要求规定不详细；☐其他（请说明）_____
5. 管理体系建立时间较短，体系文件的规定与实际运行有部分脱节☐
6. 部分项目/参数检验检测经历欠缺☐
7. 检验检测使用非标方法较多☐
8. 对仪器设备采用内部校准的方式进行计量溯源，其内部校准的能力水平和环境条件还需充分保障☐

其他关注的事项（若有）：

11.

检验检测机构资质认定现场评审日程表

第　　页，共　　页

检验检测 机构名称				
评审类别	首次□　扩项□　地址变更□　复查□　其他□			
评审日期			评审地点	
评审工作日程安排				
日期	时间	工作内容	评审组分工	机构联络人
评审组长：				年　月　日

注　对多场所检验检测机构的评审，按不同场所分别编制。

12.

检验检测机构资质认定现场评审签到表

检验检测机构名称						
会议名称	□首次会议　　□座谈会　　□末次会议					
会议时间			会议地点			
被评审方人员						
签名	职务	签名	职务	签名	职务	
评审组人员						
签名	评审职务	签名	评审职务	签名	评审职务	
列席人员						
签名	单位			职务/职称		

附件 4

检验检测机构资质认定
审核表

国家认证认可监督管理委员会编制

说 明

1. 本系列表格用于资质认定的审核。
2. 表 1 适用于资质认定部门安排技术评审。
3. 表 2 适用于资质认定部门根据技术评审结果实施的审批。
4. 表 3 至表 9 适用于对已获得资质认定的检验检测机构有关变更的审批。相关表格可随申请书一并提交,也可在评审周期内单独提交。

表 1　　　　　　　　　　　检验检测机构资质认定评审通知表

检验检测机构名称				
评审时间及地点			评审计划文号、项目序号（适用时）	
评审类型	□首次　　□扩项　　□地址变更　　□复查　　□其他			
	姓名	所在单位及电话	评审项目	评审员证书号（适用时）
评审组长				
评审员				
	姓名	所在单位及电话	评审项目	专业、职称
技术专家				
监督员				
行业评审组/专业技术评价组织意见（适用时）	（印章）　　　　　　　　填报日期：　　年 月 日		资质认定部门意见	（印章）　　　　　　　　批准日期：　　年 月 日

注　①评审员需经资质认定部门考核合格，且评审员证书在有效期内；
　　②组建评审组应按照专业覆盖，就近就便的原则；
　　③监督员由资质认定部门指派。

表 2　　　　　　　　　　**检验检测机构资质认定许可审批表**

检验检测机构名称		原证书编号及有效日期	
评审类型	□首次　　□扩项　　□地址变更　　□复查　　□其他		
评审计划文号及序号			
提交评审材料	1. 检验检测机构资质认定申请书； 2. 检验检测机构资质认定评审报告； 3. 检验检测报告或证书 2 份（近期的）； 4. 资质认定评审通知表或评审通知； 5. 检验检测机构法律地位证明文件； 6. 整改报告（含相应见证材料）； 7. 现场评审签到表、现场评审日程表； 8. 电子版文件。含评审报告、证书附表（可使用 xls 文件格式） 经手人：　　　　　　交接时间：	□ □ □ □ □ □ □ □	
初审意见	初审人：　　　　　　初审日期：		年　　月　　日
审核意见	审核人：　　　　　　审核日期：		年　　月　　日
批准意见	批准人：　　　　　　批准日期：		年　　月　　日

表 3　　　　　　　　　　检验检测机构资质认定名称变更审批表

原资质认定获证名称			
			（印章） 年　月　日
证书编号		有效期限	
拟变更的名称			
更名原因			
联系人		手机	
通信地址及邮编		传真	
检验检测机构所属上级部门意见			
			（印章） 年　月　日
资质认定部门意见			
			（印章） 年　月　日

注　①如是独立法人机构，可不填上级机构意见；
　　②随申请表提交的材料如下：需提供名称变更证明文件、原资质认定证书复印件；
　　③需一并提交名称变更后的新证书附表电子版。

表 4　　　　　　　检验检测机构资质认定地址名称变更审批表

检验检测机构名称	（印章） 　　年　月　日		
证书编号		有效期限	
原地址名称			
拟变更的地址名称			
地址名称变更原因			
联系人		手机	
通信地址及邮编		传真	
资质认定部门意见	（印章） 　　年　月　日		

注　①本表仅适用于机构实际地址不变，但地址名称发生变化的情况；若实际地址发生变更时，需提交申请书，由资质认定部门现场考核确认；
②随本申请表提交的材料如下：需提供地址名称变更证明文件、原资质认定证书复印件；
③需一并提交地址名称变更后的新证书附表电子版。

表 5　　　　　　　　　　　检验检测机构资质认定法人单位变更审批表

检验检测机构名称			（印章） 　年　月　日
法人性质变更 （适用于法人单位）	原法人性质	变更后法人性质	备注
法人名称变更 （适用于法人单位）	原法人名称	变更后法人名称	备注
所在法人单位性质变更	原法人单位性质	变更后法人单位性质	备注
所在法人单位名称变更	原法人单位名称	变更后法人单位名称	备注
联系人		手机	
通信地址及邮编		传真	
资质认定部门意见			（印章） 　年　月　日

注　①法人性质分为：行政单位、事业单位、企业、其他组织，其他组织需在备注中予以详细说明；
　　②法人性质变更时，需提供法人地位证明文件、原资质认定证书复印件；
　　③需一并提交法人名称变更后的新证书附表电子版。

表 6　　　　　　　　　检验检测机构资质认定授权签字人变更审批表

检验检测机构名称	（印章） 年　月　日		
授权签字人	原授权签字领域	变更后的授权签字领域	变更类型
自我承诺	本机构自我承诺，变更后的授权签字人符合《检验检测机构资质认定评审准则》的要求，并对真实性负责		
联系人		手机	
通信地址及邮编		传真	
资质认定部门意见	（印章） 年　月　日		

注　①此表一式二份，检验检测机构和资质认定部门分别留存；
　　②变更类型包括：新增、撤销、授权签字领域调整；新增时原授权签字领域可填"无"，撤销时变更后的授权签字领域可填"无"；
　　③授权签字人变更时，需同时提供申请书中的附表 2-1 授权签字人基本信息表，必要时，资质认定部门可派员现场考核，经批准后，可签发检验检测报告或证书；
　　④需一并提交本表的电子版。

表 7　　　　　　　　检验检测机构资质认定标准（方法）变更审批表

第　　　页，共　　　页

检验检测 机构名称				
			（印章） 年　　月　　日	
联系人		手机	传真	

序号	类别 （产品/项目/参数）	已批准的标准（方法） 名称、编号（含年号）	变更后的标准（方法） 名称、编号（含年号）	限制范围	变更内容

是否自我承诺	□本次变更不涉及实际能力变化，本机构承诺已具备新标准（方法）所需相应资质认定条件，并对承诺的真实性负责	本机构技术负责人审查意见： 签名：　　　日期：
	□申请资质认定部门组织专业技术评价组织/专家书面审查	专业技术评价组织/专家审查意见： 签名：　　　日期：

资质认定部门 审核意见	（印章） 日期：

注　①此表一式二份，检验检测机构和资质认定部门分别留存；
　　②"序号、资质认定项目名称"应与《证书附表》一致；
　　③如标准（方法）仅为年号、编号变化，或变更的内容不涉及实际检验检测能力变化，可填写此表；
　　④机构如选择自我承诺的方式，资质认定部门无需组织专业技术评价组织/专家审查，直接批准，在后续监督管理中对被审批单位承诺内容是否属实进行检查，发现承诺内容不实，资质认定部门将撤销审批决定，并将相关情况记入诚信档案；
　　⑤需一并提交本表的电子版。

表 8　　　　　　**检验检测机构资质认定取消检验检测能力审批表**

第　　页，共　　页

检验检测机构名称					
				（印章） 　年　月　日	
证书编号			有效期限		
序号	类别 （产品/项目/参数）	产品/项目/参数		依据的标准（方法） 名称及编号（含年号）	所在实验 场所
		序号	名称		
联系人			手机		
通信地址及邮编			传真		
资质认定 部门意见					
				（印章） 　年　月　日	

注　①序号应与原《证书附表》一致；
　　②需一并提交取消能力后的新证书附表电子版。

表 9 检验检测机构资质认定人员变更备案表

检验检测机构名称			
			（印章） 年　月　日
职务	变更前人员姓名	变更后人员姓名	变更类型
自我承诺（适用于替换、新增技术负责人时）	本机构自我承诺，变更后的技术负责人符合《检验检测机构资质认定评审准则》的要求，并对真实性负责		
联系人		手机	
通信地址及邮编		传真	
资质认定部门意见			（印章） 年　月　日

注　①此表一式二份，检验检测机构和资质认定部门分别留存；
　　②职务类型包括法定代表人、最高管理者、技术负责人，变更类型包括：替换、新增、撤销；
　　③最高管理者变更时，需同时提供相关任命文件及法人授权书；
　　④技术负责人变更时，需同时提供相关任命文件。

国家认监委关于推进检验检测机构资质认定统一实施的通知

（2018年3月7日国家认证认可监督管理委员会国认实〔2018〕12号发布）

各省、自治区、直辖市质量技术监督局（市场监督管理部门），各资质认定（计量认证）行业评审组，各有关检验检测机构：

为贯彻落实国务院"放管服"的改革要求，切实加强检验检测机构资质认定管理，国家认监委和省级质量技术监督管理部门（以下统称资质认定部门）开展了一系列简政放权、释放红利的改革举措，促进了我国检验检测服务业的快速健康发展。2018年1月17日，国务院下发《关于加强质量认证体系建设促进全面质量管理的意见》（国发〔2018〕3号，以下简称《意见》），提出了实施统一的资质认定管理、简化规范检验检测机构资质认定程序、加强事中事后监管等要求，指明了检验检测机构资质认定工作改革发展的新方向。为适应新形势、新要求，落实《意见》提出的工作任务，促进形成统一的资质认定工作新格局，经研究，现就进一步推进检验检测机构资质认定统一实施有关工作要求明确如下，请各单位遵照执行。

一、推进统一的检验检测机构资质认定制度建立

（一）完善检验检测机构资质认定协调机制

资质认定部门应认真贯彻落实国务院《意见》及行政许可制度改革要求，遵循检验检测机构资质认定工作统一性、开放性、便利性的基本原则，加强与相关行业主管部门的沟通协调，共同研究制定并发布相关检验检测领域资质认定评审要求，建立跨行业部门的联合评审机制，推进检验检测机构资质认定的全社会采信，加快建立和完善国家统一的检验检测机构资质认定管理制度。

（二）允许特殊领域检验检测机构纳入资质认定

1. 法律、法规（如《特种设备安全法》《消防法》《种子法》等）对检验检测机构资质、资格有相应规定的，按照特别法优于一般法的原则，从其规定。

2. 法律、法规、规章中未明确规定需要取得资质认定的领域，相关检验检测机构不强制作为资质认定对象。对于行业主管部门有相应管理需求的，鼓励资质认定部门积极试点开展上述领域检验检测机构的资质认定工作，逐步将其纳入检验检测机构资质认定制度体系。试点实施资质认定的领域，资质认定部门事中事后的监管只针对取得资质认定的检验检测机构进行。

（三）规范检验检测机构资质认定

1. 检验检测机构申请资质认定的能力范围应包括方法标准、产品标准两部分。产品标准中引用的方法标准也应单独取得资质认定。

2. 具有自主创新技术、具备竞争优势的团体标准可申请资质认定，检验检测机构申请团体标准时需提供方法验证报告及标准发布团体出具的有关标准技术优势及领先性、创新性的相关说明。

3.除国家认监委已发文修订或者以认证认可行业标准的形式发布的资质认定评审要求之外,《国家认监委关于印发检验检测机构资质认定配套工作程序和技术要求的通知》（国认实〔2015〕50号）印发的相关附件继续执行。

二、推动资质认定制度改革，为检验检测机构减负

（一）积极推动"五减"

1.资质认定部门应根据《意见》推动"五减"（减程序、减环节、减时间、减收费、减申请材料）的要求，结合检验检测机构的申请事项、分类监管和机构自我声明等情况，简化许可程序。对于符合相关规定的检验检测机构，逐步采取文件审查、采信机构自我声明等方式，快捷做出是否准予延续、变更资质的决定。

2.资质认定部门应按照国务院行政审批标准化的要求，对审批事项的申请、受理、审查、决定等环节的办理流程进行梳理和规范，合理配置审批权限，优化内部审批流程。

3.资质认定部门应加强资质认定工作信息化建设，充分利用互联网手段，实现申请、审批、发证全流程网上办理，提高审批效率。检验检测机构申请资质认定扩项和复查评审时，如法律地位、管理体制未发生重大变化，可无需提交质量手册、程序文件和原有资质认定证书复印件等材料。

4.资质认定部门应严格落实《关于取消和暂停征收一批行政事业性收费有关问题的通知》（财税〔2015〕102号）要求，不得收取计量认证许可费用，同时积极向同级财政部门申请履行职能所需经费。

5.原已取得食品检验机构资质认定证书（CMAF）的检验检测机构，食品检验机构资质认定证书到期后，不再延续。资质认定部门可视机构具体情况，采用书面或者现场审查的方式，将原有食品检验检测能力纳入其检验检测机构资质认定（CMA）范围。

6.检验检测机构的公章是其依法从事相关活动的证明，检验检测机构在检验检测报告、证书上加盖公章的，视同其加盖检验检测专用章。

（二）鼓励检验检测机构跨地域发展

检验检测机构根据业务发展，需要跨省设立异地检验检测场所的，应依法设立分支机构，并由分支机构所在地省级资质认定部门负责检验检测机构资质认定及证后监管。

三、加强检验检测机构事中事后监管

（一）严格查处虚假检验检测行为

1.未经检验检测或者以篡改数据、结果等方式，出具虚假检验检测数据、结果的，资质认定部门应当撤销其资质认定证书，被撤销资质认定证书的检验检测机构，三年内不得再次申请资质认定。

2.检验检测机构申请资质认定时提供虚假材料或者隐瞒有关情况的，资质认定部门不予受理或者不予许可，检验检测机构一年内不得再次申请资质认定。

（二）规范检验检测机构资质认定投诉举报案件办理

资质认定部门应当及时受理有关检验检测机构资质认定的投诉举报案件，并予以查处。投诉举报内容属于检验检测结果争议、标准使用争议，并无明确违反资质认定相关要求情况的，可将相关检验检测机构纳入重点监管对象。

（三）规范检验检测报告和证书

未加盖资质认定标志（CMA）的检验检测报告、证书，不具有对社会的证明作用。检验检测机构接受相关业务委托，涉及未取得资质认定的项目，又需要对外出具检验检测报告、证书时，相关检验检测报告、证书不得加盖资质认定（CMA）标志，并应在报告显著位置注明"相关项目未取得资质认定，仅作为科研、教学或内部质量控制之用"或类似表述。

（四）严格食品检验机构监管

食品检验机构（或者具备食品检验能力的检验检测机构，在涉及食品检验相关问题时）应同时符合《食品检验机构资质认定管理办法》（质检总局令第165号，以下简称165号令）和《检验检测机构资质认定管理办法》（质检总局令第163号，以下简称163号令）的相关要求。食品检验机构存在相关违规情况的，根据163号令或165号令的规定从重进行处理。

国家认监委

2018年3月7日

（此件公开发布）

国家认监委关于检验检测机构资质认定工作采用相关认证认可行业标准的通知

(2018年5月7日国家认证认可监督管理委员会国认实〔2018〕28号发布)

各省、自治区、直辖市质量技术监督局(市场监督管理部门),中国合格评定国家认可中心,各国家资质认定(计量认证)行业评审组,各有关检验检测机构:

2017年10月16日,国家认监委印发了《国家认监委关于发布2017年第四批认证认可行业标准的通知》(国认科〔2017〕124号),发布了《检验检测机构资质认定能力评价 检验检测机构通用要求》(RB/T 214—2017)等五项涉及检验检测机构资质认定评审和管理的认证认可行业标准。相关行业标准吸收了国际标准最新内容,融合了国内相关管理部门的特殊要求,对检验检测机构资质认定的评审和管理活动进行了进一步规范,充分体现了国务院"放管服"的改革精神,是检验检测机构资质认定制度深化改革的重要成果。

为进一步推进检验检测机构资质管理制度改革完善,经研究,现就相关认证认可行业标准的使用明确如下:

一、使用下列认证认可行业标准作为相关领域检验检测机构的资质认定评审依据

检验检测机构资质认定评审继续遵循"通用要求+特殊要求"的模式。

(一)通用评审要求

《检验检测机构资质认定能力评价 检验检测机构通用要求》(RB/T 214—2017),适用所有检验检测领域。

(二)特定领域评审要求

1.《检验检测机构资质认定能力评价 机动车检验机构要求》(RB/T 218—2017),适用机动车安全技术检验机构、机动车排放检验机构和汽车综合性能检验机构等。

2.《检验检测机构资质认定能力评价 司法鉴定机构要求》(RB/T 219—2017),适用司法鉴定机构。

二、使用《检验检测机构资质认定能力评价 评审员管理要求》(RB/T 213—2017)作为资质认定评审员管理依据

三、使用《检验检测机构资质认定能力评价 食品复检机构要求》(RB/T 216—2017)作为食品复检机构名录公布的条件要求

四、过渡期安排

前述五项认证认可行业标准于2018年6月1日起在检验检测机构资质认定评审和管理中开始试行,2019年1月1日全面实施。

五、文件替代要求

2016年5月31日国家认监委印发的《国家认监委关于印发〈检验检测机构资质认定评审准则〉及释义》《检验检测机构资质认定评审员管理要求》(国认实〔2016〕33号),2015年7月29日发布的《检验检测机构资质认定司法鉴定机构要求》,于2019年1月1

日过渡期结束后失效,由前述认证认可行业标准替代。

特此通知。

附件:

1. 检验检测机构资质认定能力评价 检验检测机构通用要求(RB/T 214—2017)
2. 检验检测机构资质认定能力评价 机动车检验机构要求(RB/T 218—2017)
3. 检验检测机构资质认定能力评价 司法鉴定机构要求(RB/T 219—2017)
4. 检验检测机构资质认定能力评价 评审员管理要求(RB/T 213—2017)
5. 检验检测机构资质认定能力评价 食品复检机构要求(RB/T 216—2017)

国家认监委

2018 年 5 月 7 日

(此件公开发布)

实验室能力验证实施办法

(2006年3月13日 国家认证认可监督管理委员会2006年第9号公告发布，自2006年5月1日起施行)

第一条　为建立规范的实验室能力验证工作机制，根据国务院赋予国家认证认可监督管理委员会（以下简称国家认监委）的职责，制定本办法。

第二条　本办法所称的能力验证，是指利用实验室间指定检测数据的比对，确定实验室从事特定测试活动的技术能力。

第三条　能力验证活动应当遵循科学合理、操作可行、非营利性和避免不必要的重复验证的原则。

第四条　国家认监委依照有关国家标准、国际准则制定有关实验室能力验证工作的基本规范和实施规则，统一监管和综合协调能力验证活动。

第五条　能力验证的组织者应当按照国家认监委制定的实验室能力验证的基本规范和实施规则开展能力验证活动。

第六条　能力验证的组织者应当建立并保存能力验证档案及相关记录，包括：

（一）实施能力验证的有关文件；

（二）能力验证的提供者的资质证明；

（三）能力验证的组织者对能力验证的提供者的确认记录；

（四）能力验证的参加者名单；

（五）能力验证的技术报告；

（六）能力验证结果和后续处理文件。

第七条　能力验证的组织者应当于每年年底向国家认监委报告下一年度的能力验证计划，包括：名称、目的、能力验证的内容和关键技术要素设计、组织单位、实施时间、拟参加实验室的范围和数量、能力验证提供者的资质证明和审核材料等。

国家认监委定期公布经批准的能力验证计划。

第八条　能力验证的提供者应当符合相关国家标准或者技术规范的要求，其技术能力在相应领域和关键技术要素方面领先，并具备可持续性。

第九条　国家认监委组织认可机构等有关方面，对能力验证的提供者是否符合相关国家标准或者技术规范的要求进行评价。符合要求的，国家认监委确定其作为能力验证的提供者。

国家认监委鼓励能力验证的组织者利用经过国家认监委确定的能力验证的提供者。

第十条　能力验证的参加者应当向能力验证的组织者及时反馈相关信息，并保存相关记录。

能力验证结果离群的，应当采取相应的纠正措施。

第十一条 能力验证的组织者应当及时向国家认监委通报年度能力验证计划的完成情况、能力验证结果、后续处理措施等有关事项。

第十二条 组织实验室参加境外机构或者国际组织组织的能力验证的，境内的组织者应当事前将有关情况向国家认监委报告，包括：组织能力验证的境外机构、能力验证的提供者、能力验证内容和时间、参加实验室范围和数量（境内、外的数量）、能力验证结果的使用计划、交纳的费用、能力验证技术报告（可事后补报）等。

承担境外机构组织的能力验证活动的能力验证提供者，也应当将上述有关情况向国家认监委报告。

第十三条 能力验证的组织者应当在能力验证活动完成后向有关方面通报能力验证活动的结果。同时向国家认监委报告能力验证结果，国家认监委定期公布能力验证满意结果的实验室名单。

第十四条 达到满意结果的实验室和能力验证的提供者，在规定时间内接受实验室资质认定、实验室认可评审时，可以免于该项目的现场试验。

鼓励各有关方面利用能力验证的结果，优先推荐或者选择达到满意结果的实验室承担政府委托、授权或者指定的检验检测任务。

第十五条 能力验证的组织者应当对能力验证的提供者和能力验证的实施过程实施有效管理。

第十六条 对于能力验证的结果可疑或者离群的实验室，能力验证的组织者应当要求其在规定期限内进行整改并验证整改效果，也可视情况暂停或者撤销其相关项目的资质认定或者认可，暂停其承担政府授权、委托或者指定的检验检测任务的资格，直到完成纠正活动并经能力验证的组织者确认后，方可恢复或者重新获得认可以及承担政府授权、委托或者指定的检验检测任务的资格。

第十七条 能力验证的提供者违反职业道德，弄虚作假或者泄露机密的，国家认监委或者能力验证的组织者应当取消其承担能力验证的提供者的资格。

能力验证的参加者弄虚作假、进行串通，经查属实的，能力验证组织者视其结果为不满意。情节恶劣的，能力验证组织者应当报告国家认监委，由国家认监委取消其相应项目的检测资质资格。

第十八条 国家认监委可以采取组织专家评议、向实验室征求意见、抽查档案、要求能力验证的组织者和提供者报告能力验证的实施情况等方式，对实验室能力验证活动进行监督。

第十九条 能力验证的参加者对能力验证的结果有异议的，可以向能力验证组织者进行申诉；对违规行为可以向能力验证组织者或者国家认监委进行投诉。

第二十条 下列用语的含义：

本办法所称能力验证的提供者，是指从事能力验证的设计和实施的实验室。

本办法所称能力验证的参加者，是指参加实验室间比对，以确定校准或者检测能力的实验室。

本办法所称的结果可疑，是指按照有关的技术统计方法确定的能力验证结果界于标准认可值（或者中位值）之间的结果。

本办法所称的离群（即结果离群），是指按照有关的技术统计方法确定的明显偏离标准值（或者中位值）的结果。

第二十一条 本办法由国家认监委负责解释。

第二十二条 本办法自二〇〇六年五月一日起施行。

(三) 水 利 部

水利部计量工作管理办法

(1994年5月1日水利部水科教〔1994〕170号发布)

1 总 则

1.0.1 为更好地贯彻执行《中华人民共和国计量法》，加强水利部门计量工作的监督管理，保障国家计量单位制的统一和量值的准确可靠，促进水利行业的技术进步，特制定本《办法》。

1.0.2 本办法适用于各级水利（水电）主管部门（含流域机构）的计量监督管理。

1.0.3 水利行业各事业、企业单位使用的公用和专用计量器具，由水利部计量主管部门依法统一管理。

1.0.4 水利部门除直接使用社会公用的最高计量基准外，根据本部门的需要，建立专用的计量基准器具和标准计量器具。

1.0.5 水利部门管理的，用于结算收费、安全、卫生及水环境检测的计量基准器具和标准计量器具，属部门规定的强检计量器具；其他计量器具为非强检计量器具。

1.0.6 水利部门的企、事业单位制造、修理专用计量器具，如水文仪器、土工仪器、大坝仪器等，必须取得国家计量主管部门考核合格，颁发《制造、修理计量器具许可证》，经部计量主管部门批准，组织生产。

1.0.7 水利部门根据需要成立的"计量检定机构"和"水利水电工程与产品的安全、质量检验测试机构"，应依法开展计量检定和检验测试工作。

2 组 织 机 构

2.0.1 水利部计量主管部门，统一管理全行业的计量工作。

2.0.2 各级水利水电部门（含流域机构）应明确一个归口管理计量工作的单位，并设专职或兼职人员，负责管理计量工作。

2.0.3 水利部门的事业、企业单位，应设有计量管理的职能单位，负责本单位的计量管理工作。

2.0.4 各级水利水电主管部门成立的"计量检定机构"和各类"检验测试机构"，实行分级管理。但其所设机构的组织情况，业务范围等，应报部计量主管部门备案，以便监督检查。

3 管 理 职 责

3.0.1 水利部计量主管部门的职责

（1）贯彻执行国家有关的计量法律、法规、方针政策及其配套规章。推行法定计量单位。

(2) 制定水利部门的计量工作规章并监督实施。

(3) 建立健全水利部门的计量监督管理体系,制定计量工作规划,指导标准计量器具的配备与管理。

(4) 组织水利部门的专用计量基准器具和标准计量器具的建标考核工作。并负责对部属"检定机构"的检定人员进行培训、考核发证。

(5) 组织部级技术监督检验测试机构和为社会提供公正数据的测试实验室的计量认证和计量监督工作。

3.0.2 地方水利水电部门计量管理的职责

(1) 贯彻执行国家发布的计量法律、法规、方针政策。推行法定计量单位。

(2) 制定地方水利水电部门的计量管理规章。

(3) 制定地方水利水电部门的计量工作规划、计划,编制地方企、事业单位的强检计量器具的管理目录。

(4) 组织地方水利水电部门所属的各类检测机构和提供公正数据实验室的计量认证工作。

(5) 组织企、事业单位计量管理人员和计量检定人员的培训、考核、发证工作。

(6) 会同地方技术监督部门参与因计量问题产生的纠纷的处理。

3.0.3 水利水电企、事业单位计量管理的职责

(1) 贯彻执行国家和上级主管部门有关计量工作方面的法律、法规、方针政策。认真执行法定计量单位。

(2) 制定企、事业单位计量工作规划、计划,编制企事业单位(包括高等院校、科研院所、工厂、水电站、变电站、泵站、水文站及水利水电施工企业等)生产工艺流程的计量检测点,绘制计量网络图,经上级计量主管部门批准实施。

(3) 根据生产和经营管理的需要,保证计量器具的准确可靠,编制计量器具的明细表,并确定计量器具的检定周期。

(4) 组织计量工作人员参加培训、考核。

4 计 量 检 定

4.0.1 水利部门使用的社会公用与专用计量器具,由部门所属的计量检定机构,或社会上法定检定机构,按国家和部门制定的检定规程,进行计量检定工作。

4.0.2 水利部门使用的标准计量器具和用于结算收费、安全、卫生及水环境检测方面的,列入强制检定目录的工作计量器具,实行强制检定。实行行业强制检定的工作计量器具目录和管理办法,由部计量主管部门另行规定(发布)。

4.0.3 各水利水电企、事业单位使用的非强制检定的工作计量器具,各单位应制定具体的检定管理制度,编制其工作计量器具的明细表,规定本单位管理的工作计量器具的检周期,进行定期检定。

4.0.4 对于无检定规程的工作计量器具,可按照计量认证考核合格的自编校(检)验方法或用比对的方法进行校准。

4.0.5 未经计量检定机构检定的工作计量器具或经检定不合格的工作计量器具，均可视为失准的计量器具，应停止使用。如经检定尚能符合下一级标准精度者，允许降级使用。

4.0.6 取得制造、修理计量器具许可证的水利水电企、事业单位，应办理经营执照。同时必须对其制造，修理的计量器具进行检定。以确保产品的计量性能合格，并应出具产品（计量器具）的合格证。

4.0.7 水利水电企、事业单位使用的工作计量器具，应经计量检定合格，取得有效合格证书，应具有符合计量器具工作的环境条件，并有比较完善的管理制度等。

4.0.8 水利水电企、事业单位，应建立健全计量器具的技术档案，包括标准计量器具和工作计量器具的目录（或明细表）、检定规程、检定证书、合格证书、操作规程、校（检）验方法、各种检定、检验记录及计量器具的产品技术说明书等。

5 计 量 认 证

5.0.1 水利水电工程与产品的安全、质量检验测试机构和对外出具公正数据的实验室，必须通过国家的（或地方的）计量认证考核。

5.0.2 计量认证的主要内容是：计量检定、测试仪器设备的性能；计量器具的工作环境；考核检测人员的素质；保证量值统一、准确的措施及检测数据公正可靠的管理制度。

5.0.3 部属水利水电工程与产品的安全、质量检验测试机构和为社会提供公正数据的直属科研院所、高等院校等的实验室等的计量认证，可直接向部计量主管部门提出申清，由部计量主管部门统一向国家技术监督局申报，纳入全国计量认证计划。

5.0.4 根据国家技术监督局批准的国家计量认证计划，由水利部门的"国家计量认证水利评审组"负责考核评审，并约请地方计量主管部门参加。即按照《产品质量检验机构计量认证技术考核规范》（JJG 1021—90）和《水利水电工程与产品的安全、质量检验测试机构计量认证考核规程》[JJG（SL）1001—94]，对申请计量认证的单位进行初查、预审及正式评审。评审合格后，由"国家计量认证水利评审组"报国家技术监督局批准发证，同意使用统一的计量认证标志，公布检测机构的名称及检测的项目范围。

5.0.5 地方水利水电部门所属的技术监督检验测试机构和为社会出具公正数据的科研机构，大专院校的实验室，其计量认证应向当地同级计量主管部门提出申请，纳入地方计量认证计划。在进行计量认证时，地方技术监督部门应约请"国家计量认证水利评审组"参加评审考核。评审合格后由地方技术监督部门批准，发给计量认证合格证书。

5.0.6 已经取得计量认证合格证书的技术监督检验测试机构和对外提供公正数据的实验室，需要增加检测项目时，应按规定申请单项计量认证。

5.0.7 各级技术监督检验测试机构和对外提供公正数据的实验室的计量认证证书，有效期为五年，有效期满前半年应申请复审，经复审合格者，可延长五年。

当计量认证合格证书有效期已满，逾期不提出申请的，由发证单位注销其计量认证合格证书，停止其使用计量认证标志。

6 计 量 监 督

6.0.1 水利部的计量主管部门会同地方技术监督部门，对已通过计量认证的各级、各类技术监督检验测试机构和为社会提供公正数据的实验室进行计量监督。

6.0.2 水利部门的计量检定机构,应按规定对本行业(或对社会)依法进行计量检定,定期填报统计报表,并接受部计量主管部门的监督。

6.0.3 部计量主管部门对获得制造、修理计量器具的企、事业单位的标准计量器具,进行定期或不定期的监督检查,确保生产出厂或修理的工作计量器具的准确、可靠。

6.0.4 水利部门的计量检定机构中的检定人员,必须通过部计量主管部门考核合格,取得计量检定人员证书,方可持证上岗,从事计量检定工作。凡未取得检定员证书者,一律不得从事计量检定工作。

6.0.5 由部计量主管部门授权,部级技术监督检验测试机构和计量检定机构派员对水利水电企事业单位,如基建施工、水电生产、安装调试、水文测验等单位,进行计量监督检查时,被检单位应积极配合,并应提供正常的工作条件,不得以任何理由妨碍或拒绝检查。

6.0.6 经认证合格的技术监督检验测试机构和为社会提供公正数据的实验室,经监督检查凡失去其公正地位的,发证单位应吊销其计量认证合格证书,停止其使用计量认证标志。

6.0.7 未经计量认证的各类检测机构和实验室,其提供的检测数据,均不具有法律效力,一旦发现将按违法论处。

7 计 量 经 费

7.0.1 为保证水利水电计量工作的正常开展,各级水利部门每年应划拨专款作为计量工作经费。部拨计量经费,由部计量主管部门统一管理。

7.0.2 各级水利(水电)部门对水利水电工程与产品的安全、质量进行强制性监督抽查时,其检测人员的活动费用,应由主管部门负责,被抽查(检查)单位应提供检测条件,积极配合。

7.0.3 各级技术监督检验测试机构和对社会提供公正数据的实验室,在开展正常检验测试服务中,一律实行有偿服务,其收费办法和收费标准,应按有关规定执行。

7.0.4 水利水电企、事业单位的计量工作经费,根据情况,可将计量经费列入更改资金,供电、供水的补贴费或计入成本等。

7.0.5 各级计量主管部门应大力协助建设单位审定重大基建项目的计量计划,作好计量经费预算。其计量经费应包括按生产流程确定的计量检测点及其网络,所需配备的计量器具,改善计量器具的工作环境,以及计量管理、检验、培训经费等。

8 奖 惩

8.0.1 各级水利(水电)计量主管部门,对在计量工作中作出突出成绩的计量管理、检定、测试等先进集体和先进个人,应按有关规定给予表彰和奖励。

8.0.2 计量检定人员犯有下列行为之一者,应给予行政处分,构成犯罪的,应依法追究其刑事责任:

(1)伪造检定数据;

（2）出具错误数据，给送检单位造成损失；
（3）未取得计量检定员证书，从事计量检定；
（4）违反计量检定规程；
（5）使用未经考核合格的计量标准器具进行计量检定。

8.0.3 对违反计量法规，工作失职造成损失者，应给予处分；对揭发违反计量法规的人员，经查实，应给予表扬和奖励。

8.0.4 各级技术监督检验测试机构和为社会出具公正数据的实验室以及计量检定机构，由于管理不善，造成生产事故等经济损失的，对其直接和间接责任者，应处以行政处分或罚款，构成犯罪的，应依法追究其刑事责任。

9 附 则

9.0.1 本办法由水利部计量主管部门负责解释。

9.0.2 本办法自发布之日起实施。

水利水电工程与产品的安全、质量检验测试机构管理办法

(1994年5月1日水利部水科教〔1994〕171号发布)

1 总　　则

1.0.1　为适应水利水电现代化建设的需要,加强水利水电工程与产品的安全、质量检验测试机构和各类测试实验室(以下简称"水利水电检测机构")的管理,提高监测水平,特制定本《办法》。

1.0.2　本《办法》适用于各级水利水电部门及流域机构组建的"水利水电工程与产品的安全、质量检验测试机构"的管理。部属各企事业单位组建的各类检测机构可参照执行。

1.0.3　水利水电检测机构的组织机构、人员素质、仪器设备、检测工作、环境条件及管理制度等方面,应符合国家有关规定。

1.0.4　水利水电检测机构宜设在科研院所或高等院校,根据条件择优确定。设在上述单位的"水利水电检测机构"应分设,并应配备一定数量的专职和兼职检测人员。

1.0.5　部级"水利水电检测机构"的规划、筹建及管理,由部技术监督主管部门会同有关业务部门进行,并由部技术监督主管部门归口管理。重大问题的决策报部总工程师核定,呈部长批准执行。各流域机构和地方水利水电部门组建的各类"水利水电检测机构",应报部技术监督主管部门备案。

2 职　　责

2.0.1　"水利水电检测机构"的主要任务有:

(1)对水利水电基本建设工程的安全、质量进行监督、检测;对优质工程进行测试鉴定。

(2)对部管产品进行分等分级的检验测试;对实行生产许可证的产品质量进行检(监)测发证;对重要新产品的投产进行测试鉴定;对产品质量的争议进行检测仲裁。

(3)受委托承担制定(修订)水利水电技术标准中的国家标准、行业标准及水利水电专用计量器具的检定规程和校(检)验规程。

(4)组织"水利水电检测机构"各类检(监)测人员进行技术培训和技术考核工作。

2.0.2　水利水电检测机构出具的测试数据和检测报告应具有公正性、科学性、先进性。其检测手段准确,检(监)测结果符合国际标准、国家标准及行业标准的要求。

2.0.3　"水利水电检测机构"的工作人员在业务活动中应持证上岗、奉公守法、秉公办事。应当为被监测单位保守技术秘密,未经批准不得公布或泄露其检测结果。

2.0.4　"水利水电检测机构"的工作人员,不应从事与监测业务有关的技术开发、技术改造等影响检(监)测公正性的业务活动。

2.0.5　各类"水利水电检测机构"在从事检(监)测工作中,除应用本单位的仪器设备

外,必要时,可利用经检定合格的受检单位实验室内及现场的仪器设备。

2.0.6 各类"水利水电检测机构"应向工程建设单位和产品生产企业及其上级主管部门反映监督与检测情况,并对检验测试中存在的问题提出建议和意见。

3 计 量 认 证

3.0.1 凡为社会提供公正数据的"水利水电检测机构"和"测试实验室",均应按国家技术监督局发布的《计量认证管理办法》的规定和《产品质量检验机构计量认证技术考核规范》(JJG 1021—90)以及《水利水电工程与产品的安全、质量检验测试机构计量认证考核规程》[JJG(SL)1001—94]进行计量认证。

3.0.2 以下水利水电检测机构和测试实验室的计量认证由《国家计量认证水利评审组》受理申请计划和组织评审工作。

(1) 部级"水利水电工程与产品的安全、质量检验测试中心";
(2) 各流域机构组建的工程质量与水环境监测中心;
(3) 地方水利水电部门的水环境监测中心;
(4) 部属水利水电科研院所的实验中心;
(5) 部属高等院校的实验中心或测试实验室。

其他"水利水电检测机构"的计量认证工作,由地方计量行政主管部门负责组织实施。

3.0.3 经计量认证考核合格的水利水电检测机构,统一由"国家计量认证水利评审组"报国务院计量行政主管部门审查批准,发给"计量认证合格证书",明确其检测范围,同意使用统一的计量认证标志。

3.0.4 凡取得"计量认证合格证书"的水利水电检测机构和测试实验室,其所提供的数据,用于贸易出证,工程与产品的安全、质量评价,成果鉴定等作为公正数据,具有法律效力。

3.0.5 各级各类水利水电检测机构的名称,除国家级和部级检测机构可以冠以"中国""全国""水利部"字样外,其他检测机构一律不得冠以上述具有全国性的字样,以免产生名称的混淆。

3.0.6 "计量认证合格证书"的有效期为五年,各检测机构应在期满前半年申请复查,经复查合格者,换发"计量认证合格证书"。逾期不申请复审或复审不合格,或失去公正地位的检测机构,将注销其"计量认证合格证书",停止其使用计量认证标志。各主管部门应对其进行限期整改,如果仍无法通过计量认证者,应取消其作为各主管部门的检测机构。

4 管 理

4.0.1 各级各类水利水电部门组建的检测机构,经计量认证合格后,该机构的原隶属关系不变,其检(监)测业务应接受各有关业务部门指导,并统一由各级水利水电计量主管部门归口管理。

4.0.2 部级水利水电检测机构每年应向部计量主管部门报告一次工作,重要情况和问题应及时报告。部计量主管部门应对部级检测机构的工作进行监督、检查和指导。

各流域与地方建立的水利水电检测机构,每年也应向其计量主管部门报告一次工作,并抄报部计量主管部门。

4.0.3 各级各类水利水电检测机构的主要负责人应相对稳定,其主任、副主任、技术负责人及质量保证负责人的变动,须征得该机构的计量主管部门的同意。

4.0.4 各级各类水利水电检测机构均属非盈利性的事业单位,其在开展检测活动时,一律实行有偿服务,并按有关规定收取检测费用。

水利水电检测机构设立独立账户的,应加强管理,检测机构的收入主要用于检测服务的成本,包括工资、奖金、旅差费,仪器设备的校验、维修、改造及运输费,办公费,检测人员的培训、考核费等。检测机构的事业经费各挂靠单位应按有关规定给予支持,检测机构的收入,挂靠单位不得挪用或占用。

4.0.5 各级各类水利水电检测机构,在业务活动中提供的检测数据,被检单位或其他单位如有异议,可向检测机构提出复查要求,经复查(复测)后仍有争议者,可向该检测机构归口管理的主管部门报告,并由其组织协调或仲裁。

4.0.6 各级各类水利水电检测机构的检测人员应按有关规定进行考核,考核合格者发给证书,持证上岗。

各检测机构应禁止无证上岗进行检测工作。

4.0.7 各级各类水利水电检测机构,应制定保证量值统一、准确的措施和检测数据公正可靠的管理制度,严格执行送检、抽检样品规定,不得随意增加和滥用样品。

5 奖　　惩

5.0.1 水利水电计量主管部门对于管理水平高,团结协作好,完成任务突出的检测机构,经评审将授予水利部先进集体称号,并给予一定的物质奖励。

5.0.2 对于管理混乱,检测制度不能执行,工作质量差并造成不良后果的检测机构,将视其情节轻重,给予批评教育,限期整改,直至吊销计量认证合格证书等处分。

5.0.3 对于不遵守制度,不守纪律造成工作失误、泄密或弄虚作假的检测人员,将视其不同情况,给予批评教育、行政处分、经济罚款等处分;对情节严重,累教不改者,处以吊销检定员证书的处分;如有触犯刑律者,将依法追究其刑事责任。

6 附　　则

6.0.1 本《办法》由水利部计量主管部门免责解释。

6.0.2 本《办法》自公布之日起执行。

关于发布《水利行业检验检测机构资质认定评审程序规定》的通知

(2016年10月11日水利部水国科〔2016〕367号发布)

部机关各司局，部直属各单位，各省、自治区、直辖市水利（水务）厅（局），各计划单列市水利（水务）局，新疆生产建设兵团水利局：

根据《检验检测机构资质认定管理办法》（国家质检总局令第163号）的有关规定，结合水利行业实际，我部对《水利行业计量认证程序规定》（水国科〔2010〕503号）进行了修订，修订后更名为《水利行业检验检测机构资质认定程序规定》，现印发你们，请遵照执行。

各单位在实施过程中，应注意总结经验，发现问题请及时函告部国际合作与科技司。

附件：水利行业检验检测机构资质认定评审程序规定

水利部
2016年10月11日

附件：水利行业检验检测机构资质认定评审程序规定

第一章 总 则

第一条 为提高水利行业检验检测机构资质认定工作质量，规范水利行业检验检测机构资质认定程序，根据《中华人民共和国计量法》和《检验检测机构资质认定管理办法》等有关规定，结合水利行业实际，制定本规定。

第二条 本规定适用于水利行业检验检测机构的资质认定工作。

第三条 水利行业检验检测机构资质认定的评审类型包括首次评审、复查评审、变更评审及监督检查。

第二章 组织机构与职责

第四条 国家计量认证水利评审组（设在水利部国际合作与科技司，以下简称部主管机构）在国家认证认可监督管理委员会（以下简称国家认监委）指导下，归口管理水利行业检验检测机构资质认定的评审工作，其日常工作由国家计量认证水利评审组办公室具体承担。

第五条 部主管机构在国家有关检验检测机构资质认定评审标准的基础上，参考相关国际标准，结合水利行业特点和实际需求，制定水利行业检验检测机构资质认定评审标准。

第六条 部主管机构监督管理水利行业承担水利水电工程与产品的安全与质量检测、水资源与水环境监测任务的检验检测机构。

第三章 申 请 与 受 理

第七条 申请首次评审、变更评审的检验检测机构可随时向办公室提交申请；申请复查评审的检验检测机构应在检验检测机构资质认定证书（以下简称证书）有效期届满前至少3个月，向办公室提交申请。

第八条 申请首次评审、复查评审的检验检测机构，应提交下列书面材料一式两份：
（一）检验检测机构资质认定申请书（以下简称申请书）；
（二）法人证明文件或非独立法人检验检测机构的法人授权文件；
（三）检验检测机构设置的批准文件；
（四）检验检测机构最高管理者任命文件；
（五）固定场所产权/使用权证明文件；
（六）现行有效的质量手册；
（七）现行有效的程序文件；
（八）典型检验检测报告；
（九）近期参加能力验证的证明材料（如果有）。

第九条 检验检测机构在证书有效期内出现下列情况之一时，应向办公室提出变更评审申请：
（一）增加检验检测项目（参数）；
（二）标准变更涉及新增仪器设备及方法等实质性变化；
（三）检验检测场所及地址变更。

第十条 申请变更评审的检验检测机构，应提交下列书面材料一式两份：
（一）申请书；
（二）近期参加能力验证的证明材料（如果有）。

第十一条 办公室负责组织对申请材料的完整性和规范性进行审查，并在5个工作日内，作出如下处理：
（一）材料符合要求的，予以受理；
（二）材料存在一般问题的，应在5个工作日内一次性告知需要补正的全部材料，符合要求后受理；逾期不告知的，自收到申请材料之日起视为受理；
（三）材料多项不符合要求的，不予受理。

第十二条 办公室根据受理的检验检测机构申请情况，编制水利行业检验检测机构资质认定评审计划，由部主管机构审核后上报国家认监委，纳入国家检验检测机构资质认定评审计划。

第四章 现 场 评 审 准 备

第十三条 检验检测机构可向办公室申请进行预评审。

第十四条 预评审参照《水利行业检验检测机构资质认定现场评审细则》执行，其中部分环节可适当简化。预评审只提整改意见，不作评审结论。

第十五条 对首次评审和变更评审，办公室应在现场评审前 1 个月提出现场评审组人员建议名单和评审日期，经部主管机构审核、国家认监委审批后，下达评审通知。

对复查评审，办公室应在证书有效期满前 3 个月提出现场评审组人员建议名单和评审日期（评审日期不得晚于证书有效期满前 2 个月），经部主管机构审核、国家认监委审批后，下达评审通知。

第十六条 现场评审组组成要求：

（一）现场评审组主要由国家计量认证水利评审组评审员（以下简称评审员）组成，必要时可聘请不多于两名具有相关专业高级职称的技术专家参加；

（二）人数一般为 5 人，根据检验检测机构规模大小、申请认证项目（参数）的多少和评审类型可适当增减。首次评审或复查评审的现场评审组人数可适当增加，变更评审的现场评审组人数可适当减少；

（三）首次评审或复查评审的现场评审组应配备 1 名由检验检测机构所在省（自治区、直辖市）质量技术监督行政主管部门选派的资质认定评审员；

（四）现场评审组设管理要求组和技术要求组；

（五）现场评审组设组长 1 名，技术要求组和管理要求组组长各 1 名；

（六）必要时，可增派观察员。

第十七条 办公室应在现场评审前至少 15 个工作日将评审通知发至检验检测机构和现场评审组成员，并将申请书、质量手册、程序文件和典型检测报告等相关材料交现场评审组组长（以下简称组长）。

第十八条 组长接到评审通知后，应及时与办公室、现场评审组成员及检验检测机构联系。现场评审组应审阅申请材料，编制资质认定现场评审日程表。组长可根据需要，与办公室和检验检测机构协商，安排对其进行预访问。预访问成员由组长从现场评审组成员中选派。

第十九条 组长应在评审员或者技术专家的配合下，对检验检测机构提交的申请材料进行审查，对检验检测机构的工作类型、能力范围、检验检测资源配置以及管理体系运作所覆盖的范围进行了解，并依据《检验检测机构资质认定评审准则》及相应的技术标准，对申请人的《质量手册》《程序文件》等进行文件符合性审查，对管理体系的运行予以初步评价。

第二十条 组长应当在收到申请材料 10 个工作日内完成材料审查。当材料不符合要求时，及时通知检验检测机构更改。

第五章 现场评审及整改

第二十一条 现场评审应在国家认监委受理申请后 45 个工作日内完成（含提交评审结论），由于检验检测机构自身原因导致无法在规定时限内完成的情况除外。

第二十二条 现场评审时间一般安排 3 天；对规模较小、申请项目（参数）较少或评审类型为变更评审的检验检测机构，评审时间可适当缩短；对多场所、规模较大、申请项目（参数）较多或评审类型为首次评审、复查评审的检验检测机构，评审时间可适当延长。

第二十三条 现场评审执行《水利行业检验检测机构资质认定现场评审细则》。

第二十四条 现场评审结束后，检验检测机构在商定的时间内对现场评审组提出的不符合项和基本符合项进行整改，整改时间不超过30个工作日。整改完成后形成书面材料报组长确认；组长在收到检验检测机构的整改材料后，应在5个工作日内完成验证，向办公室上报评审相关材料。

第二十五条 评审结论分为"符合""基本符合""基本符合需现场复核"和"不符合"四种。对后三种结论应分别作如下处理：

（一）评审结论为"基本符合"的，检验检测机构应根据现场评审组提出的不符合项和基本符合项，在现场评审组规定的时间内（不超过30个工作日）完成整改，编写整改报告，并附整改见证材料，报组长确认并签署意见；

（二）评审结论为"基本符合需现场复核"的，应采取现场检查的方式进行验证。检验检测机构应根据现场评审组提出的不符合项和基本符合项，在30个工作日内完成整改，将整改报告及其整改见证材料报组长；组长应在收到检验检测机构整改材料后5个工作日内，组织2～3名评审员，针对不符合项和基本符合项整改情况进行现场验证，确认其符合要求后，在整改报告（含整改见证材料）上签署意见；

（三）评审结论为"不符合"的，上报国家认监委。检验检测机构可在自行整改后，重新提交资质认定申请。

第二十六条 遇到如下情况，现场评审组应请示办公室，经同意后可终止评审：

（一）检验检测机构无合法的法律地位；

（二）检验检测机构人员严重不足；

（三）检验检测机构场所与检验检测要求严重不满足；

（四）检验检测机构缺乏必备的仪器设备和标准物质；

（五）检验检测机构管理体系严重失控；

（六）检验检测机构存在严重违法违规问题。

第六章 审批及发证

第二十七条 现场评审组应会同检验检测机构在评审工作（包括实施整改）结束后10个工作日内，由检验检测机构正式行文办公室报送相关材料。

第二十八条 首次评审和复查评审后报送下列材料：

（一）资质认定工作准备情况（首次评审）或总结汇报材料（复查评审）1份；

（二）申请书2份；

（三）检验检测机构资质认定评审报告（以下简称评审报告）2份；

（四）检验检测机构资质认定证书附表（以下简称附表）清样1份；

（五）评审报告和附表的电子文本（光盘）1份；

（六）经组长签署意见的整改报告及整改见证材料（盖检验检测机构公章）2份；

（七）理论考试材料汇编1份；

（八）现场操作考核资料（包括任务通知书、原始记录等）汇编1份；
（九）现场操作考核的典型检测报告2份；
（十）近期出具的典型检测报告2份；
（十一）现行有效质量手册1份（如评审后有修改）；
（十二）现行有效程序文件1套（如评审后有修改）；
（十三）检验检测机构资质认定现场评审日程表（组长签字）；
（十四）检验检测机构资质认定现场评审签到表（首次会议、末次会议及座谈会）；
（十五）报送材料的清单1份。

第二十九条 变更评审后报送以下材料：
（一）资质认定变更评审准备情况汇报材料；
（二）申请书2份；
（三）评审报告2份；
（四）附表清样1份；
（五）评审报告和附表的电子文本（光盘）1份；
（六）经组长签署意见的整改报告及整改见证材料（盖检验检测机构公章）2份；
（七）现场操作考核资料（包括任务通知书、原始记录等）汇编1份；
（八）现场操作考核的典型检测报告2份；
（九）近期出具的典型检测报告2份；
（十）检验检测机构资质认定现场评审日程表（组长签字）；
（十一）检验检测机构资质认定现场评审签到表（首次会议、末次会议及座谈会）；
（十二）报送材料的清单1份。

第三十条 办公室负责组织对评审材料进行审查：
（一）材料符合要求的，经部主管机构审核，报国家认监委审批；
（二）材料不符合要求的，由组长会同检验检测机构补充、完善；
（三）材料严重失实的，经部主管机构审核，另派现场评审组重新进行评审，或建议国家认监委审批不予通过。

第三十一条 经国家认监委审批符合要求的，由国家认监委颁发批准材料：对于首次评审和复查评审的检验检测机构，颁发证书和附表；对于增加检验检测能力的检验检测机构，颁发增加检验检测项目（参数）部分的附表；对于标准变更涉及新增仪器设备及方法等实质性变化的检验检测机构，颁发标准变更所涉及的项目（参数）部分的附表；对于涉及检验检测场所变更评审的检验检测机构，颁发标明新地址的证书和附表。

第七章 监督、变更及复查评审

第三十二条 在证书有效期内，办公室应至少进行一次监督检查。当检验检测机构的环境条件、检测人员、仪器设备发生较大变化，或发生检验检测质量事故、用户投诉时，应组织不定期的监督检查；根据评审组反馈的评审情况，可对检验检测机构进行监督抽查；必要时，对检验检测机构进行专项监督检查。

第三十三条 检验检测机构在证书有效期内出现下列情况之一时，应向办公室提出变更申请：

（一）检验检测机构的名称发生变更的，需提交资质认定名称变更审批表并附名称变更证明文件、原资质认定证书复印件；

（二）检验检测机构法人性质（适用于法人单位）或所在法人单位名称或性质（适用于非法人单位）发生变更的，需提交法人性质变更审批表；

（三）检验检测机构通讯地址发生变更的，需提交地址变更申请及相关证明材料；

（四）检验检测机构法定代表人、最高管理者、技术负责人、授权签字人发生变更的，应填报人员变更备案审批表，并提交任命或聘任文件；授权签字人变更的需同时提交授权签字人申请表，经国家认监委批准后方可履行授权签字人职责；

（五）检验检测机构管理体系做出重大调整的，应将新版质量手册和程序文件上报办公室备案；

（六）检验检测标准（包括产品标准和方法标准）变更不涉及实际检验检测能力变化时，检验检测机构应填报标准（方法）变更审批表；

（七）资质认定检验检测项目取消的，除填报取消检验检测能力审批表外，还需提交取消能力后的新附表电子版。

第三十四条　办公室在收到检验检测机构提交的变更申请文件后 5 个工作日内，作出如下处理：

（一）对于法人性质变更、人员变更，经确认变更申请文件符合相关要求后，报国家认监委办理变更及备案；

（二）检验检测机构资质认定名称变更的，需经部主管机构审核同意，报家认监委审核通过后换发新的证书和附表；

（三）检验检测机构通讯地址发生变更的，报国家认监委审核通过后颁发新地址的证书；

（四）标准变更不涉及实际检验检测能力变化时，检验检测机构如通过自我声明具备新标准（方法）所需相应资质认定条件，经所在单位技术负责人审查同意，由办公室报国家认监委审核通过后使用；检验检测机构如向办公室申请组织技术专家进行书面审查，由办公室组织有关技术专家填写审查意见后，报国家认监委审核通过后使用；

（五）检验检测机构资质认定检验检测项目取消的，经确认变更申请文件符合相关要求，报国家认监委审批通过后颁发新附表。

第三十五条　证书有效期满前应进行复查评审。逾期未提出复查评审申请的，上报国家认监委，注销其证书，停止使用资质认定标识。

第八章　附　　则

第三十六条　本规定自二〇一六年十月十一日起实施，原《水利行业计量认证程序规定》（水国科〔2010〕503 号）同时废止。

关于发布《水利行业检验检测机构资质认定现场评审细则》的通知

(2016年9月27日水利部水国科〔2016〕15号发布)

部机关各司局，部直属各单位，各省、自治区、直辖市水利（水务）厅（局），各计划单列市水利（水务）局，新疆生产建设兵团水利局：

根据《检验检测机构资质认定管理办法》（国家质检总局令第163号）和《检验检测机构资质认定评审准则》（国认实〔2016〕33号）的有关规定，结合水利行业实际，我部对《水利行业计量认证现场评审细则》（水国科〔2010〕504号）进行了修订，修订后更名为《水利行业检验检测机构资质认定现场评审细则》，现印发你们，请遵照执行。

各单位在实施过程中，应注意总结经验，发现问题请及时函告部国际合作与科技司。

附件：水利行业检验检测机构资质认定现场评审细则

水利部国科司
2016年9月27日

附件：**水利行业检验检测机构资质认定现场评审细则**

第一章 总 则

第一条 为规范和统一水利行业检验检测机构资质认定（以下简称资质认定）现场评审工作，提高水利行业资质认定现场评审工作质量，根据《水利行业检验检测机构资质认定程序规定》，结合水利行业资质认定现场评审工作实际情况，制定本细则。

第二条 本细则适用于国家计量认证水利评审组办公室（以下简称办公室）组织的资质认定现场评审工作。

现场评审类型包括：首次评审、复查评审、变更评审及监督检查。

第三条 水利行业资质认定现场评审按照国家和水利行业资质认定评审标准（以下简称评审标准），对水利检验检测机构的法律地位、独立性、公正性、管理体系、检测技术能力范围等做出全面、客观的评价和结论。

第四条 办公室按照国家资质认定主管部门（以下简称国家主管部门）下达的国家资质认定评审计划，组织现场评审组对检验检测机构进行现场评审。

第五条 现场评审应执行资质认定评审标准的规定，通过聆听、察看、查阅、问询、考核等方法，对检验检测机构进行审核、评定，判定其组织机构、人员、工作场所和环境、设备设施、管理体系等能否保证出具公正、科学、准确、可靠的检测数据。

第六条　对于多场所检验检测机构的现场评审，应覆盖所有场所。

第二章　首次评审和复查评审

第七条　首次评审和复查评审按以下程序进行：预备会议、首次会议、察看实验室、查阅档案资料、现场操作考核、理论考试、座谈考核、授权签字人考核、现场评审组汇总情况、与检验检测机构负责人沟通、末次会议。

第八条　预备会议

预备会议由现场评审组组长（以下简称组长）主持，主要内容包括：检验检测机构介绍各项准备工作情况；现场评审组介绍检验检测机构文件审查情况；明确现场评审要求，统一有关判定原则；制定现场评审工作计划、确定评审人员分工、布置评审任务、说明评审注意事项；听取评审组成员有关工作建议，解答评审组成员疑问。

（一）参加人员

1. 现场评审组全体成员、观察员（若有）。

2. 检验检测机构负责人及技术负责人、质量负责人和办公室主任，必要时可扩大至检验检测机构的检测室（试验室）主任。

3. 多场所检验检测机构可根据实际情况，必要时扩大至各场所负责人或代表。

（二）现场评审工作计划的制定

现场评审工作计划的内容包括：现场评审日程、现场操作考核计划（包括考核项目和参数、考核形式、人员等）、理论考试计划（包括考试人员）、座谈考核计划、授权签字人考核计划等。

（三）现场评审组分工

现场评审组分为管理要求组和技术要求组，通常按评审标准中管理要求和技术要求分别开展评审活动。组长应明确本次现场评审的重点和注意事项、每个评审员承担的任务、现场评审记录表格的填写要求等。

1. 管理要求组负责评审标准中管理要求评审；主持理论考试，抽查与管理要求相关的档案记录。

2. 技术要求组负责评审标准中技术要求评审，主持现场操作考核，包括现场操作考核过程、样品的处置与管理情况，以及检测能力范围和人员技术能力水平的考核。

3. 管理要求组和技术要求组应密切合作、互相配合，在评审中既有管理要求，又有技术要求的，如座谈考核、授权签字人考核等，应由管理要求组和技术要求组共同进行。

4. 对于多场所检验检测机构，现场评审组视需要可分为2～4个评审小组，每个小组不宜少于2人，设小组长1名，由组长指定。

第九条　首次会议

首次会议由组长主持，时间一般不超过60分钟。检验检测机构负责组织签到，记录会议内容。

（一）参加人员

1. 现场评审组全体成员、观察员（若有）。

2. 检验检测机构主要负责人及其指定的参加首次会议的人员。

3. 多场所检验检测机构的各场所负责人或代表。

（二）会议议程

1. 组长宣布首次会议正式开始。

2. 办公室派员或授权组长宣读评审通知和现场评审组成员名单。

3. 组长宣布评审目的、范围、评审依据、评审日程和现场评审组分工情况等。

4. 组长代表现场评审组成员承诺，坚持实事求是的评审原则，做到认真、准确、客观、公正，并向检验检测机构做出保密的承诺。

5. 组长对检验检测机构提出要求，强调检验检测机构应配合现场评审组工作，提供评审组工作场所及评审工作所需资源等事项。

6. 检验检测机构负责人讲话。

7. 检验检测机构介绍资质认定评审准备工作情况及获证以来工作总结（应有书面报告）。

8. 组长宣布检验检测机构现场操作考核项目（参数）及参加现场操作考核、理论考试、座谈考核、授权签字人考核的人员名单。

第十条 察看检验检测机构场所

现场评审组应察看检验检测机构的所有场所，包括检测室（试验室）、样品室、档案资料室、仪器仪表室和其他有关部门或场所；同时听取检验检测机构各部门的简要介绍，并询问有关情况。

第十一条 查阅档案资料

现场评审组成员应查阅检验检测机构的有关管理体系、工作程序、人员、仪器设备、检测方法、环境与设施、样品处置、质量控制和能力验证活动以及质量记录、技术记录、检测报告或证书等信息，依据评审标准要求和管理体系文件规定等进行评价，确定不符合项和基本符合项。

第十二条 现场操作考核

（一）首次评审和复查评审均应进行现场操作考核。

（二）参加现场操作考核的检验检测人员应在领取考核任务后 24 小时内完成现场操作考核，向技术要求组提交检验检测报告和完整的原始记录。

（三）现场操作考核的形式可选择盲样考核、人员比对、仪器比对、样品复测、报告验证、见证试验，对于水环境监测类项目（参数）应采用盲样考核。在现场操作考核过程中，评审员应对参加考核人员的技术水平、仪器设备的操作、数据记录、报告编写等方面进行全面考核。

（四）现场操作考核项目（参数）的选择应有代表性，有一定的难度，能覆盖检验检测机构申请资质认定项目（参数）的类别范围和主要仪器设备，原则上不得与上次复查评审时考核参数重复。现场操作考核项目（参数）的数量不应少于检验检测机构申请认证项目（参数）总数的 15%。

（五）现场评审组确定现场操作考核项目（参数），报办公室审核确认。经办公室确认后的考核项目（参数）不得变更。

（六）检验检测机构为多场所的，现场操作考核应在各场所分别进行。

（七）现场操作考核的水质参数考核样品（盲样），由办公室按确认的考核项目（参数）提供两套，其中一套为备用考核样。检验检测机构提交现场操作考核结果后，由技术要求组将现场操作考核结果传报办公室，经评定后再将评定结果反馈现场评审组。

（八）经现场操作考核，不合格项目（参数）占考核项目（参数）总数20%以下的，允许补考或启用备用考核样重新考核；若不合格项目（参数）占20%以上或补考结果仍不合格的，对这些项目（参数）的评审不予通过，不列入检验检测机构的技术能力范围。待检验检测机构采取整改措施并证明具备条件后，再申请变更评审。

第十三条 理论考试

（一）首次评审和复查评审均应进行理论考试。

（二）理论考试内容包括计量法律法规、计量基础知识、资质认定基础知识、数据处理、专业基础理论等。试卷由办公室提供。

（三）理论考试采取书面方式，考试时间为90分钟。试卷满分为100分，60分为合格线。

（四）参加理论考试的人数应占检验检测人员总数的20%以上，且不得少于4人，不宜超过40人。参加理论考试人员应从各类检测项目的检验检测人员中抽选。检验检测机构为多场所的，各场所均应有检验检测人员参加理论考试。

（五）若有20%参加理论考试的人员成绩不合格，检验检测机构必须在规定的整改期限内开展培训，并由现场评审组重新组织考试。

（六）在不影响评审工作进度的前提下，部分检验检测人员可分别参加理论考试和现场操作考核。

第十四条 座谈考核

（一）座谈考核主要是对检验检测机构的负责人和其他相关人员的考核。内容包括《中华人民共和国计量法》基础知识、检验检测机构组织及管理情况、对管理体系的建立和运行的认识，以及对各自职责权限、管理体系文件的熟悉程度等。座谈考核中，检验检测机构技术负责人和质量负责人不得代替其他被考核人员回答现场评审组的提问。

（二）座谈考核以座谈会的形式进行。由组长主持，现场评审组成员、检验检测机构负责人、技术负责人、质量负责人、业务办公室主任、各场所的负责人、检测室（试验室）主任参加，必要时可扩大到相关管理和检验检测人员。

第十五条 授权签字人考核

（一）现场评审组应对所有授权签字人进行考核。

（二）对授权签字人考核的主要内容包括：

1. 是否具备相应的工作经历；
2. 是否具备相应的职责权利；
3. 是否熟悉或掌握检验检测技术及实验室管理程序；
4. 是否熟悉或掌握所承担签字领域的相应技术标准方法；
5. 是否熟悉检验检测报告审核签发程序；
6. 是否具备对检验检测结果做出相应评价与判断的能力；
7. 是否熟悉评审标准及其相关法律法规技术文件的要求。

（三）授权签字人经考核合格者，应明确写进评审报告。

（四）对授权签字人考核可单独进行，也可与对检验检测机构负责人的座谈考核结合进行。

第十六条 现场评审组汇总情况

在现场评审和考核中，每位评审员应填写"评审记事本"。当基本完成管理体系的评审和现场操作考核、理论考试、座谈考核、授权签字人考核后，组长应及时组织内部交流会，将每位评审员观察到的结果及证据进行逐一讨论，并形成评审记录和评审结论初稿。现场评审组召开内部交流会时，检验检测机构人员应回避。

第十七条 与检验检测机构负责人沟通

（一）由组长主持，现场评审组将评审情况与检验检测机构负责人及相关人员沟通，取得共识；对未达成共识的可采取必要的补充评审，以便最终达成共识。

（二）根据与检验检测机构负责人沟通的结果，现场评审组完善评审结论和整改意见。

（三）检验检测机构对现场评审结果、结论以及评审员的工作有异议时，可提出不同意见，并可直接向办公室反映。

第十八条 末次会议

末次会议由组长主持，时间一般不超过 60 分钟。由检验检测机构负责组织签到、记录并保存。

（一）参加人员

1. 评审组全体成员、观察员（若有）；
2. 检验检测机构负责人及相关人员；
3. 多场所检验检测机构各场所负责人及相关人员；
4. 检验检测机构的上级主管部门负责人。

（二）会议议程

1. 组长代表现场评审组向检验检测机构通报评审情况，并宣读评审结论和整改意见；
2. 检验检测机构主要负责人讲话；
3. 检验检测机构的上级主管部门负责人或代表讲话；
4. 组长宣布现场评审工作结束。

第三章 监督检查

第十九条 监督检查的主要内容包括：

（一）对上次评审提出的整改意见落实情况进行检查，评价实施整改是否取得预期效果。

（二）通过对检验检测机构质量活动记录（如内部审核记录、管理评审记录等）进行检查，评价管理体系运行是否持续有效、出具的检验检测数据是否公正、准确、科学。

（三）对上次评审后，涉及检验检测人员、环境条件、仪器设备和检验检测标准发生变更的检验检测项目的能力和条件进行检查。

（四）检查参加实验室间比对或能力验证活动的情况。

（五）检查检验检测质量事故、用户投诉等的处理情况。

第二十条 监督检查按以下程序进行：首次会议、察看实验室、查阅资料、座谈、现场检查汇总情况、与检验检测机构负责人沟通、末次会议。

第四章 变更评审

第二十一条 对已获得资质认定的检验检测机构，其组织机构、工作场所、关键人员、技术能力、管理体系等发生变化，应报资质认定部门办理变更手续。需对其进行现场确认时，由办公室组织进行变更评审。

第二十二条 涉及增加检验检测项目（参数）的变更评审主要对获证的检验检测机构是否具备开展新申请检验检测项目（参数）的能力进行评审，现场操作考核的重点是对新申请项目（参数）的检验检测能力、环境条件、人员操作水平进行评审。

第二十三条 涉及增加检验检测项目（参数）的变更评审应选择有代表性的项目（参数）进行现场操作考核，并确保能够覆盖检验检测机构申请增加项目（参数）的所有范围和类别；现场操作考核项目（参数）不应少于申请增加的检验检测项目（参数）总数的15％。

申请新增专业类别或项目（参数）超过已获证参数的50％，应进行预评审。

第二十四条 当标准变更涉及新增仪器设备、检验检测方法的，检验检测机构应向办公室提出变更评审申请。

第二十五条 涉及检验检测场所地址变化的变更评审，评审时仅考察与环境条件以及设备稳定状态相关的条款。

第二十六条 变更评审程序与首次评审或复查评审程序基本相同，有些环节可适当简化，由现场评审组视检验检测机构具体情况确定。

第五章 整 改 验 证

第二十七条 现场评审组应根据现场评审结论对检验检测机构提出明确的整改期限。整改期限不超过30个工作日。

第二十八条 检验检测机构应按现场评审组现场评审中发现的不符合项和基本符合项逐条分析原因，并在规定期限内完成整改，将书面整改报告及整改见证材料报组长审核。

第二十九条 组长在收到检验检测机构整改材料后5个工作日内完成跟踪验证，确定检验检测机构是否已按要求完成整改，材料是否属实以及是否符合上报要求。

第三十条 需现场复核的，由组长及其指派的现场评审组成员在收到检验检测机构整改材料后5个工作日内到现场进行复核，完成现场验证。现场复核应为2～3人。

第三十一条 经组长审核，整改报告及整改见证材料属实且符合上报要求的，由组长签署意见后上报办公室；整改报告不符合要求或整改见证材料不充分的，由组长退回检验检测机构，待补充相关内容后重新报组长审核。

第六章 附 则

第三十二条 本细则自公布之日起实施，原《水利行业计量认证现场评审细则》（水国科〔2010〕504号）同时废止。

关于发布《水利行业检验检测机构资质认定评审员管理细则》的通知

(2016年9月27日水利部水国科〔2016〕16号发布)

部机关各司局，部直属各单位，各省、自治区、直辖市水利（水务）厅（局），各计划单列市水利（水务）局，新疆生产建设兵团水利局：

根据《检验检测机构资质认定管理办法》（国家质检总局令第163号）和《检验检测机构资质认定评审准则》（国认实〔2016〕33号）的有关规定，结合水利行业实际，我部对《水利行业实验室资质认定评审员管理细则》（水国科〔2010〕233号）进行了修订，修订后更名为《水利行业检验检测机构资质认定评审员管理细则》，现印发你们，请遵照执行。

各单位在实施过程中，应注意总结经验，发现问题请及时函告部国际合作与科技司。

附件：水利行业检验检测机构资质认定评审员管理细则

水利部国科司
2016年9月27日

附件：水利行业检验检测机构资质认定评审员管理细则

第一条 为加强国家计量认证水利评审组评审员（以下简称水利评审员）的管理工作，根据《中华人民共和国计量法》《检验检测机构资质认定管理办法》，结合水利行业检验检测机构资质认定评审工作的实际情况，制定本细则。

第二条 本细则所称水利评审员是指由所在单位推荐，水利部检验检测机构资质认定主管机构（以下简称部主管机构）同意，参加国家检验检测机构资质认定行政主管部门（以下简称国家主管部门）培训并经考核合格获得检验检测机构资质认定评审员证，受国家计量认证水利评审组（以下简称水利评审组）聘用，对水利行业检验检测机构进行资质认定评审的专业人员。

第三条 水利评审员的推荐、培训、考核、聘用和监督管理适用本细则。

第四条 国家计量认证水利评审组办公室（以下简称办公室）受国家主管部门和部主管机构的委托，具体承办水利评审员的培训、考核、聘用和监督管理工作。

第五条 水利评审员分为国家级评审员和国家级主任评审员两个级别。国家级评审员能够独立承担相关领域的评审工作，国家级主任评审员可以担任评审组长。

第六条 水利评审员应具备下列条件：

（一）具有国家承认的大学本科及以上相关专业学历，并具有相关专业高级技术职称；

（二）有 5 年以上检验检测工作或检验检测机构管理工作的经历；

（三）熟悉《中华人民共和国计量法》等有关法律、法规，具备较高的政策水平；

（四）熟悉有关技术标准、检验检测机构资质认定基本知识；

（五）对检验检测质量具有较强的判断和分析能力，掌握相关评审准则的内容及相应的评审方法和技巧；

（六）有较强的合作精神、组织协调能力以及口头交流和文字综合能力；

（七）身体健康，年龄不超过 65 周岁。

第七条 水利国家级主任评审员的条件：

（一）作为国家级评审员至少参加过 10 次及以上现场评审；

（二）经 2 名及以上国家级主任评审员分别评价合格。

第八条 水利评审员聘用期为 6 年。聘用时间为检验检测机构资质认定评审员证获证日期至截止日期。在聘用截止日期前，水利评审员拟继续承担评审任务的，可提出延续证书资格的申请，经部主管机构同意、国家主管部门考核合格后予以续聘。

第九条 水利评审员的权利和义务如下：

（一）严格执行有关法律、法规和评审标准，恪守职业道德，坚持客观公正、科学严谨、实事求是的工作原则，认真负责地完成各项评审任务，保守被评审机构的秘密；

（二）服从办公室的工作安排，接受办公室的管理与监督，在聘用期内至少参加 3 次评审活动，按时完成有关评审任务；

（三）在现场评审工作中，按分工承担相应部分的评审任务，相互配合，及时沟通和处理发生的各种问题，对分工评审的部分负责；

（四）根据办公室安排，承担水利行业检验检测机构资质认定业务培训授课任务；

（五）积极参加办公室安排的评审员业务培训和其他活动；

（六）对现场评审组的评审结论有不同意见时，可保留自己的意见，并有权向办公室报告；

（七）可接受检验检测机构聘用，承担有关资质认定咨询服务，但不得同时对同一检验检测机构既开展咨询服务、又承担资质认定评审任务。

第十条 水利评审员严格禁止有下列行为：

（一）未依照《检验检测机构资质认定评审准则》实施评审活动；

（二）对同一检验检测机构既实施咨询又实施评审；

（三）与所评审检验检测机构有利害关系或者其评审可能对公正性产生影响而未进行回避；

（四）透露工作中所知悉的国家秘密、商业秘密和技术秘密；

（五）收受和谋取检验检测机构的钱财等其他形式的不当利益；

（六）出具虚假或者不实的评审结论。

第十一条 水利评审员在现场评审组中可承担现场评审组组长、技术要求组组长或管理要求组组长等工作。

（一）技术要求组组长或管理要求组组长应具有 2 次以上评审经历，并同时具有技术要求组和管理要求组的工作经历；

（二）现场评审组组长应具有10次及以上评审经历，并担任过技术要求组或管理要求组组长。

第十二条　现场评审组组长职责如下：

（一）按照有关法律、法规和评审标准，对现场评审工作全面负责；

（二）负责现场评审前的策划，包括：对检验检测机构资质认定申请书、管理体系文件等有关资料进行初审；安排评审日程、确定现场考核项目、填写评审的前期准备记录及评审前应准备事项等；

（三）确定技术要求组组长和管理要求组组长；

（四）主持召开现场评审有关会议，合理安排现场评审进度，组织完成现场评审任务；

（五）在评审考核尺度掌握上有分歧意见时，负责解释有关规定，进行协调和裁决；

（六）负责检查被评审机构完成整改的情况并做出结论；

（七）负责提交评审报告；

（八）对现场评审组成员的工作给予评价。

第十三条　技术要求组组长、管理要求组组长职责如下：

（一）服从现场评审组组长的安排，按分工负责相应部分的评审任务；

（二）在现场评审组组长的领导下，技术要求组组长与管理要求组组长应相互配合，及时沟通、共同协商解决评审中的有关问题；

（三）负责向现场评审组组长汇报评审工作情况，并对分工负责部分的评审结果负责。

第十四条　水利评审员应参加国家主管部门和部主管机构的培训，持续提高评审工作水平。

第十五条　水利评审员的监督管理除执行国家主管部门有关规定外，尚应接受水利评审组的监督。

第十六条　办公室负责建立水利评审员档案。档案包括水利评审员登记表、培训情况、参加评审工作经历、投诉记录及处理情况等。

第十七条　对在评审工作中做出突出贡献的水利评审员，应给予表彰和奖励。

第十八条　水利评审员在聘用期内无正当理由累计3次不接受评审任务，或参加现场评审少于3次者，部主管机构不再聘用。

第十九条　本细则由部主管机构负责解释。

第二十条　本细则自公布之日起实施，原《水利行业实验室资质认定评审员管理细则》（水国科〔2010〕233号）同时废止。

关于印发水利计量认证需规范和统一的有关问题的通知

(2012 年 2 月 28 日水利部水国科综函〔2012〕5 号发布)

各有关单位、评审员:

为了进一步规范水利计量认证工作,统一计量认证评审尺度,我司对工作中发现的一些问题进行了研究,经多方讨论、并广泛征求意见,形成较为统一的处理意见。现将汇总形成的《水利计量认证需规范和统一的有关问题》印发给你们,请遵照执行。

请各有关单位和评审员在执行过程中注意总结经验,发现问题及时函告我司。

附件:水利计量认证需规范和统一的有关问题

水利部国科司
2012 年 2 月 28 日

附件：

水利计量认证
需规范和统一的有关问题

水利部国际合作与科技司
二〇一二年二月

三、部门规章和文件

目　录

一、管理要求 ……………………………………………………………… 186
1. 组织 …………………………………………………………………… 186
2. 管理体系 ……………………………………………………………… 186
3. 检测和/或校准分包 …………………………………………………… 187
4. 服务和供应品的采购 ………………………………………………… 187
5. 合同评审 ……………………………………………………………… 187
6. 纠正措施、预防措施及改进 ………………………………………… 187
7. 记录 …………………………………………………………………… 187
8. 内部审核 ……………………………………………………………… 189
9. 管理评审 ……………………………………………………………… 189
二、技术要求 ……………………………………………………………… 190
1. 人员 …………………………………………………………………… 190
2. 设施和环境条件 ……………………………………………………… 191
3. 检测和校准方法 ……………………………………………………… 191
4. 设备和标准物质 ……………………………………………………… 192
5. 量值溯源 ……………………………………………………………… 194
6. 抽样和样品处置 ……………………………………………………… 194
7. 结果质量控制 ………………………………………………………… 195
8. 结果报告 ……………………………………………………………… 195

一、管理要求

1. 组织

（1）随着国家机构的转制改革，有些质检机构人员实行参照公务员管理，对检测人员的职称不进行评定。而《实验室资质认定评审准则》中对技术负责人、质量负责人、授权签字人等有职称上的要求。应如何处理？

对于参照公务员管理且不进行职称评定的单位，评审时其职称可参照水利部或各省（自治区、直辖市）有关任职资格条件进行认定。除此之外，还应从两方面考查：一是该员工是否有相应的实践工作经历与经验，二是本单位对其是否胜任的书面评价意见。评审员可以根据受教育程度及其毕业时间和工作经历综合考虑。

（2）有一些省区没有省中心实验室，相关监测业务由省会城市分中心实验室完成，计量认证中省中心又申请了相应的参数，怎么处理？

对于在省会城市只有分中心实验室，没有省中心实验室的，督促其尽快建设省中心实验室，现阶段应由主管部门下文确认省中心实验室和省会城市分中心实验室为一套人马、两块牌子。

（3）对于含网点的水环境监测机构，省中心和分中心是否分别进行现场操作考核？

在评审时，省中心和分中心均需分别接受现场操作考核。现阶段，省中心可按照申请参数的10%，分中心按照5%比例抽取现场考核项目参数。中心与分中心、各分中心之间抽取现场考核的重复参数应控制在50%以内。现场考核方法可以采用盲样考核、人员比对、仪器比对、样品复测、报告验证、见证试验（操作演示）六种，盲样考核项目参数一般不低于考核总项目参数的50%，评审员对现场操作考核要注重看过程、记录。

（4）在评审过程中对水利质检机构质量监督应掌握到怎样的尺度为合适？对"培训中的人员和新上岗人员的质量监督"的评审尺度应如何把握？

如何开展监督，对于每个质检机构来说做法不是唯一的，只要达到监督的目的即可。满足以下4个条件可认定为对监督环节进行了有效控制：

a）有可操作的程序文件；

b）有年度监督计划；

c）对关键环节（新的检测项目、新的检测设备、重要的检测项目、容易出现问题的重要环节等）和重点人员（如培训中人员、新上岗人员、特殊技术要求的人员等）进行了监督；

d）有监督表格和监督计划实施执行的记录。

（5）对于水环境类质检机构，部分省中心拟建立县级实验室（三级试验室），是否可以将其作为分中心的现场试验室纳入分中心统一按照网点来开展国家计量认证？

目前阶段暂不可以。

2. 管理体系

（1）在质量手册规定要列出的职能分配表中的要素是否应与评审准则中的19个要素严格对应？对每一个要素的负责人和主办人是否严格要求只能设置1人？能否设置若干人？

应严格对应。

对于每一个要素的负责人和主办人只能设置1人，参加人员可设置为若干人。

（2）工程类质检机构在建设工地现场与业主共同建立的临时试验室进行工程质量检测，要求使用 CMA 标志，是否应列入质量体系进行统一管理？

如果使用 CMA 标志，则必须纳入质量管理体系统一管理。

3. 检测和/或校准分包

（1）关于分包，有时会出现总包下的部分项目分包，应由何方出具报告？

原则上质检机构在申请资质认定时应尽量避免分包。在承担具体检测项目时如确需分包应征得委托方的同意，并由分包检测方出具相应检测内容的检测报告。

（2）由于在检测过程中发生意外的情况，不能在合同或任务书规定的时间内完成，需要请其他单位协助完成，这样的分包是否允许？

由于在检测过程中发生意外的情况，在征得委托方同意的前提下可以进行分包，但接受分包方要有相应资质，且要在检测报告中注明委托检测的内容，并附分包方的检测报告。

（3）分中心接受的检测任务，因缺少部分参数的检测能力，请省中心承担这些参数的检测，是否算作分包？

检测发生在检测中心管理体系内多场所实验室间，不属于分包。在出具检测报告时应注明哪些参数由省中心承担，检测报告仍可盖分中心章。

4. 服务和供应品的采购

（1）一些非独立法人的质检机构，其服务和供应品（特别是仪器设备）由母体单位采购，中心没有进行合格供方的评价。评审时应如何把握？

对合格供方的评价可以由母体单位进行，但应在《合格供方一览表》中注明，并提供相应的书面材料。

5. 合同评审

（1）目前很多单位实际上没有进行合同评审，对合同评审的理解有偏差，程序也值得商榷。评审时应如何把握？

合同评审的主要目的是评审检测要求和检测机构所承担的风险，是质检机构控制风险的必要环节。质检机构应结合实际，制定符合自身情况的合同评审程序，确定合同评审的方式、内容、范围，对不同类型的合同可采取不同形式的评审。

对于简单易测样品的合同评审可以从简。评审时查体系文件规定及相关记录。

6. 纠正措施、预防措施及改进

（1）如何把握对于纠正措施和预防措施这一条款的评审尺度？

在能力验证、质量监督及使用新设备、新方法、新人员等环节，一般会存在一定程度的不符合，所以质检机构应有纠正措施的记录。

对预防措施可视实际情况，在评审时不作为打不符合项的条款。

7. 记录

（1）质检机构已建立"实验室信息管理系统（LIMS）"，系统内保存了检测各阶段发生的电子记录，是否满足评审准则的要求？是否需要另备纸质记录？

视具体情况，根据该质检机构程序文件规定进行评审。

如果"实验室信息管理系统（LIMS）"中记录表格信息量满足评审准则和可追溯性的要求，则不一定要有纸质记录，但应遵照电子文件保密、记录归档要求；对于重要的工程类记录资料，一定要有纸质记录。

（2）现行有效的标准是否需要盖受控章？复印的标准是否要加盖受控章？盖受控章后是否要编号、登记？

凡在用的现行有效标准都应盖受控章。复印的标准也要盖受控章。盖受控章的标准要进行登记和编号，如何编号和登记由质检机构自行决定。

（3）自动化设备及计算机对数据的采集、记录、处理、存储的具体操作要求应遵循哪些原则？数据自动化采集、处理过程中数据的完整性和保密性的评审应如何把握？计算机操作软件的归档有哪些规定？

a）自动化设备及计算机对数据的采集、记录、处理、存储等要满足《实验室资质认定评审准则》对检测数据、报告的信息量足够及可追溯性的要求。操作性软件应通过鉴定、验收后使用，软件应有备份，并按照电子文件归档的要求存档。评审时特别要注意：打印的原始记录要有检测人员签字。

b）当质检机构使用计算机或自动化设备对检测数据进行采集、处理、记录、报告、存储或检索时，质检机构应对出具的数据进行质量控制，以保证数据的完整性和保密性，包括建立并实施数据保护程序，其内容包括：使用者开发的软件应被制成足够详细的文件，并加以验证；要逐步开展对计算机软件的测评，以确保软件的功能和安全性；计算机操作人员应实行专职制，未经批准不得交叉使用；计算机硬盘应有备份，并建立定期刻录和电子签名制度；软盘、光盘、U盘应由专人妥善保管，禁止非授权人接触，防止结果被修改；软件应有不同等级的密码保护；当很多用户同时访问同一个数据库时，系统应有几层不同级别的访问权，以确定对每个用户的开放性。应经常对计算机或自动化设备进行维护，确保其功能正常，并提供必需的环境条件；防止病毒感染。

c）计算机操作软件如果是自行开发编制的，需要经过本单位的确认（不仅是形式上的确认，应有专家论证或审查意见等证明文件等）。国外进口软件如果是开机自检的，则可不进行确认。

（4）对电子类文件的记录应采取怎样的保存方式？保存的时间是否应有明确的要求？

a）电子档案管理可参考以下四个标准：

《电子文件归档与管理规范》（GB/T 18894—2002）（适用于党政机关产生的电子文件的归档与管理，其他社会组织的电子文件管理可参照执行）。

《基于文件的电子信息的长期保存》（GB/Z 23283—2009）。

《文档管理 电子信息存储 真实性可靠性建议》（GB/Z 26822—2011）。

《建设项目电子文件与电子档案管理规范》（CJJ/T 117—2007）。

b）电子类文件保存的时间没有明确的要求，质检机构视实际情况而定。对于终身负责制的水利工程档案及重要的工程类资料，要求长期保管，且同时应保存纸质记录；磁性载体每满2年、光盘每满4年进行一次抽样机读检验，抽样率不低于10%，如发现问题应及时采取恢复措施；对磁性载体上的归档电子文件，应每4年转存一次。原载体同时保留时间不少于4年。

c）水环境质检机构应执行《水环境监测规范》SL 219 相关规定。

（5）仪器设备检定证书应由谁保管？

检定证书原件应与仪器设备档案一起保存，具体使用的检测室可保存复印件。具体由谁保管及保存地点由质检机构自行规定。

（6）对实验室认证的所有检测项目，必须在一个评审周期内均有检测记录？还是应在一年内所有检测项目至少有一次检测记录，以证明其能力？应明确规定。

要求每个参数在一个评审周期内至少有一次完整的检测记录及检测报告。

8. 内部审核

（1）评审中如何把握"质检机构内审活动中对以最高管理者为核心的组织和管理体系等要素"的审核质量？

评审中要看是否对领导层进行了审核，着重从"组织"和"管理体系"等方面进行审核。此外，对于审核中发现不符合项的问题涉及管理体系时，应有分析原因、整改措施和整改效果等内审记录。

（2）各单位对内部审核理解的深度各不相同，执行过程中差别很大，在评审过程中应如何掌握？对内审中提交的记录资料是否完整，应统一进行规范。

a）评审时掌握的原则：

是否制定了内部审核程序，是否按照程序规定开展了内部审核；

内审工作程序是否规范，记录是否齐全、不符合报告是否事实清楚、定性准确、针对不符合工作制定的纠正措施是否合理、纠正措施是否实施、实施的结果是否进行了验证；

每个年度的内部审核工作是否包括管理体系的所有要素、是否覆盖了质检机构的所有部门和工作场所；

内审人员是否进行了资格确认，是否经过相应的培训；内审人员是否做到了独立于被审核工作。

b）内审中提交的记录资料：

应包括内审计划、内审通知、内审检查表、内审记录表、内审报告、纠正措施和预防措施及验证的记录等。

9. 管理评审

（1）各单位对管理评审理解的深度各不相同，执行过程中差别很大，在评审过程中应如何掌握？对于管理评审中提交的资料是否完整，应统一进行规范。

a）评审时掌握的原则：

是否编制了管理评审程序；

管理评审工作是否按照规定和计划组织实施，每次评审输入（书面材料）是否明确，评审是否充分，结论是否恰当；

管理评审报告提出的有关改进措施是否实施，其结果是否得到验证。

b）管理评审中提交的记录资料：

应包括管理评审计划、管理评审通知、管理评审输入材料、管理评审报告、纠正措施和预防措施及验证的记录等。

二、技术要求

1. 人员

（1）检测人员上岗资格证内所列的能检测项目/参数，是否必须有相应的培训、考核记录作为支持？是否必须与质量手册中所列参数～人员表相对应？

a）新上岗人员必须要有培训考核记录。

b）质量手册中所列参数～人员对照表必须以检测人员上岗资格证内所列的能检测项目/参数作为依据。

（2）每一个检测参数是否必须有 2 名以上检测人员的规定？

每个参数应有 2 名及以上持证上岗检测人员。对于采用自动化设备或计算机进行在线采集、记录、处理、存储的情况，也要每个检测参数有 2 名以上检测人员持证上岗。

（3）对授权签字人的考核应掌握哪些原则？考核授权签字人应按照什么程序进行？

a）对授权签字人应进行严格的考核，考核内容主要是《评审报告》的《授权签字人评价记录表》中规定的七条，特别注意应考核授权签字领域的专业知识。其主要内容有：

是否具备相应的工作经历；

是否具备相应职责权利；

是否熟悉或掌握检测技术及实验室管理程序；

是否熟悉或掌握所承担签字领域的相应技术标准和方法；

是否熟悉检测报告审核签发程序；

是否具备对检测结果做出相应评价的判断能力；

是否熟悉《评审准则》及其相关的法律、法规、技术文件的要求。

b）对授权签字人的考核可单独进行，对人数较少的机构也可与对质检机构的座谈考核结合进行。

（4）人员培训考核档案应统一存放在母体单位的档案室还是应由质检机构单独存放，评审时应如何把握？

检测人员的技术档案内应保存专业职称、检测经历、成果、发表的论文、培训经历、岗位证书等内容，要明确检测人员的技术档案不同于母体单位的人事档案。

（5）人员培训考核档案应统一存放在母体单位的档案室还是应由质检机构单独存放，评审时应如何把握？

只要评审时能及时提供即可，对存放场所不做规定。

（6）是否允许质检机构聘用临时人员？

因工作需要可以聘用，但要保证满足评审准则的要求，即用人手续符合国家劳动人事规定，且应确保临时人员经培训考核合格、有上岗证并受到监督。

（7）人员上岗证应由哪个部门来发？

对于检测人员的上岗证，《实验室资质认定评审准则》中未对颁发上岗证的部门进行明确规定。

对检测人员有特殊要求的特定检测项目（如工程类的金属无损检测、桩基检测等）必须参加指定部门的培训，考核合格获得相应的资质证书后方可从事该类检测。

如果国家或上级有规定，从其规定；没有规定者可由本单位自行组织进行培训、考

三、部门规章和文件

核。由本单位发证。评审时重点查是否有培训、考核的记录。

(8) 质检机构是否一定要有专职管理人员,评审时应如何把握?

专职的管理人员非常重要,质检机构必须按评审准则的要求设置管理人员,并真正发挥作用。考虑到水利质检机构的实际情况,评审时对是否设专职管理人员不作要求,只要有管理人员并真正起到作用即认为符合。

(9) 上岗资格证的有效期应如何规定?

如国家或行业有规定的,从其规定。无规定的由质检机构自行确定。

(10) 多场所(网点)认证的质检机构(特别是水环境监测中心),为确保其分场所(分中心)人员的设置能满足评审准则及实际检测工作的需要,是否应对人员定编数量进行规定?

各质检机构配备的检测人员,只要满足评审准则及实际检测工作的需要即可。

2. 设施和环境条件

(1) 对于"三废"的排放处理,是否必须要建立记录制度?

对于"三废"的排放处理,一定要按国家和有关部门的规定建立处理和记录制度,处理的措施和方法应符合相关要求。

评审时把握:一是看是否有相应的程序规定;二是看是否有详细的处理记录,如处理的是什么物质、处理的量(体积或质量等)、如何处理的;三是检查是否有盛装废液的容器。

(2) 当地公安部门、环保部门均无法处理的过期瓶装剧毒试剂,质检机构应如何处理?

按当地公安部门规定和要求进行处理。

(3) 原始检测记录表是否一定需要有检测环境条件(如使用仪器设备的编号,环境的温、湿度等)的记录?

对于有温、湿度环境条件要求的检测项目和参数,应在原始检测记录表中明确记录;在户外使用的仪器、设备需要记录使用环境是否存在有温、湿度骤变,震动干扰等内容。

除此之外,还应记录所使用仪器设备的编号,以备溯源查证。

3. 检测和校准方法

(1) 质检机构购买的进口仪器设备,由于不是当前检测标准规定使用的仪器,仅通过比对试验而用于实际的检测,这种情况是否属于检测方法的偏离?

不属于方法的偏离。

(2) 评审时对"国际标准的使用"应如何把握?

采用国际标准的检测服务,国家对其限定在特定的委托方,如涉外检测、仲裁检测、司法鉴定和涉及对科研、生产有重大影响的项目。该条款的设立,适应了检测市场放开后涉外检测的需要。

评审时应把握:

一是允许质检机构直接采用国际标准;二是这种检测限定在特定委托方的委托检测;三是质检机构应具备承担这种检验的技术能力。

质检机构承担这类检测服务,应首先对国际标准进行认真研究,将其与资质认定的相关标准进行比较,通过技术专家确认现有能力。在资质认定的能力能够覆盖该国际标准时，方可直接采用，并应将技术专家对资质认定依据的标准与该国际标准进行比较和确认的意见附后，作为支撑该项检测的合法依据。申请资质认定的国际标准应译成中文。

（3）评审时对质检机构检测方法标准中自编标准的确认程序应如何把握？

评审时应把握：

a）自行制定的非标方法应经过确认。

确认的方法是：从理论到实践对方法的理解；使用参考标准或标准物质进行校准；与不同方法所得结果进行比较；实验室间比对；对影响结果的因素作系统性评审；进行结果不确定度评定。

确认的内容是：所确认的方法得到的值的范围和准确度。方法的性能规范包括：结果不确定度、检出限、方法的选择性、线性、重复性限/复现性限、交互灵敏度等，方法的确认应对这些特性量加以核查、比对和确定。

b）当需使用自选制定的非标方法时，应与客户协商征得同意，在检测前所用方法应得到委托方确认。

c）使用非标方法仅限于特定委托方的检测。

（4）在正式评审过程中，发现所申请的依据标准已作废且替代标准已发布实施，但评审时无法得到已发布标准的现行有效文本，因此不能判断被评审机构是否真正具有相应的检测能力，这时该如何处理？

评审组和质检机构均未得到已公布的现行有效标准文本，因此评审组不能按新标准对质检机构检测能力进行确认。

如果在整改期内可获得标准正式发布文本，则由质检机构提出申请，报评审组长进行确认（根据实际情况进行文件确认或现场确认）。经确认具备按新标准检测的能力时，质检机构相关上报材料的检测能力中可列入新标准，报国家认监委审批后使用。

如果超过整改期后获得标准正式发布文本的，按标准变更程序执行。

（5）越来越多的水环境类质检机构购置了移动实验室及自动监测设备（如流动注射仪）。对于这类设施设备，由于缺少相关的分析方法标准做依据而无法列入申请的检测能力中，限制了这些先进设施设备的使用。应如何解决？

按评审准则要求编制非标方法，由本单位技术负责人批准并经评审组确认后列入申请的检测能力表中，报国家认监委批准后使用。

（6）国家环境保护部最近发布了多项行业标准，标准文本中注明替代其原先发布的国家标准。在评审中应如何把握？

如果质检机构具备相应的能力，可以在申请的检测能力表中，同时列报原先发布的国家标准和国家环境保护部新发布的行业标准。

4. 设备和标准物质

（1）质检机构使用控制范围以外的仪器设备，包括网点认证分中心使用省中心的仪器设备，应如何控制？

使用控制范围外仪器设备，按照 5.4.3 "如果要使用实验室永久控制范围以外的仪器设备（租用、借用、使用客户的设备），限于某些使用频次低、价格昂贵或特定的检测设施设备，且应保证符合本准则的相关要求"。

三、部门规章和文件

（2）仪器设备由省质量技术监督机构检定/校准合格、贴上合格标识后，质检机构是否需要再贴计量认证专用标识？

仪器设备经检定或校准后，由检定机构或质检机构贴国家认监委统一规定的三色计量认证专用标识。质检机构在确保体系覆盖的场所内三色标识格式统一、标识正确且信息量足够，评审时也可予以认定。

（3）张贴红色标签的封存停用设备，或试验室内不用于检测而用于研究等其他方面活动的设备，是否应与质检机构在用检测设备分开存放？

建议有条件的质检机构分开存放，无条件的贴明显停用标识或其他活动用设备醒目标识。

（4）辅助设备是否有必要贴状态标识？如何贴状态标识？

对检测数据有影响的辅助设备一定要贴标识。

对于那些影响检测工作质量的辅助设备，需经验证检查其功能是否正常，并贴三色计量认证专用标识表明其经验证后的状态。

（5）标准物质是否需要贴标识、如何贴标识？

标准物质一定要贴标识。

一般来说，可根据标准物质的量或保存期限在存放标准物质的包装盒上进行标识，具体如何标识，质检机构可根据实际情况在本单位程序文件中规定，评审时查其程序文件。

（6）是否可以购买使用国外标准物质？

质检机构应使用国家有证标准物质。

使用国内不能生产的进口标准物质时，应确保其在合格期内且能有效溯源。

（7）对期间核查的尺度应如何把握？质检机构应具备哪些文件和活动记录？日常的比对实验、质控可不可以认为是进行了期间核查？

a）评审时应把握：质检机构是否编制"期间核查程序"，是否确定核查清单，是否按计划和程序要求实施。是否对期间核查数据进行分析和评价，从而真正达到期间核查要求的目的。

b）期间核查程序、每年有仪器设备期间核查计划，期间核查的设备清单、按计划和程序要求实施的记录（有期间核查的时间、仪器设备名称、实施期间核查的人员、期间核查数据、对数据进行分析和评价等必要的信息）。

c）日常的比对实验、质控可以与期间核查结合进行。在比对实验和质量控制计划中列入期间核查计划内容，并结合比对实验和质量控制活动同时开展期间核查。

（8）需要期间核查的设备应如何确定？

期间核查主要针对性能不够稳定漂移量大的、使用频繁的、携带到现场检测的、在恶劣环境下使用的仪器设备。

由质检机构自行确定哪些仪器需要期间核查。

（9）参考标准、标准物质的期间核查如何进行，评审时应注意什么问题？

参考标准核查由能够提供量值溯源的机构进行，标准物质的期间核查由研制的单位进行。评审时主要看标准物质是否在有效期以及保存条件是否符合要求。

5. 量值溯源

（1）用于测量生化指标的高压容器、气压表是否需要检定？温度计是否需要按周期实施检定？温湿度计是否需检定？

企业使用的最高计量标准器具，以及用于贸易结算、安全防护、医疗卫生、环境监测等方面列入《中华人民共和国强制检定的工作计量器具明细目录》的工作计量器具，应当进行强制检定，因此，高压容器、气压表应进行检定。高压锅按压力容器规定处理。

温度计在《中华人民共和国依法管理的计量器具目录》之列，应按周期实施检定。但对于不直接影响检测数据结果的温度计除外；非恒温实验室内的温湿度计、湿度计可以不检定。

（2）设备自校应具备什么条件，做好哪些必要的前期工作？

对国家没有相应检定方法和检定规程的专业计量仪器设备可进行自校。

自校要建立相应的校验用计量标准器、制订自校规程（包括校验记录表格）或直接采用国家或行业已颁布的相应校验方法、有培训合格的校验人员、有合适的校验环境条件。评审时检查：是否有相应的记录、经本单位或相关部门培训合格的校验人员、用于量值传递的计量仪器（本单位的最高计量标准—参考标准）是否经检定合格且在有效期内、校验结果需经本单位技术负责人确认。

（3）进口仪器的量值溯源，无法进行检定时其校验工作应如何开展？

可采取仪器比对、方法比对、标准物质校验等方式。

（4）对于仪器台数多且拆卸会引起质量风险的仪器设备，如何进行量值溯源？自行研制的未经定型的仪器设备的确认程序的评审应如何把握？

对于仪器台数多且拆卸会引起质量风险的仪器设备，尽可能不拆卸，采取在现场比对的方式。

自行研制的未经定型的仪器设备，应经量值溯源，符合要求后方可在计量认证范围内使用。

（5）按什么原则、如何绘制量值传递/溯源方框图？

对于自校准或开展校准服务的溯源项目，质检机构应绘制量值溯源图，以确保量值能溯源到国家基准。溯源中的各级校准机构应能证明自己的资格、测量能力和溯源性。

绘制的原则：按照准确度等级由低至高绘制（地区级、省级、国家级）；图中要注明以下内容：自校仪器名称、精度、测量范围等信息。

（6）玻璃量器能否在首次使用前检定一次后，在不损坏的情况下不按周期实施检定？

用于配制标准溶液的玻璃量器按检定规程规定的周期进行检定。其他玻璃量器在首次使用前应检定合格，一般在不破损和积垢的情况下，可以不按周期实施检定。

（7）由于玻璃量器用量较大，是否可以购置同批次的量器后，用抽检的方法检定，即可认定该批次全部合格？

不可以。

6. 抽样和样品处置

（1）关于样品的接收、处置、标识，在工程类质检机构中，由于样品的类型多、数量大，往往存放和标识的实施存在一些不便和困难，在评审过程中如何掌握？

评审时掌握，工程类样品一定要做标识，如果不便于单个标识，可采取分区存放的方式，在每个区域清晰标识，注明样品名称、接收时间等必要的信息。对于不方便使用标签的样品，可采取其他方式（如用毛笔、记号笔等直接写在样品上面），只要不影响检测结果的质量。

（2）部分水环境类质检机构将监测站名、断面名作为样品名称及其唯一性标识，从采样、化学物理固定、运输、保存、分析检验、数据处理、报告、整汇编等全过程采用，这种标识方法是否正确？

样品的唯一性标识和编号原则由质检机构自行规定，但要确保唯一性，避免样品流转过程中的混淆，同时确保相关记录的可追溯性。将监测站名、断面名作为样品名称及其唯一性标识不够科学。

（3）水样取样后，样品不能按时到达实验室，如何处理？

按 SL 219 监测规范等相关技术标准的规定进行处理。

（4）实验室试剂瓶的标识是否应该统一？

应在实验室内部统一试剂瓶标识。试剂瓶的标识至少应包括试剂名称、浓度、介质、配制人、配制日期、有效期等信息，并确保填写完整。

（5）剧毒试剂如何领用应统一（包括是否将专用天平、领用单放在保险柜内等）。

由质检机构按保管的药品类型进行规定，并应符合国家相关法律法规和有关部门规定的要求。

（6）普通化学试剂能否放在实验室内由使用人员个人保存？

临时使用的试剂可以放在实验室内由使用人员保存。但不能大量存放。

（7）对常规检测样品是否可不进行编号检测？

无论常规检测还是非常规检测，均需按质量管理体系文件规定建立样品唯一性标识并进行编号。

7. 结果质量控制

（1）实验室间比对和能力验证的重要性已愈来愈为质检机构所认识，但从实际情况来看，工程类质检机构的实验室间比对和能力验证有一定难度。应如何开展好这方面的工作？

质检机构应经常利用内部手段，如对盲样检测、留样检测、人员比对、方法比对等验证工作的可靠性；也要借助外部力量，如实验室间比对和参加能力验证等验证检测能力。在标准更新、人员交替、设备变化和检测质量波动的情况下，尤其应加强这方面工作。

工程类质检机构涉及的检测专业门类众多，很多实验是破坏性的，开展这方面工作存在一定的难度。为达到质量控制、提高检测水平的目的，质检机构可参加国家认监委组织的能力验证，也可由流域机构或省质检中心组织同一地区三家以上质检机构开展实验室间比对。

8. 结果报告

（1）一些水利工程类质检机构出具的报告除涉及有关检测数据外，通常还有论证方案和分析评价等方面的内容，能否在报告封面盖 CMA 章？

分析评价报告不应加盖 CMA 章。只能对检测数据出具的检测报告部分加盖 CMA 章。

如果有相应的评价标准并已列入认证证书附表（检测能力表）中，则可以将检测及评价结果出具盖 CMA 章的报告；如果没有评价标准，则分开出报告：检测数据部分出具加盖 CMA 章的检测报告，评价部分出具不加盖 CMA 章的评价报告。

（2）《实验室资质认定评审准则》要求检测报告中要有检测人员的签字，这样做是否会有违检测的公正性？而且，检测人员通常有多名，全部列举会影响检测报告的美观，应如何处理？

按《实验室资质认定评审准则》和《水利质量检测机构计量认证评审准则》SL 309—2007 的规定，检测报告要有检测人员签名或等效的标识。检测报告中由检测人员签字（或打印姓名），一旦出现问题时便于分清责任，不存在有违检测公正性的情况。

（3）是否允许质检机构在一个评审周期内不对外出具检测报告？对不常检测的参数如何控制？

一个评审周期内对已批准的每个检测项目参数应至少有一次完整的检测记录和报告（也可以是内部安排的模拟检测报告）。对于水环境类质检机构，由政府部门委托的常规检测任务，应提供盖 CMA 章的检测报告。

复查评审时，除遵照《水利行业计量认证现场评审细则》中规定的考核参数选取原则外，还应抽取不常检测的参数进行考核。

水利工程质量检测管理规定

(2008年11月3日水利部令第36号发布,根据2017年12月22日《水利部关于废止和修改部分规章的决定》修正,根据2019年5月10日《水利部关于修改部分规章的决定》第二次修正)

第一条 为加强水利工程质量检测管理,规范水利工程质量检测行为,根据《建设工程质量管理条例》《国务院对确需保留的行政审批项目设定行政许可的决定》,制定本规定。

第二条 从事水利工程质量检测活动以及对水利工程质量检测实施监督管理,适用本规定。

本规定所称水利工程质量检测(以下简称质量检测),是指水利工程质量检测单位(以下简称检测单位)依据国家有关法律、法规和标准,对水利工程实体以及用于水利工程的原材料、中间产品、金属结构和机电设备等进行的检查、测量、试验或者度量,并将结果与有关标准、要求进行比较以确定工程质量是否合格所进行的活动。

第三条 检测单位应当按照本规定取得资质,并在资质等级许可的范围内承担质量检测业务。

检测单位资质分为岩土工程、混凝土工程、金属结构、机械电气和量测共5个类别,每个类别分为甲级、乙级2个等级。检测单位资质等级标准由水利部另行制定并向社会公告。

取得甲级资质的检测单位可以承担各等级水利工程的质量检测业务。大型水利工程(含一级堤防)主要建筑物以及水利工程质量与安全事故鉴定的质量检测业务,必须由具有甲级资质的检测单位承担。取得乙级资质的检测单位可以承担除大型水利工程(含一级堤防)主要建筑物以外的其他各等级水利工程的质量检测业务。

前款所称主要建筑物是指失事以后将造成下游灾害或者严重影响工程功能和效益的建筑物,如堤坝、泄洪建筑物、输水建筑物、电站厂房和泵站等。

第四条 从事水利工程质量检测的专业技术人员(以下简称检测人员),应当具备相应的质量检测知识和能力,并按照国家职业资格管理的规定取得从业资格。

第五条 水利部负责审批检测单位甲级资质;省、自治区、直辖市人民政府水行政主管部门负责审批检测单位乙级资质。

检测单位资质原则上采用集中审批方式,受理时间由审批机关提前三个月向社会公告。

第六条 检测单位应当向审批机关提交下列申请材料:
(一)《水利工程质量检测单位资质等级申请表》;
(二)计量认证资质证书和证书附表复印件;
(三)主要试验检测仪器、设备清单;

（四）主要负责人、技术负责人的职称证书复印件；

（五）管理制度及质量控制措施。

具有乙级资质的检测单位申请甲级资质的，还需提交近三年承担质量检测业务的业绩及相关证明材料。

检测单位可以同时申请不同专业类别的资质。

第七条　审批机关收到检测单位的申请材料后，应当依法作出是否受理的决定，并向检测单位出具书面凭证；申请材料不齐全或者不符合法定形式的，应当在5日内一次告知检测单位需要补正的全部内容。

审批机关应当在法定期限内作出批准或者不予批准的决定。听证、专家评审及公示所需时间不计算在法定期限内，行政机关应当将所需时间书面告知申请人。决定予以批准的，颁发《水利工程质量检测单位资质等级证书》（以下简称《资质等级证书》）；不予批准的，应当书面通知检测单位并说明理由。

第八条　审批机关在作出决定前，应当组织对申请材料进行评审，必要时可以组织专家进行现场评审，并将评审结果公示，公示时间不少于7日。

第九条　《资质等级证书》有效期为3年。有效期届满，需要延续的，检测单位应当在有效期届满30日前，向原审批机关提出申请。原审批机关应当在有效期届满前作出是否延续的决定。

原审批机关应当重点核查检测单位仪器设备、检测人员、场所的变动情况，检测工作的开展情况以及质量保证体系的执行情况，必要时，可以组织专家进行现场核查。

第十条　检测单位变更名称、地址、法定代表人、技术负责人的，应当自发生变更之日起60日内到原审批机关办理资质等级证书变更手续。

第十一条　检测单位发生分立的，应当按照本规定重新申请资质等级。

第十二条　任何单位和个人不得涂改、倒卖、出租、出借或者以其他形式非法转让《资质等级证书》。

第十三条　检测单位应当建立健全质量保证体系，采用先进、实用的检测设备和工艺，完善检测手段，提高检测人员的技术水平，确保质量检测工作的科学、准确和公正。

第十四条　检测单位不得转包质量检测业务；未经委托方同意，不得分包质量检测业务。

第十五条　检测单位应当按照国家和行业标准开展质量检测活动；没有国家和行业标准的，由检测单位提出方案，经委托方确认后实施。

检测单位违反法律、法规和强制性标准，给他人造成损失的，应当依法承担赔偿责任。

第十六条　质量检测试样的取样应当严格执行国家和行业标准以及有关规定。

提供质量检测试样的单位和个人，应当对试样的真实性负责。

第十七条　检测单位应当按照合同和有关标准及时、准确地向委托方提交质量检测报告并对质量检测报告负责。

任何单位和个人不得明示或者暗示检测单位出具虚假质量检测报告，不得篡改或者伪造质量检测报告。

三、部门规章和文件

第十八条 检测单位应当将存在工程安全问题、可能形成质量隐患或者影响工程正常运行的检测结果以及检测过程中发现的项目法人（建设单位）、勘测设计单位、施工单位、监理单位违反法律、法规和强制性标准的情况，及时报告委托方和具有管辖权的水行政主管部门或者流域管理机构。

第十九条 检测单位应当建立档案管理制度。检测合同、委托单、原始记录、质量检测报告应当按年度统一编号，编号应当连续，不得随意抽撤、涂改。

检测单位应当单独建立检测结果不合格项目台账。

第二十条 检测人员应当按照法律、法规和标准开展质量检测工作，并对质量检测结果负责。

第二十一条 县级以上人民政府水行政主管部门应当加强对检测单位及其质量检测活动的监督检查，主要检查下列内容：

（一）是否符合资质等级标准；

（二）是否有涂改、倒卖、出租、出借或者以其他形式非法转让《资质等级证书》的行为；

（三）是否存在转包、违规分包检测业务及租借、挂靠资质等违规行为；

（四）是否按照有关标准和规定进行检测；

（五）是否按照规定在质量检测报告上签字盖章，质量检测报告是否真实；

（六）仪器设备的运行、检定和校准情况；

（七）法律、法规规定的其他事项。

流域管理机构应当加强对所管辖的水利工程的质量检测活动的监督检查。

第二十二条 县级以上人民政府水行政主管部门和流域管理机构实施监督检查时，有权采取下列措施：

（一）要求检测单位或者委托方提供相关的文件和资料；

（二）进入检测单位的工作场地（包括施工现场）进行抽查；

（三）组织进行比对试验以验证检测单位的检测能力；

（四）发现有不符合国家有关法律、法规和标准的检测行为时，责令改正。

第二十三条 县级以上人民政府水行政主管部门和流域管理机构在监督检查中，可以根据需要对有关试样和检测资料采取抽样取证的方法；在证据可能灭失或者以后难以取得的情况下，经负责人批准，可以先行登记保存，并在5日内作出处理，在此期间，当事人和其他有关人员不得销毁或者转移试样和检测资料。

第二十四条 违反本规定，未取得相应的资质，擅自承担检测业务的，其检测报告无效，由县级以上人民政府水行政主管部门责令改正，可并处1万元以上3万元以下的罚款。

第二十五条 隐瞒有关情况或者提供虚假材料申请资质的，审批机关不予受理或者不予批准，并给予警告或者通报批评，二年之内不得再次申请资质。

第二十六条 以欺骗、贿赂等不正当手段取得《资质等级证书》的，由审批机关予以撤销，3年内不得再次申请，可并处1万元以上3万元以下的罚款；构成犯罪的，依法追究刑事责任。

第二十七条 检测单位违反本规定,有下列行为之一的,由县级以上人民政府水行政主管部门责令改正,有违法所得的,没收违法所得,可并处1万元以上3万元以下的罚款;构成犯罪的,依法追究刑事责任:

(一)超出资质等级范围从事检测活动的;

(二)涂改、倒卖、出租、出借或者以其他形式非法转让《资质等级证书》的;

(三)使用不符合条件的检测人员的;

(四)未按规定上报发现的违法违规行为和检测不合格事项的;

(五)未按规定在质量检测报告上签字盖章的;

(六)未按照国家和行业标准进行检测的;

(七)档案资料管理混乱,造成检测数据无法追溯的;

(八)转包、违规分包检测业务的。

第二十八条 检测单位伪造检测数据,出具虚假质量检测报告的,由县级以上人民政府水行政主管部门给予警告,并处3万元罚款;给他人造成损失的,依法承担赔偿责任;构成犯罪的,依法追究刑事责任。

第二十九条 违反本规定,委托方有下列行为之一的,由县级以上人民政府水行政主管部门责令改正,可并处1万元以上3万元以下的罚款:

(一)委托未取得相应资质的检测单位进行检测的;

(二)明示或暗示检测单位出具虚假检测报告,篡改或伪造检测报告的;

(三)送检试样弄虚作假的。

第三十条 检测人员从事质量检测活动中,有下列行为之一的,由县级以上人民政府水行政主管部门责令改正,给予警告,可并处1千元以下罚款:

(一)不如实记录,随意取舍检测数据的;

(二)弄虚作假、伪造数据的;

(三)未执行法律、法规和强制性标准的。

第三十一条 县级以上人民政府水行政主管部门、流域管理机构及其工作人员,有下列行为之一的,由其上级行政机关或者监察机关责令改正;情节严重的,对直接负责的主管人员和其他直接责任人员依法给予行政处分;构成犯罪的,依法追究刑事责任:

(一)对符合法定条件的申请不予受理或者不在法定期限内批准的;

(二)对不符合法定条件的申请人签发《资质等级证书》的;

(三)利用职务上的便利,收受他人财物或者其他好处的;

(四)不依法履行监督管理职责,或者发现违法行为不予查处的。

第三十二条 本规定自2009年1月1日起施行。2000年《水利工程质量检测管理规定》(水建管〔2000〕2号)同时废止。

附件 水利工程质量检测单位资质等级标准

水利工程质量检测单位资质分为岩土工程、混凝土工程、金属结构、机械电气和量测5个类别，每个类别分为甲级、乙级2个等级。

所有类别的人员配备、业绩、管理体系和质量保证体系要求见表1。各个类别的检测能力要求见表2。

表1　　　　　　　　人员配备、业绩、管理体系和质量保证体系要求

等级		甲级	乙级
人员配备	技术负责人	具有10年以上从事水利水电工程建设相关工作经历，并具有水利水电专业高级以上技术职称	具有8年以上从事水利水电工程建设相关工作经历，并具有水利水电专业高级以上技术职称
	检测人员	具有水利工程质量检测员职业资格或者具备水利水电工程及相关专业中级以上技术职称人员不少于15人	具有水利工程质量检测员职业资格或者具备水利水电工程及相关专业中级以上技术职称人员不少于10人
业绩	延续	近3年内至少承担过3个大型水利水电工程（含一级堤防）或6个中型水利水电工程（含二级堤防）的主要检测任务	
	新申请	近3年内至少承担6个中型水利水电工程（含二级堤防）的主要检测任务	
管理体系和质量保证体系		有健全的技术管理和质量保证体系，有计量认证资质证书	

表2　　　　　　　　　　检 测 能 力 要 求

类别		主要检测项目及参数
岩土工程类	甲级	（一）**土工指标检测15项** 含水率、比重、密度、颗粒级配、相对密度、最大干密度、最优含水率、三轴压缩强度、**直剪强度**、渗透系数、**渗透临界坡降**、压缩系数、有机质含量、**液限**、**塑限** （二）**岩石（体）指标检测8项** 块体密度、含水率、单轴抗压强度、抗剪强度、弹性模量、岩块声波速度、岩体声波速度、变形模量 （三）**基础处理工程检测12项** 原位密度、标准贯入击数、地基承载力、单桩承载力、桩身完整性、防渗墙身完整性、锚索锚固力、锚杆拉拔力、锚杆杆体入孔长度、锚杆注浆饱满度、透水率（压水）、渗透系数（注水） （四）**土工合成材料检测11项** 单位面积质量、厚度、拉伸强度、撕裂强力、圆柱顶破强力、落锥穿透孔径、伸长率、等效孔径、垂直渗透系数、耐静水压力、老化特性
	乙级	（一）**土工指标检测12项** 含水率、比重、密度、颗粒级配、相对密度、最大干密度、最优含水率、渗透系数、**渗透临界坡降**、**直剪强度**、**液限**、**塑限** （二）**岩石（体）指标检测5项** 块体密度、含水率、单轴抗压强度、弹性模量、**变形模量** （三）**基础处理工程检测4项** 原位密度、标准贯入击数、地基承载力、单桩承载力 （四）**土工合成材料检测6项** 单位面积质量、厚度、拉伸强度、撕裂强力、圆柱顶破强力、伸长率

续表

类别		主要检测项目及参数
混凝土工程类	甲级	（一）水泥 10 项 细度、标准稠度用水量、凝结时间、安定性、胶砂流动度、胶砂强度、比表面积、烧失量、**碱含量、三氧化硫含量** （二）粉煤灰 7 项 强度活性指数、需水量比、细度、安定性、烧失量、三氧化硫含量、**含水量** （三）混凝土骨料 14 项 细度模数、（砂、石）饱和面干吸水率、含泥量、堆积密度、表观密度、针片状颗粒含量、软弱颗粒含量、**坚固性**、压碎指标、碱活性、硫酸盐及硫化物含量、有机质含量、云母含量、超逊径颗粒含量 （四）混凝土和混凝土结构 18 项 拌和物坍落度、拌和物泌水率、拌和物均匀性、拌和物含气量、**拌和物表观密度**、拌和物凝结时间、拌和物水胶比、抗压强度、轴向抗压强度、抗折强度、弹性模量、抗渗等级、**抗冻等级**、钢筋间距、混凝土保护层厚度、碳化深度、回弹强度、内部缺陷 （五）钢筋 5 项 抗拉强度、屈服强度、断后伸长率、接头抗拉强度、反复弯曲 （六）砂浆 5 项 稠度、泌水率、表观密度、抗压强度、抗渗 （七）外加剂 12 项 减水率、固体含量（含固量）、含水率、含气量、pH 值、细度、氯离子含量、**总碱量**、收缩率比、**泌水率比、抗压强度比、凝结时间差** （八）沥青 4 项 密度、针入度、延度、软化点 （九）止水带材料检测 4 项 **拉伸强度、拉断伸长率、撕裂强度、压缩永久变形**
混凝土工程类	乙级	（一）水泥 6 项 细度、标准稠度用水量、凝结时间、安定性、胶砂流动度、胶砂强度 （二）混凝土骨料 9 项 细度模数、（砂、石）饱和面干吸水率、含泥量、堆积密度、表观密度、针片状颗粒含量、**坚固性**、压碎指标、软弱颗粒含量 （三）混凝土和混凝土结构 9 项 拌和物坍落度、拌和物泌水率、拌和物均匀性、拌和物含气量、**拌和物表观密度**、拌和物凝结时间、拌和物水胶比、抗压强度、**抗折强度** （四）钢筋 5 项 抗拉强度、屈服强度、断后伸长率、接头抗拉强度、反复弯曲 （五）砂浆 4 项 稠度、泌水率、表观密度、抗压强度 （六）外加剂 7 项 减水率、固体含量（含固量）、含气量、pH 值、细度、**抗压强度比、凝结时间差**
金属结构类	甲级	（一）铸锻、焊接、材料质量与防腐涂层质量检测 16 项 铸锻件表面缺陷、**钢板表面缺陷**、铸锻件内部缺陷、**钢板内部缺陷**、焊缝表面缺陷、焊缝内部缺陷、抗拉强度、伸长率、硬度、弯曲、表面清洁度、涂料涂层厚度、涂料涂层附着力、金属涂层厚度、金属涂层结合强度、腐蚀深度与面积 （二）制造安装与在役质量检测 8 项 几何尺寸、表面缺陷、温度、变形量、振动频率、振幅、橡胶硬度、水压试验 （三）启闭机与清污机检测 14 项 电压、电流、电阻、启门力、闭门力、钢丝绳缺陷、硬度、上拱度、上翘度、挠度、行程、压力、表面粗糙度、负荷试验

续表

类别		主要检测项目及参数
金属结构类	乙级	（一）铸锻、焊接、材料质量与防腐涂层质量检测 7 项 铸锻件表面缺陷、**钢板表面缺陷**、焊缝表面缺陷、焊缝内部缺陷、表面清洁度、涂料涂层厚度、涂料涂层附着力 （二）制造安装与在役质量检测 4 项 几何尺寸、表面缺陷、温度、水压试验 （三）启闭机与清污机检测 7 项 钢丝绳缺陷、硬度、主梁上拱度、上翘度、挠度、行程、压力
机械电气类	甲级	（一）水力机械 21 项 流量、流速、水头（扬程）、水位、压力、压差、真空度、压力脉动、空蚀及磨损、温度、效率、转速、振动位移、振动速度、振动加速度、噪声、形位公差、粗糙度、硬度、振动频率、材料力学性能（抗拉强度、弯曲及延伸率） （二）电气设备 16 项 频率、电流、电压、电阻、绝缘电阻、交流耐压、直流耐压、励磁特性、变比及组别测量、相位检查、合分闸同期性、密封性试验、绝缘油介电强度、介质损耗因数、电气间隙和爬电距离、开关操作机构机械性能
	乙级	（一）水力机械 10 项 流量、水头（扬程）、水位、压力、空蚀及磨损、效率、转速、噪声、粗糙度、材料力学性能（抗拉强度、弯曲及延伸率） （二）电气设备 8 项 频率、电流、电压、电阻、绝缘电阻、励磁特性、相位检查、开关操作机构机械性能
量测类	甲级	（一）量测类 24 项 高程、平面位置、建筑物纵横轴线、建筑物断面几何尺寸、结构构件几何尺寸、角度、坡度、平整度、水平位移、垂直位移、振动频率、加速度、速度、接缝和裂缝开合度、倾斜、渗流量、扬压力、渗透压力、孔隙水压力、温度、应力、应变、地下水位、土压力
	乙级	（一）量测类 17 项 高程、平面位置、建筑物纵横轴线、建筑物断面几何尺寸、结构构件几何尺寸、坡度、平整度、水平位移、垂直位移、接缝和裂缝开合度、渗流量、扬压力、渗透压力、孔隙水压力、应力、应变、地下水位

注 表 2 中黑体字为新增参数。

四、相关标准

检验检测机构资质认定能力评价
检验检测机构通用要求

(RB/T 214—2017)

前 言

本标准按照 GB/T 1.1—2009 给出的规则起草。

本标准由中国国家认证认可监督管理委员会提出并归口。

本标准起草单位：北京国实检测技术研究院、中国合格评定国家认可委员会、上海市质量技术监督局、四川省质量技术监督局、安徽省质量技术监督局、黑龙江省质量技术监督局、河南省产品质量监督检验院、江苏省产品质量监督检验研究院、成都产品质量检验研究院有限责任公司、吉林省食品检验所、浙江方圆检测集团股份有限公司、安徽省产品质量监督检验研究院、谱尼测试集团股份有限公司、上海电动工具研究所（集团）有限公司、河北省食品检验研究院、广西壮族自治区分析测试研究中心、重庆市认证认可协会。

本标准主要起草人：黄涛、李雨田、李绍连、刘春扬、冯勇、叶炎、迟广伟、潘顺芳、李业鹏、鲍晓霞、王春燕、张明霞、张庆波、周烈、冯波、邹洁、向旭、胡丹、冉春生、闫林、顾航、郭静荣、陶雨风、金勇、林森、宋薇、王丽霞、王志滨、张兰、李沿飞、邱军、吴晓红、郭云峰。

引 言

检验检测机构在中华人民共和国境内从事向社会出具具有证明作用数据、结果的检验检测活动应取得资质认定。

检验检测机构资质认定是一项确保检验检测数据、结果的真实、客观、准确的行政许可制度。

本标准是检验检测机构资质认定对检验检测机构能力评价的通用要求，针对各个不同领域的检验检测机构，应参考依据本标准发布的相应领域的补充要求。

1 范围

本标准规定了对检验检测机构进行资质认定能力评价时，在机构、人员、场所环境、设备设施、管理体系方面的通用要求。

本标准适用于向社会出具具有证明作用的数据、结果的检验检测机构的资质认定能力评价，也适用于检验检测机构的自我评价。

2 规范性引用文件

下列文件对于本文件的应用是必不可少的。凡是注日期的引用文件，仅注日期的版本适用于本文件。凡是不注日期的引用文件，其最新版本（包括所有的修改单）适用于本文件。

GB/T 19000　质量管理体系　基础和术语
GB/T 27000　合格评定　词汇和通用原则
GB/T 27020　合格评定　各类检验机构的运作要求
GB/T 27025　检测和校准实验室能力的通用要求
JJF 1001　通用计量术语及定义

3 术语和定义

GB/T 19000、GB/T 27000、GB/T 27020、GB/T 27025、JJF 1001 界定的以及下列术语和定义适用于本文件。

3.1 检验检测机构　inspection body and laboratory

依法成立，依据相关标准或者技术规范，利用仪器设备、环境设施等技术条件和专业技能，对产品或者法律法规规定的特定对象进行检验检测的专业技术组织。

3.2 资质认定　mandatory approval

国家认证认可监督管理委员会和省级质量技术监督部门依据有关法律法规和标准、技术规范的规定，对检验检测机构的基本条件和技术能力是否符合法定要求实施的评价许可。

3.3 资质认定评审　assessment of mandatory approval

国家认证认可监督管理委员会和省级质量技术监督部门依据《中华人民共和国行政许可法》的有关规定，自行或者委托专业技术评价机构，组织评审人员，对检验检测机构的基本条件和技术能力是否符合《检验检测机构资质认定评审准则》和评审补充要求所进行的审查和考核。

3.4 公正性　impartiality

检验检测活动不存在利益冲突。

3.5 投诉　complaint

任何人员或组织向检验检测机构就其活动或结果表达不满意，并期望得到回复的行为。

3.6 能力验证　proficiency testing

依据预先制定的准则，采用检验检测机构间比对的方式，评价参加者的能力。

3.7 判定规则　decision rule

当检验检测机构需要做出与规范或标准符合性的声明时，描述如何考虑测量不确定度的规则。

3.8 验证　verification

提供客观的证据，证明给定项目是否满足规定要求。

3.9 确认 validation

对规定要求是否满足预期用途的验证。

4 要求

4.1 机构

4.1.1 检验检测机构应是依法成立并能够承担相应法律责任的法人或者其他组织，检验检测机构或者其所在的组织应有明确的法律地位，对其出具的检验检测数据、结果负责，并承担相应法律责任。不具备独立法人资格的检验检测机构应经所在法人单位授权。

4.1.2 检验检测机构应明确其组织结构及管理、技术运作和支持服务之间的关系。检验检测机构应配备检验检测活动所需的人员、设施、设备、系统及支持服务。

4.1.3 检验检测机构及其人员从事检验检测活动，应遵守国家相关法律法规的规定，遵循客观独立、公平公正、诚实信用原则，恪守职业道德，承担社会责任。

4.1.4 检验检测机构应建立和保持维护其公正和诚信的程序。检验检测机构及其人员应不受来自内外部的、不正当的商业、财务和其他方面的压力和影响，确保检验检测数据、结果的真实、客观、准确和可追溯。检验检测机构应建立识别出现公正性风险的长效机制。如识别出公正性风险，检验检测机构应能证明消除或减少该风险。若检验检测机构所在的组织还从事检验检测以外的活动，应识别并采取措施避免潜在的利益冲突。检验检测机构不得使用同时在两不及以上检验检测机构从业的人员。

4.1.5 检验检测机构应建立和保持保护客户秘密和所有权的程序，该程序应包括保护电子存储和传输结果信息的要求。检验检测机构及其人员应对其在检验检测活动中所知悉的国家秘密、商业秘密和技术秘密负有保密义务，并制定和实施相应的保密措施。

4.2 人员

4.2.1 检验检测机构应建立和保持人员管理程序，对人员资格确认、任用、授权和能力保持等进行规范管理。检验检测机构应与其人员建立劳动、聘用或录用关系，明确技术人员和管理人员的岗位职责、任职要求和工作关系，使其满足岗位要求并具有所需的权力和资源，履行建立、实施、保持和持续改进管理体系的职责。检验检测机构中所有可能影响检验检测活动的人员，无论是内部还是外部人员，均应行为公正，受到监督，胜任工作，并按照管理体系要求履行职责。

4.2.2 检验检测机构应确定全权负责的管理层，管理层应履行其对管理体系的领导作用和承诺：

    a) 对公正性做出承诺；
    b) 负责管理体系的建立和有效运行；
    c) 确保管理体系所需的资源；
    d) 确保制定质量方针和质量目标；
    e) 确保管理体系要求融入检验检测的全过程；
    f) 组织管理体系的管理评审；
    g) 确保管理体系实现其预期结果；
    h) 满足相关法律法规要求和客户要求；

i) 提升客户满意度；

j) 运用过程方法建立管理体系和分析风险、机遇。

4.2.3 检验检测机构的技术负责人应具有中级及以上专业技术职称或同等能力，全面负责技术运作；质量负责人应确保管理体系得到实施和保持；应指定关键管理人员的代理人。

4.2.4 检验检测机构的授权签字人应具有中级及以上专业技术职称或同等能力，并经资质认定部门批准，非授权签字人不得签发检验检测报告或证书。

4.2.5 检验检测机构应对抽样、操作设备、检验检测、签发检验检测报告或证书以及提出意见和解释的人员，依据相应的教育、培训、技能和经验进行能力确认。应由熟悉检验检测目的、程序、方法和结果评价的人员，对检验检测人员包括实习员工进行监督。

4.2.6 检验检测机构应建立和保持人员培训程序，确定人员的教育和培训目标，明确培训需求和实施人员培训。培训计划应与检验检测机构当前和预期的任务相适应。

4.2.7 检验检测机构应保留人员的相关资格、能力确认、授权、教育、培训和监督的记录，记录包含能力要求的确定、人员选择、人员培训、人员监督、人员授权和人员能力监控。

4.3 场所环境

4.3.1 检验检测机构应有固定的、临时的、可移动的或多个地点的场所，上述场所应满足相关法律法规、标准或技术规范的要求。检验检测机构应将其从事检验检测活动所必需的场所、环境要求制定成文件。

4.3.2 检验检测机构应确保其工作环境满足检验检测的要求。检验检测机构在固定场所以外进行检验检测或抽样时，应提出相应的控制要求，以确保环境条件满足检验检测标准或者技术规范的要求。

4.3.3 检验检测标准或者技术规范对环境条件有要求时或环境条件影响检验检测结果时，应监测、控制和记录环境条件。当环境条件不利于检验检测的开展时，应停止检验检测活动。

4.3.4 检验检测机构应建立和保持检验检测场所良好的内务管理程序，该程序应考虑安全和环境的因素。检验检测机构应将不相容活动的相邻区域进行有效隔离，应采取措施以防止干扰或者交叉污染。检验检测机构应对使用和进入影响检验检测质量的区域加以控制，并根据特定情况确定控制的范围。

4.4 设备设施

4.4.1 设备设施的配备

检验检测机构应配备满足检验检测（包括抽样、物品制备、数据处理与分析）要求的设备和设施。用于检验检测的设施，应有利于检验检测工作的正常开展。设备包括检验检测活动所必需并影响结果的仪器、软件、测量标准、标准物质、参考数据、试剂、消耗品、辅助设备或相应组合装置。检验检测机构使用非本机构的设施和设备时，应确保满足本标准要求。

检验检测机构租用仪器设备开展检验检测时，应确保：

a) 租用仪器设备的管理应纳入本检验检测机构的管理体系；

b) 本检验检测机构可全权支配使用，即：租用的仪器设备由本检验检测机构的人员操作、维护、检定或校准，并对使用环境和贮存条件进行控制；

c) 在租赁合同中明确规定租用设备的使用权；

d) 同一台设备不允许在同一时期被不同检验检测机构共同租赁和资质认定。

4.4.2 设备设施的维护

检验检测机构应建立和保持检验检测设备和设施管理程序，以确保设备和设施的配置、使用和维护满足检验检测工作要求。

4.4.3 设备管理

检验检测机构应对检验检测结果、抽样结果的准确性或有效性有影响或计量溯源性有要求的设备，包括用于测量环境条件等辅助测量设备有计划地实施检定或校准。设备在投入使用前，应采用核查、检定或校准等方式，以确认其是否满足检验检测的要求。所有需要检定、校准或有有效期的设备应使用标签、编码或以其他方式标识，以便使用人员易于识别检定、校准的状态或有效期。

检验检测设备，包括硬件和软件设备应得到保护，以避免出现致使检验检测结果失效的调整。检验检测机构的参考标准应满足溯源要求。无法溯源到国家或国际测量标准时，检验检测机构应保留检验检测结果相关性或准确性的证据。

当需要利用期间核查以保持设备的可信度时，应建立和保持相关的程序。针对校准结果包含的修正信息或标准物质包含的参考值，检验检测机构应确保在其检测数据及相关记录中加以利用并备份和更新。

4.4.4 设备控制

检验检测机构应保存对检验检测具有影响的设备及其软件的记录。用于检验检测并对结果有影响的设备及其软件，如可能，应加以唯一性标识。检验检测设备应由经过授权的人员操作并对其进行正常维护。若设备脱离了检验检测机构的直接控制，应确保该设备返回后，在使用前对其功能和检定、校准状态进行核查，并得到满意结果。

4.4.5 故障处理

设备出现故障或者异常时，检验检测机构应采取相应措施，如停止使用、隔离或加贴停用标签、标记，直至修复并通过检定、校准或核查表明能正常工作为止。应核查这些缺陷或偏离对以前检验检测结果的影响。

4.4.6 标准物质

检验检测机构应建立和保持标准物质管理程序。标准物质应尽可能溯源到国际单位制（SI）单位或有证标准物质。检验检测机构应根据程序对标准物质进行期间核查。

4.5 管理体系

4.5.1 总则

检验检测机构应建立、实施和保持与其活动范围相适应的管理体系，应将其政策、制度、计划、程序和指导书制定成文件，管理体系文件应传达至有关人员，并被其获取、理解、执行。检验检测机构管理体系至少应包括：管理体系文件、管理体系文件的控制、记录控制、应对风险和机遇的措施、改进、纠正措施、内部审核和管理评审。

4.5.2 方针目标

检验检测机构应阐明质量方针，制定质量目标，并在管理评审时予以评审。

4.5.3 文件控制

检验检测机构应建立和保持控制其管理体系的内部和外部文件的程序，明确文件的标识、批准、发布、变更和废止，防止使用无效、作废的文件。

4.5.4 合同评审

检验检测机构应建立和保持评审客户要求、标书、合同的程序。对要求、标书、合同的偏离、变更应征得客户同意并通知相关人员。当客户要求出具的检验检测报告或证书中包含对标准或规范的符合性声明（如合格或不合格）时，检验检测机构应有相应的判定规则。若标准或规范不包含判定规则内容，检验检测机构选择的判定规则应与客户沟通并得到同意。

4.5.5 分包

检验检测机构需分包检验检测项目时，应分包给已取得检验检测机构资质认定并有能力完成分包项目的检验检测机构，具体分包的检验检测项目和承担分包项目的检验检测机构应事先取得委托人的同意。出具检验检测报告或证书时，应将分包项目予以区分。

检验检测机构实施分包前，应建立和保持分包的管理程序，并在检验检测业务洽谈、合同评审和合同签署过程中予以实施。

检验检测机构不得将法律法规、技术标准等文件禁止分包的项目实施分包。

4.5.6 采购

检验检测机构应建立和保持选择和购买对检验检测质量有影响的服务和供应品的程序，明确服务、供应品、试剂、消耗材料等的购买、验收、存储的要求，并保存对供应商的评价记录。

4.5.7 服务客户

检验检测机构应建立和保持服务客户的程序，包括：保持与客户沟通，对客户进行服务满意度调查、跟踪客户的需求，以及允许客户或其代表合理进入为其检验检测的相关区域观察。

4.5.8 投诉

检验检测机构应建立和保持处理投诉的程序。明确对投诉的接收、确认、调查和处理职责，跟踪和记录投诉，确保采取适宜的措施，并注重人员的回避。

4.5.9 不符合工作控制

检验检测机构应建立和保持出现不符合工作的处理程序，当检验检测机构活动或结果不符合其自身程序或与客户达成一致的要求时，检验检测机构应实施该程序。该程序应确保：

a) 明确对不符合工作进行管理的责任和权力；

b) 针对风险等级采取措施；

c) 对不符合工作的严重性进行评价，包括对以前结果的影响分析；

d) 对不符合工作的可接受性做出决定；

e) 必要时，通知客户并取消工作；

f）规定批准恢复工作的职责；

g）记录所描述的不符合工作和措施。

4.5.10 纠正措施、应对风险和机遇的措施和改进

检验检测机构应建立和保持在识别出不符合时，采取纠正措施的程序。检验检测机构应通过实施质量方针、质量目标，应用审核结果、数据分析、纠正措施、管理评审、人员建议、风险评估、能力验证和客户反馈等信息来持续改进管理体系的适宜性、充分性和有效性。

检验检测机构应考虑与检验检测活动有关的风险和机遇，以利于：确保管理体系能够实现其预期结果；把握实现目标的机遇；预防或减少检验检测活动中的不利影响和潜在的失败；实现管理体系改进。检验检测机构应策划：应对这些风险和机遇的措施；如何在管理体系中整合并实施这些措施；如何评价这些措施的有效性。

4.5.11 记录控制

检验检测机构应建立和保持记录管理程序，确保每一项检验检测活动技术记录的信息充分，确保记录的标识、贮存、保护、检索、保留和处置符合要求。

4.5.12 内部审核

检验检测机构应建立和保持管理体系内部审核的程序，以便验证其运作是否符合管理体系和本标准的要求，管理体系是否得到有效的实施和保持。内部审核通常每年一次，由质量负责人策划内审并制定审核方案。内审员须经过培训，具备相应资格。若资源允许，内审员应独立于被审核的活动。检验检测机构应：

a）依据有关过程的重要性、对检验检测机构产生影响的变化和以往的审核结果，策划、制定、实施和保持审核方案，审核方案包括频次、方法、职责、策划要求和报告；

b）规定每次审核的审核要求和范围；

c）选择审核员并实施审核；

d）确保将审核结果报告给相关管理者；

e）及时采取适当的纠正和纠正措施；

f）保留形成文件的信息，作为实施审核方案以及审核结果的证据。

4.5.13 管理评审

检验检测机构应建立和保持管理评审的程序。管理评审通常 12 个月一次，由管理层负责。管理层应确保管理评审后，得出的相应变更或改进措施予以实施，确保管理体系的适宜性、充分性和有效性。应保留管理评审的记录。管理评审输入应包括以下信息：

a）检验检测机构相关的内外部因素的变化；

b）目标的可行性；

c）政策和程序的适用性；

d）以往管理评审所采取措施的情况；

e）近期内部审核的结果；

f）纠正措施；

g）由外部机构进行的评审；

h）工作量和工作类型的变化或检验检测机构活动范围的变化；

i) 客户和员工的反馈;

j) 投诉;

k) 实施改进的有效性;

l) 资源配备的合理性;

m) 风险识别的可控性;

n) 结果质量的保障性;

o) 其他相关因素,如监督活动和培训。

管理评审输出应包括以下内容:

a) 管理体系及其过程的有效性;

b) 符合本标准要求的改进;

c) 提供所需的资源;

d) 变更的需求。

4.5.14 方法的选择、验证和确认

检验检测机构应建立和保持检验检测方法控制程序。检验检测方法包括标准方法和非标准方法(含自制方法)。应优先使用标准方法,并确保使用标准的有效版本。在使用标准方法前,应进行验证。在使用非标准方法(含自制方法)前,应进行确认。检验检测机构应跟踪方法的变化,并重新进行验证或确认。必要时,检验检测机构应制定作业指导书。如确需方法偏离,应有文件规定,经技术判断和批准,并征得客户同意。当客户建议的方法不适合或已过期时,应通知客户。

非标准方法(含自制方法)的使用,应事先征得客户同意,并告知客户相关方法可能存在的风险。需要时,检验检测机构应建立和保持开发自制方法控制程序,自制方法应经确认。检验检测机构应记录作为确认证据的信息:使用的确认程序、规定的要求、方法性能特征的确定、获得的结果和描述该方法满足预期用途的有效性声明。

4.5.15 测量不确定度

检验检测机构应根据需要建立和保持应用评定测量不确定度的程序。

检验检测项目中有测量不确定度的要求时,检验检测机构应建立和保持应用评定测量不确定度的程序。检验检测机构建立相应数学模型,给出相应检验检测能力的评定测量不确定度案例。检验检测机构可在检验检测出现临界值、内部质量控制或客户有要求时,需要报告测量不确定度。

4.5.16 数据信息管理

检验检测机构应获得检验检测活动所需的数据和信息,并对其信息管理系统进行有效管理。

检验检测机构应对计算和数据转移进行系统和适当地检查。当利用计算机或自动化设备对检验检测数据进行采集、处理、记录、报告、存储或检索时,检验检测机构应:

a) 将自行开发的计算机软件形成文件,使用前确认其适用性,并进行定期确认、改变或升级后再次确认,应保留确认记录;

b) 建立和保持数据完整性、正确性和保密性的保护程序;

c) 定期维护计算机和自动设备,保持其功能正常。

4.5.17 抽样

检验检测机构为后续的检验检测，需要对物质、材料或产品进行抽样时，应建立和保持抽样控制程序。抽样计划应根据适当的统计方法制定，抽样应确保检验检测结果的有效性。当客户对抽样程序有偏离的要求时，应予以详细记录，同时告知相关人员。如果客户要求的偏离影响到检验检测结果，应在报告、证书中做出声明。

4.5.18 样品处置

检验检测机构应建立和保持样品管理程序，以保护样品的完整性并为客户保密。检验检测机构应有样品的标识系统，并在检验检测整个期间保留该标识。在接收样品时，应记录样品的异常情况或记录对检验检测方法的偏离。样品在运输、接收、处置、保护、存储、保留、清理或返回过程中应予以控制和记录。当样品需要存放或养护时，应维护、监控和记录环境条件。

4.5.19 结果有效性

检验检测机构应建立和保持监控结果有效性的程序。检验检测机构可采用定期使用标准物质、定期使用经过检定或校准的具有溯源性的替代仪器、对设备的功能进行检查、运用工作标准与控制图、使用相同或不同方法进行重复检验检测、保存样品的再次检验检测、分析样品不同结果的相关性、对报告数据进行审核、参加能力验证或机构之间比对、机构内部比对、盲样检验检测等进行监控。检验检测机构所有数据的记录方式应便于发现其发展趋势，若发现偏离预先判据，应采取有效的措施纠正出现的问题，防止出现错误的结果。质量控制应有适当的方法和计划并加以评价。

4.5.20 结果报告

检验检测机构应准确、清晰、明确、客观地出具检验检测结果，符合检验检测方法的规定，并确保检验检测结果的有效性。结果通常应以检验检测报告或证书的形式发出。检验检测报告或证书应至少包括下列信息：

a）标题；

b）标注资质认定标志，加盖检验检测专用章（适用时）；

c）检验检测机构的名称和地址，检验检测的地点（如果与检验检测机构的地址不同）；

d）检验检测报告或证书的唯一性标识（如系列号）和每一页上的标识，以确保能够识别该页是属于检验检测报告或证书的一部分，以及表明检验检测报告或证书结束的清晰标识；

e）客户的名称和联系信息；

f）所用检验检测方法的识别；

g）检验检测样品的描述、状态和标识；

h）检验检测的日期。对检验检测结果的有效性和应用有重大影响时，注明样品的接收日期或抽样日期；

i）对检验检测结果的有效性或应用有影响时，提供检验检测机构或其他机构所用的抽样计划和程序的说明；

j）检验检测报告或证书签发人的姓名、签字或等效的标识和签发日期；

k）检验检测结果的测量单位（适用时）；

l) 检验检测机构不负责抽样（如样品是由客户提供）时，应在报告或证书中声明结果仅适用于客户提供的样品；

m) 检验检测结果来自于外部提供者时的清晰标注；

n) 检验检测机构应做出未经本机构批准，不得复制（全文复制除外）报告或证书的声明。

4.5.21 结果说明

当需对检验检测结果进行说明时，检验检测报告或证书中还应包括下列内容：

a) 对检验检测方法的偏离、增加或删减，以及特定检验检测条件的信息，如环境条件；

b) 适用时，给出符合（或不符合）要求或规范的声明；

c) 当测量不确定度与检验检测结果的有效性或应用有关，或客户有要求，或当测量不确定度影响到对规范限度的符合性时，检验检测报告或证书中还需要包括测量不确定度的信息；

d) 适用且需要时，提出意见和解释；

e) 特定检验检测方法或客户所要求的附加信息。报告或证书涉及使用客户提供的数据时，应有明确的标识。当客户提供的信息可能影响结果的有效性时，报告或证书中应有免责声明。

4.5.22 抽样结果

检验检测机构从事抽样时，应有完整、充分的信息支撑其检验检测报告或证书。

4.5.23 意见和解释

当需要对报告或证书做出意见和解释时，检验检测机构应将意见和解释的依据形成文件。意见和解释应在检验检测报告或证书中清晰标注。

4.5.24 分包结果

当检验检测报告或证书包含了由分包方所出具的检验检测结果时，这些结果应予清晰标明。

4.5.25 结果传送和格式

当用电话、传真或其他电子或电磁方式传送检验检测结果时，应满足本标准对数据控制的要求。检验检测报告或证书的格式应设计为适用于所进行的各种检验检测类型，并尽量减小产生误解或误用的可能性。

4.5.26 修改

检验检测报告或证书签发后，若有更正或增补应予以记录。修订的检验检测报告或证书应标明所代替的报告或证书，并注以唯一性标识。

4.5.27 记录和保存

检验检测机构应对检验检测原始记录、报告、证书归档留存，保证其具有可追溯性。检验检测原始记录、报告、证书的保存期限通常不少于6年。

参考文献

[1] 检验检测机构资质认定管理办法（2015年4月9日国家质量监督检验检疫总局

令第 163 号）

[2] GB/T 19001　质量管理体系　要求

[3] GB 19489　实验室　生物安全通用要求

[4] GB/T 22576　医学实验室　质量和能力的专用要求

[5] GB/T 31880　检验检测机构诚信基本要求

检验检测机构资质认定能力评价评审员管理要求

(RB/T 213—2017)

1 范围

本标准规定了检验检测机构资质认定评审员的分级、评审员的确认、评审员的行为、评审员的义务、评审员的监督和评审员的编号方面的管理要求。

本标准适用于检验检测机构资质认定部门对检验检测机构资质认定评审员的管理。

2 规范性引用文件

下列文件对于本文件的应用是必不可少的。凡是注日期的引用文件，仅注日期的版本适用于本文件。凡是不注日期的引用文件，其最新版本（包括所有的修改单）适用于本文件。

GB/T 19000 质量管理体系 基础和术语

GB/T 27000 合格评定 词汇和通用原则

JJF 1001 通用计量术语及定义

RB/T 214 检验检测机构资质认定能力评价 检验检测机构通用要求

3 术语和定义

GB/T 19000、GB/T 27000、JJF 1001、RB/T 214 界定的以及下列术语和定义适用于本文件。

3.1 资质认定评审员 assessor for mandatory approval

经检验检测机构资质认定部门考核、确认，纳入检验检测机构资质认定部门管理，从事检验检测机构资质认定评审工作的人员。

4 管理要求

4.1 总则

国家认证认可监督管理委员会负责全国检验检测机构资质认定评审员的统一管理，负责建立国家检验检测机构资质认定评审员的考核、确认和监督管理制度、省级资质认定部门负责其所使用评审员的考核、确认和监督管理工作。

4.2 评审员的分级

4.2.1 级别划分

检验检测机构资质认定评审员分为评审员和主任评审员两个级别。评审员能够独立承担相关领域的评审工作，主任评审员可以担任评审组长。

4.2.2 评审员的条件

评审员应符合以下条件：

a）具有国家承认的大学本科及以上相关专业学历、具有相关专业中级及以上技术职称，或具有同等水平的技术能力；

注：同等水平的技术能力指：博士研究生毕业，从事相关专业检验检测活动 1 年及以上；硕士研究生毕业，从事相关专业检验检测活动 3 年及以上；大学本科毕业，从事相关专业检验检测活动 5 年及以上；大学专业毕业，从事相关专业检验检测活动 8 年及以上。

b）从事检验检测或者相关管理工作 5 年及以上；

c）身体健康，适合于本专业的评审工作，通常年龄不超过 65 周岁；

d）具有良好语言表达和交流能力；

e）能进行计算机操作、使用检验检测机构资质认定评审相关的软件系统；

f）熟悉检验检测机构资质认定相关法律法规，能够依据检验检测机构资质认定的相关规定开展工作；

g）有足够的时间参加评审工作；

h）遵守国家法律法规。

4.2.3 主任评审员的条件

主任评审员应符合以上条件：

a）作为评审员至少参加过 6 次及以上现场评审；

b）经 2 名及以上主任评审员分别评价合格。

4.3 评审员的确认

4.3.1 申请检验检测机构资质认定评审员，应符合以上条件：

a）申请人参加检验检测机构资质认定部门组织的考核；

b）申请人向检验检测机构资质认定主管部门提交检验检测机构资质认定评审员申请表、考核合格证明；

c）申请国家认证认可监督管理委员会评审员，还需获得省级检验检测机构资质认定部门、直属出入境检验检疫部门、检验检测机构资质认定行业评审组或专业技术组织的推荐。

4.3.2 检验检测机构资质认定部门组织专家对申请人提交资料进行审核。

4.3.3 检验检测机构资质认定部门对审核结果予以确认，符合要求的，录入检验检测机构资质认定评审员数据库。

4.4 评审员的行为

检验检测机构资质认定评审员应恪守如下行为准则：

a）坚持原则，公正可靠，忠于职守；

b）不损害检验检测机构资质认定主管部门的声誉；

c）不介入与检验检测机构资质认定评审有关的冲突和违规利益；

d）严格遵守保密协议；

e）具有团队协同精神；

f）持续符合检验检测机构资质认定评审员要求。

4.5 评审员的义务

检验检测机构资质认定评审员的义务：

a) 依照检验检测机构资质认定评审要求实施评审；
b) 按照检验检测机构资质认定部门规定的时间参加评审工作；
c) 参加检验检测机构资质认定部门组织的持续培训；
d) 当与所评审的检验测机构有利益关系或有损公正性时，应主动回避；
e) 不对同一检验检测机构既实施咨询又实施评审；
f) 不透露工作中所知悉的国家秘密、商业秘密和技术秘密；
g) 不收受和谋取检验检测机构的钱物，以及其他形式的不当利益；
h) 不出具虚假或者不实的评审结论。

4.6 评审员的监管

4.6.1 检验检测机构资质认定部门应建立和维护评审员数据库，公布评审员信息，接受社会监督。

4.6.2 检验检测机构资质认定部门应对评审员进行持续培训，培训形式包括集中授课、现场观摩、会议研讨或者在线培训等。

4.6.3 检验检测机构资质认定部门应采取现场评审观察、评审案卷审查、被评审方的意见、专项检查及其他相关方面的信息反馈等方式对评审员的评审行为进行监督。

4.6.4 检验检测机构资质认定部门应根据评审员技术能力、工作态度、职业道德等方面的表现，对评审员实施动态管理。

4.6.5 检验检测机构资质认定部门应建立评审员信息变更上报制度，及时跟踪评审员的基础信息，定期审核评审员的信息。

4.6.6 必要时，检验检测机构资质认定部门可聘用技术专家参与评审工作。

5 评审员的编号

5.1 检验检测机构资质认定评审员编号由 15 位数字和字母组成：

a) 第 1～第 4 位：发证年份代码；
b) 第 5～第 6 位：发证机关代码；
c) 第 7～第 8 位：评审领域类别代码；
d) 第 9～第 10 位：行业主管部门代码；
e) 第 11～第 14 位：发证流水号代码（从"0001"开始，按数字顺序排列）；
f) 第 15 位：评审人员级别代码（A：主任评审员、B：评审员）。

5.2 检验检测机构资质认定评审员编号应符合附录 A 的要求。

附　录　A

（规范性附录）

检验检测机构资质认定评审员编号

检验检测机构资质认定评审员编号按表 A.1 实施。

表 A.1 检验检测机构资质认定评审员编号表

编号位数	第1～第4位	第5～第6位	第7～第8位	第9～第10位	第11～第14位	第15位
编号分类	发证年份代码	发证机关代码	评审领域类别代码	行业主管部门代码	发证流水号代码	评审人员级别代码
编号内容	发证年份	00 国家认监委	00 食品	00 教育	从"0001"开始,按数字顺序排列	A:主任评审员 B:评审员
		01 北京	01 建筑工程	01 工业和信息		
		02 天津	02 建材	02 公安		
		03 河北	03 卫生计生	03 司法		
		04 山西	04 农林牧渔	04 国土资源		
		05 内蒙古	05 机动车	05 环保		
		06 辽宁	06 公安刑事	06 住房与建设		
		07 吉林	07 司法鉴定	07 交通		
		08 黑龙江	08 机械	08 水利		
		09 上海	09 电子信息	09 农业		
		10 江苏	10 轻工	10 卫计委		
		11 浙江	11 纺织服装	11 技术监督		
		12 安徽	12 环保	12 检验检疫		
		13 福建	13 水质	13 安全生产		
		14 江河	14 化工	14 食品药品		
		15 山东	15 医疗器械	15 林业		
		16 河南	16 采矿冶金	16 中科院		
		17 湖北	17 能源	17 粮食		
		18 湖南	18 医学	18 国防科工		
		19 广东	19 生物安全	19 海洋		
		20 广西	20 综合	20 测绘		
		21 海南	21 其他	21 铁路		
		22 重庆		22 机械		
		23 四川		23 化工		
		24 贵州		24 石油		
		25 云南		25 电力		
		26 西藏		26 轻工		
		27 陕西		27 商贸		
		28 甘肃		28 建材		
		29 青海		29 供销		
		30 宁夏		30 分析测试与冶金		
		31 新疆		31 有色		
				32 节能		
				33 军队		
				34 其他		

参考文献

[1] 检验检测机构资质认定管理办法（2015年4月9日国家质量监督检验检疫总局令第163号）
[2] GB/T 19001　质量管理体系　要求
[3] GB 19489　实验室　生物安全通用要求
[4] GB/T 22576　医学实验室　质量和能力的专用要求
[5] GB/T 27020　合格评定　各类检验机构的运作要求
[6] GB/T 27025　检测和校准实验室能力的通用要求
[7] GB/T 31880　检验检测机构诚信基本要求

数值修约规则与极限数值的表示和判定

(GB/T 8170—2008)

前 言

本标准是在 GB/T 8170—1987《数值修约规则》和 GB/T 1250—1989《极限数值的表示和判定方法》的基础上整合修订而成。

本标准代替 GB/T 8170—1987 和 GB/T 1250—1989。

本标准与 GB/T 8170—1987 和 GB/T 1250—1989 相比较，技术内容的主要变化包括：

——按 GB/T 1.1—2000《标准化工作导则 第1部分：标准的结构和编写规则》的要求对标准格式进行了修改；
——增加了术语"数值修约"与"极限数值"，修改了"修约间隔"的定义，删除了术语"有效位数""0.5 单位修约"与"0.2 单位修约"；
——在第 3 章数值修约规则中删除了"指定将数值修约成 n 位有效位数"有关内容，保留"指定数位的情形"；
——必要时，在修约数值右上角而不是数值后，加符号"＋"或"－"，表示其值进行过"舍"或"进"；
——在对测定值或其计算值与极限数值比较的两种判定方法中，增加了"当标准或有关文件规定了使用其中一种比较方法时，一经确定，不得改动"；删去了有关绝对极限数值的内容；
——在使用修约法比较时，强制了"当测试或计算精度允许时，应先将获得的数值按指定的修约位数多一位或几位报出，然后按 3.2 的程序修约至规定的位数。"

本标准由中国标准化研究院提出。

本标准由全国统计方法应用标准化技术委员会归口。

本标准起草单位：中国标准化研究院、中国科学院数学与系统科学研究院、广州产品质量监督检验所、无锡市产品质量监督检验所、福州春伦茶业有限公司。

本标准起草人：陈玉忠、于振凡、冯士雍、邓穗兴、丁文兴、党华、陈华英、傅天龙。

1 范围

本标准规定了对数值进行修约的规则、数值极限数值的表示和判定方法，有关用语及其符号，以及将测定值或其计算值与标准规定的极限数值作比较的方法。

本标准适用于科学技术与生产活动中测试和计算得出的各种数值。当所得数值需要修改时，应按本标准给出的规则进行。

本标准适用于各种标准或其他技术规范的编写和对测试结果的判定。

2 术语和定义

下列术语和定义适用于本标准。

2.1 数值修约 rounding off for numerical values

通过省略原数值的最后若干位数字，调整所保留的末位数字，使最后所得到的值最接近原数值的过程。

注：经数值修约后的数值称为（原数值的）修约值。

2.2 修约间隔 rounding interval

修约值的最小数值单位。

注：修约间隔的数值一经确定，修约值即为该数值的整数倍。

例1：如指定修约间隔为0.1，修约值应在0.1的整数倍中选取，相当于将数值修约到一位小数。

例2：如指定修约间隔为100，修约值应在100的整数倍中选取，相当于将数值修约到"百"数位。

2.3 极限数值 limiting values

标准（或技术规范）中规定考核的以数量形式给出且符合该标准（或技术规范）要求的指标数值范围的界限值。

3 数值修约规则

3.1 确定修约间隔

a) 指定修约间隔为 10^{-n}（n 为正整数），或指明将数值修约到 n 位小数；

b) 指定修约间隔为1，或指明将数值修约到"个"数位；

c) 指定修约间隔为 10^n（n 为正整数），或指明将数值修约到 10^n 数位，或指明将数值修约到"十""百""千"……数位。

3.2 进舍规则

3.2.1 拟舍弃数字的最左一位数字小于5，则舍去，保留其余各位数字不变。

例：将12.1498修约到个数位，得12；将12.1498修约到一位小数，得12.1。

3.2.2 拟舍弃数字的最左一位数字大于5，则进一，即保留数字的末位数字加1。

例：将1268修约到"百"数位，得 $13×10^2$（特定场合可写为1300）。

注：本标准示例中，"特定场合"系指修约间隔明确时。

3.2.3 拟舍弃数字的最左一位数字是5，且其后有非0数字时进一，即保留数字的末位数字加1。

例：将10.5002修约到个数位，得11。

3.2.4 拟舍弃数字的最左一位数字为5，且其后无数字或皆为0时，若所保留的末位数字为奇数（1，3，5，7，9）则进一，即保留数字的末位数字加1；若所保留的末位数字为偶数（0,2,4,6,8），则舍去。

例1：修约间隔为0.1（或10^{-1}）

拟修约数值　　　　　　　修约值
1.050　　　　　　　　　　$10×10^{-1}$（特定场合可写成为1.0）
0.35　　　　　　　　　　　$4×10^{-1}$（特定场合可写成为0.4）

例2：修约间隔为1000（10^3）

拟修约数值　　　　　　　修约值
2500　　　　　　　　　　$2×10^3$（特定场合可写成为2000）
3500　　　　　　　　　　$4×10^3$（特定场合可写成为4000）

3.2.5 负数修约时，先将它的绝对值按3.2.1～3.2.4的规定进行修约，然后在所得值前面加上负号。

例1：将下列数字修约到"十"数位：

拟修约数值　　　　　　　修约值
−355　　　　　　　　　　−36×10（特定场合可写为−360）
−325　　　　　　　　　　−32×10（特定场合可写为−320）

例2：将下列数字修约到三位小数，即修约间隔为10^{-3}：

拟修约数值　　　　　　　修约值
−0.0365　　　　　　　　 $−36×10^{-3}$（特定场合可写为−0.036）

3.3 不允许连续修约

3.3.1 拟修约数字应在确定修约间隔或指定修约数位后一次修约获得结果，不得多次按3.2规则连续修约。

例1：修约97.46，修约间隔为1。
正确的做法：97.46→97；
不正确的做法：97.46→97.5→98。

例2：修约15.4546，修约间隔为1。
正确的做法：15.4546→15；
不正确的做法：15.4546→15.455→15.46→15.5→16。

3.3.2 在具体实施中，有时测试与计算部门先将获得数值按指定的修约数位多一位或几位报出，而后由其他部门判定。为避免产生连续修约的错误，应按下述步骤进行。

3.3.2.1 报出数值最右的非零数字为5时，应在数值右上角加"＋"或加"−"或不加符号，分别表明已进行过舍，进或未舍未进。

例：16.50^+表示实际值大于16.50，经修约舍弃为16.50；16.50^-表示实际值小于16.50，经修约进一为16.50。

3.3.2.2 如对报出值需进行修约，当拟舍弃数字的最左一位数字为5，且其后无数字或皆为零时，数值右上角有"＋"者进一，有"−"者舍去，其他仍按3.2的规定进行。

例1：将下列数字修约到个数位（报出值多留一位至一位小数）。

实测值　　　　　　报出值　　　　　　修约值
15.4546　　　　　　15.5^-　　　　　　15

四、相关标准

−15.4546	−15.5⁻	−15
16.5203	16.5⁺	17
−16.5203	−16.5⁺	−17
17.5000	17.5	18

3.4　0.5 单位修约与 0.2 单位修约

在对数值进行修约时，若有必要，也可采用 0.5 单位修约或 0.2 单位修约。

3.4.1　0.5 单位修约（半个单位修约）

0.5 单位修约是指按指定修约间隔对拟修约的数值 0.5 单位进行的修约。

0.5 单位修约方法如下：将拟修约数值 X 乘以 2，按指定修约间隔对 $2X$ 依 3.2 的规定修约，所得数值（$2X$ 修约值）再除以 2。

例：将下列数字修约到"个"数位的 0.5 单位修约。

拟修约数值 X	$2X$	$2X$ 修约值	X 修约值
60.25	120.50	120	60.0
60.38	120.76	121	60.5
60.28	120.56	121	60.5
−60.75	−121.50	−122	−61.0

3.4.2　0.2 单位修约

0.2 单位修约是指按指定修约间隔对拟修约的数值 0.2 单位进行的修约。

0.2 单位修约方法如下：将拟修约数值 X 乘以 5，按指定修约间隔对 $5X$ 依 3.2 的规定修约，所得数值（$5X$ 修约值）再除以 5。

例：将下列数字修约到"百"数位的 0.2 单位修约。

拟修约数值 X	$5X$	$5X$ 修约值	X 修约值
830	4150	4200	840
842	4210	4200	840
832	4160	4200	840
−930	−4650	−4600	−920

4　极限数值的表示和判定

4.1　书写极限数值的一般原则

4.1.1　标准（或其他技术规范）中规定考核的以数量形式给出的指标或参数等，应当规定极限数值。极限数值表示符合该标准要求的数值范围的界限值，它通过给出最小极限值和（或）最大极限值，或给出基本数值与极限偏差值等方式表达。

4.1.2　标准中极限数值的表示形式及书写位数应适当，其有效数字应全部写出。书写位数表示的精确程度，应能保证产品或其他标准化对象应有的性能和质量。

4.2　表示极限数值的用语

4.2.1　基本用语

4.2.1.1　表达极限数值的基本用语及符号见表 1。

表1 表达极限数值的基本用语及符号

基本用语	符号	特定情形下的基本用语			注
大于 A	$>A$		多于 A	高于 A	测定值或计算值恰好为 A 值时不符合要求
小于 A	$<A$		少于 A	低于 A	测定值或计算值恰好为 A 值时不符合要求
大于或等于 A	$\geqslant A$	不小于 A	不少于 A	不低于 A	测定值或计算值恰好为 A 值时符合要求
小于或等于 A	$\leqslant A$	不大于 A	不多于 A	不高于 A	测定值或计算值恰好为 A 值时符合要求

注1 A 为极限数值。
注2 允许采用以下习惯用语表达极限数值：
  a)"超过 A"，指数值大于 A（$>A$）；
  b)"不足 A"，指数值小于 A（$<A$）；
  c)"A 及以上"或"至少 A"，指数值大于或等于 A（$\geqslant A$）；
  d)"A 及以下"或"至多 A"，指数值小于或等于 A（$\leqslant A$）。

例1：钢中磷的残量 $<0.035\%$，$A=0.035\%$。

例2：钢丝绳抗拉强度 $\geqslant 22\times 10^2$（MPa），$A=22\times 10^2$（MPa）。

4.2.1.2 基本用语可以组合使用，表示极限值范围。

对特定的考核指标 X，允许采用下列用语和符号（见表2）。同一标准中一般只应使用一种符号表示方式。

表2 对特定的考核指标 X，允许采用的表达极限数值的组合用语及符号

组合基本用语	组合允许用语	符 号		
		表示方式Ⅰ	表示方式Ⅱ	表示方式Ⅲ
大于或等于 A 且小于或等于 B	从 A 到 B	$A\leqslant X\leqslant B$	$A\leqslant \cdot \leqslant B$	$A\sim B$
大于 A 且小于或等于 B	超过 A 到 B	$A<X\leqslant B$	$A<\cdot \leqslant B$	$>A\sim B$
大于或等于 A 且小于 B	至少 A 不足 B	$A\leqslant X<B$	$A\leqslant \cdot <B$	$A\sim <B$
大于 A 且小于 B	超过 A 不足 B	$A<X<B$	$A<\cdot <B$	

4.2.2 带有极限偏差值的数值

4.2.2.1 基本数值 A 带有绝对极限上偏差值 $+b_1$ 和绝对极限下偏差值 $-b_2$，指从 $A-b_2$ 到 $A+b_1$ 符合要求，记为 $A_{-b_2}^{+b_1}$。

注：当 $b_1=b_2=b$ 时，$A_{-b_2}^{+b_1}$ 可简记为 $A\pm b$。

例：80_{-1}^{+2} mm，指从 79mm 到 82mm 符合要求。

4.2.2.2 基本数值 A 带有相对极限上偏差值 $+b_1\%$ 和相对极限下偏差值 $-b_2\%$；指实测值或其计算值 R 对于 A 的相对偏差值 $[(R-A)/A]$ 从 $-b_2\%$ 到 $+b_1\%$ 符合要求，记为 $A_{-b_2}^{+b_1}\%$。

注：当 $b_1=b_2=b$ 时，$A_{-b_2}^{+b_1}\%$ 可记为 $A(1\pm b\%)$。

例：510Ω $(1\pm 5\%)$，指实测值或其计算值 $R(\Omega)$ 对于 510Ω 的相对偏差值 $[(R-510)/510]$ 从 -5% 到 $+5\%$ 符合要求。

4.2.2.3 对基本数值 A，若极限上偏差值 $+b_1$ 和（或）极限下偏差值 $-b_2$ 使得 $A+b_1$

和（或）$A-b_2$ 不符合要求，则应附加括号，写成 $A_{-b_2}^{+b_1}$（不含 b_1 和 b_2）或 $A_{-b_2}^{+b_1}$（不含 b_1）、$A_{-b_2}^{+b_1}$（不含 b_2）。

例 1：80_{-1}^{+2}（不含 2）mm，指从 79mm 到接近但不足 82mm 符合要求。

例 2：510Ω（1±5%）（不含 5%），指实测值或其计算值 $R(Ω)$ 对于 510Ω 的相对偏差值 $[(R-510)/510]$ 从 -5% 到接近但不足 +5% 符合要求。

4.3 测定值或其计算值与标准规定的极限数值作比较的方法

4.3.1 总则

4.3.1.1 在判定测定值或其计算值是否符合标准要求时，应将测试所得的测定值或其计算值与规定规定的极限数值作比较，比较的方法可采用：

　　a）全数值比较法；

　　b）修约值比较法。

4.3.1.2 当标准或有关文件中，若对极限数值（包括带有极限偏差值的数值）无特殊规定时，均应使用全数值比较法。如规定采用修约值比较法，应在标准中加以说明。

4.3.1.3 或标准或有关文件规定了使用其中一种比较方法时，一经确定，不得改动。

4.3.2 全数值比较法

将测试所得的测定值或计算值不经修约处理（或虽经修约处理，但应标明它是经舍、进或未进未舍而得），用该数值与规定的极限数值作比较，只要超出极限数值规定的范围（不论超出程度大小），都判定为不符合要求。示例见表 3。

4.3.3 修约值比较法

4.3.3.1 将测定值或其计算值进行修约，修约数位应与规定的极限数值数位一致。

当测试或计算精度允许时，应先将获得的数值按指定的修约数位多一位或几位报出，然后按 3.2 的程序修约至规定的数位。

4.3.3.2 将修约后的数值与规定的极限数值进行比较，只要超出极限数值规定的范围（不论超出程度大小），都判定为不符合要求。示例见表 3。

表 3　　全数值比较法和修约值比较法的示例与比较

项目	极限数值	测定值或其计算值	按全数值比较是否符合要求	修约值	按修约值比较是否符合要求
中碳钢 抗拉强度/MPa	≥14×100	1349 1351 1400 1402	不符合 不符合 符合 符合	13×100 14×100 14×100 14×100	不符合 符合 符合 符合
NaOH 的质量分数/%	≥97.0	97.01 97.00 96.96 96.94	符合 符合 不符合 不符合	97.0 97.0 97.0 96.9	符合 符合 符合 不符合
中碳钢的硅的 质量分数/%	≤0.5	0.452 0.500 0.549 0.551	符合 符合 不符合 不符合	0.5 0.5 0.5 0.6	符合 符合 符合 不符合

续表

项 目	极限数值	测定值或其计算值	按全数值比较是否符合要求	修约值	按修约值比较是否符合要求
中碳钢的锰的质量分数/%	1.2～1.6	1.151 1.200 1.649 1.651	不符合 符合 不符合 不符合	1.2 1.2 1.6 1.7	符合 符合 符合 不符合
盘条直径/mm	10.0±0.1	9.89 9.85 10.10 10.16	不符合 不符合 符合 不符合	9.9 9.8 10.1 10.2	符合 不符合 符合 不符合
盘条直径/mm	10.0±0.1 (不含0.1)	9.94 9.96 10.06 10.05	符合 符合 不符合 不符合	9.9 10.0 10.1 10.0	不符合 符合 不符合 符合
盘条直径/mm	10.0±0.1 (不含＋0.1)	9.94 9.86 10.06 10.05	符合 不符合 不符合 不符合	9.9 9.9 10.1 10.0	符合 符合 不符合 符合
盘条直径/mm	10.0±0.1 (不含－0.1)	9.94 9.86 10.06 10.05	符合 不符合 符合 符合	9.9 9.9 10.1 10.0	不符合 不符合 符合 符合

注 表中的例并不表明这类极限数值都应采用全数值比较法或修约值比较法。

4.3.4 两种判定方法的比较

对测定值或其计算值与规定的极限数值在不同情形用全数值比较法和修约值比较法的比较结果的示例见表3。对同样的极限数值，若它本身符合要求，则全数值比较法比修约值比较法相对较严格。

参考文献

［1］ GB/T 699—1999 优质碳素结构钢

［2］ JIS Z 8401 Rules for Rounding off of Number Values

通用计量术语及定义

(JJF 1001—2011)

前　　言

本标准按照 GB/T 1.1—2009 给出的规则起草。

本标准由中国国家认证认可监督管理委员会提出并归口。

本标准起草单位：北京国实检测技术研究院、中国合格评定国家认可委员会、四川省质量技术监督局、上海市质量技术监督局、重庆市质量技术监督局、陕西省质量技术监督局、贵州省质量技术监督局、河南省质量技术监督局、安徽省质量技术监督局、云南省质量技术监督局、新疆维吾尔自治区质量技术监督局、江苏省质量技术监督局、浙江省质量技术监督局、山东省质量技术监督局、内蒙古自治区质量技术监督局、河南省产品质量监督检验院、河北省疾病预防控制中心、国家食品安全风险评估中心、浙江省出入境检验检疫协会、上海电动工具研究所（集团）有限公司、重庆市认证认可协会。

本标准主要起草人：李雨田、黄涛、李绍连、冯勇、刘春扬、周雪、景印玺、卢涛、毛选、叶炎、崔晓云、范聪红、陆寿娣、徐京辉、孟兆宏、张瑞、潘顺芳、周烈、鲍晓霞、李业鹏、王春燕、李沿飞、邱军、吴晓红、郭云峰。

引　　言

检验检测机构在中华人民共和国境内从事向社会出具具有证明作用数据、结果的检验检测活动应取得资质认定。

检验检测机构资质认定是一项确保检验检测数据、结果的真实、客观、准确的行政许可制度。

本标准用于检验检测机构资质认定部门对评审员的规范管理。

1　范围

本规范规定了计量工作中常用术语及其定义。

本规范适用于计量领域各项工作，相关领域亦可参考使用。

2　引用文件

本规范引用了下列文件：

ISO/IEC 98-3　测量不确定度　第三部分：测量不确定度表示指南（Uncertainty of measurement—Part 3：Guide to the expression of uncertainty in measurement）

ISO/IEC GUIDE 99：2007　国际计量学词汇——基础通用的概念和相关术语［International vocabulary of metrology—Basic and general concepts and associated terms (VIM)］

ISO/IEC 80000：2006　量和单位（Quantities and units）

凡是注日期的引用文件，仅注日期的版本适用于本规范；凡是不注日期的引用文件，其最新版本（包括所有的修改单）适用于本规范。

3　量和单位

3.1　量　quantity【VIM1.1】

现象、物体或物质的特性，其大小可用一个数和一个参照对象表示。

注：1　量可指一般概念的量或特定量，如表1所示。
　　2　参照对象可以是一个测量单位、测量程序、标准物质或其组合。

表 1

一般概念的量		特　定　量
长度，l	半径，r	圆 A 的半径 r_A 或 r（A）
	波长，λ	钠的 D 谱线的波长 λ 或 λ（D；Na）
能量，E	动能，T	给定系统中质点 i 的动能 T_i
	热量，Q	水样品 i 的蒸汽的热量，Q_i
电荷，Q		质子电荷，e
电阻，R		给定电路中电阻器 i 的电阻，R_i
实体 B 的物质的量浓度，c_B		酒样品 i 中酒精的物质的量浓度，c_i（C_2H_5OH）
实体 B 的数目浓度，C_B		血样品 i 中红血球的数目浓度，C（E_{rys}；B_i）
洛氏 C 标尺硬度（150kg 负荷下），HRC（150kg）		钢样品 i 的洛氏 C 标尺硬度，HRC（150kg）

　　3　量的符号见国家标准《量和单位》的现行有效版本，用斜体表示。一个给定符号可表示不同的量。
　　4　国际理论与应用物理联合会（IUPAC）/国际临床化学联合会（IFCC）规定实验室医学的特定量格式为"系统—成分；量的类型"。
　　　　例：血浆（血液）—钠离子；特定人在特定时间内物质量的浓度等于143mmol/L。
　　5　这里定义的量是标量。然而，各分量是标量的向量或张量也可认为是量。
　　6　"量"从概念上一般可分为诸如物理量、化学量、生物量，或分为基本量和导出量。

3.2　量制　system of quantities【VIM1.3】

彼此间由非矛盾方程联系起来的一组量。

注：各种序量，如洛氏 C 标尺硬度，通常不认为是量制的一部分，因它仅通过经验关系与其他量相联系，见3.28条。

3.3　国际量制　International System of Quantities，ISO【VIM1.6】

与联系各量的方程一起作为国际单位制基础的量制。

注：1　国际量制在 ISO/IEC 80000 系列标准《量和单位》中发布。
　　2　国际单位制（SI）（见3.13条）建立在国际量制（ISQ）的基础上。

3.4 基本量 base quantity【VIM1.4】

在给定量制中约定选取的一组不能用其他量表示的量。

注：1 定义中提到的"一组量"称为一组基本量。例如国际量制（ISQ）中的一组基本量在 3.3 条中给出。
2 基本量可认为是相互独立的量，因其不能表示为其他基本量的幂的乘积。

3.5 导出量 derived quantity【VIM1.5】

量制中由基本量定义的量。

例：在以长度和质量为基本量的量制中，质量密度为导出量，定义为质量除以体积（长度的三次方）所得的商。

3.6 量纲 dimension of a quantity【VIM1.7】

给定量与量制中各基本量的一种依从关系，它用与基本量相应的因子的幂的乘积去掉所有数字因子后的部分表示。

例：1 在国际量制中，力的量纲表示为 $\dim F = LMT^{-2}$
2 在同一量制中，$\dim \rho_B = ML^{-3}$ 是成分 B 的质量浓度的量纲，也是质量密度 ρ（单位体积的质量）的量纲。
3 在自由落体加速度为 g 处的长度为 l 的摆的周期 T 是：

$$T = 2\pi\sqrt{\frac{l}{g}} \text{ 或 } T = C(g)\sqrt{l}$$

式中，$C(g) = \dfrac{2\pi}{\sqrt{2g}}$，因此，$\dim C(g) = L^{-1/2}T$。

注：1 因子的幂是指带有指数（方次）的因子。每个因子是一个基本量的量纲。
2 基本量量纲的约定符号用单个大写正体字母表示。导出量量纲的约定符号用定义该导出量的基本量的量纲的幂的乘积表示。量 Q 的量纲表示为 $\dim Q$。
3 在导出某量的量纲时不需考虑该量的标量、向量或张量特性。
4 在给定量制中，
——同类量具有相同的量纲；
——不同量纲的量通常不是同类量；
——具有相同量纲的量不一定是同类量。
5 在国际量制（ISQ）中，基本量的量纲符号见表 2。

表 2

基 本 量	量 纲 符 号
长度	L
质量	M
时间	T
电流	I
热力学温度	Θ
物质的量	N
发光强度	J

由此，量 Q 的量纲为 $\dim Q = L^\alpha M^\beta T^\gamma I^\delta \Theta^\varepsilon N^\zeta J^\eta$，其中的指数称为量纲指数，可以是正数、负数或零。

3.7　量纲为一的量　quantity of dimension one【VIM1.8】

又称无量纲量（dimensionless quantity）

在其量纲表达式中与基本量相对应的因子的指数均为零的量。

注：1　术语"无量纲量"使用广泛，且由于历史原因而被保留，因为在这些量的量纲符号表达式中所有的指数均为零。而"量纲为一的量"反映了以符号1作为这些量的量纲符号化表达的约定。
　　2　量纲为一的量的测量单位和值均是数，但是这样的量比一个数表达了更多的信息。
　　3　某些量纲为1的量是以两个同类量之比定义的。
　　　　例：平面角、立体角、折射率、相对渗透率、质量分数、摩擦系数、马赫数。
　　4　实体的数是量纲为1的量。
　　　　例：线圈的圈数，给定样本的分子数，量子系统能级的衰退。

3.8　测量单位　measurement unit【VIM1.9】

计量单位（measurement unit，unit of measurement）

简称单位（unit）

根据约定定义和采用的标量，任何其他同类量可与其比较使两个量之比用一个数表示。

注：1　测量单位具有根据约定赋予的名称和符号。
　　2　同量纲量的测量单位可具有相同的名称和符号，即使这些量不是同类量。例如，焦耳每开尔文和 J/K 既是热容量的单位名称和符号也是熵的单位名称和符号，而热容量和熵并非同类量。然而，在某些情况下，具有专门名称的测量单位仅限用于特定种类的量。如测量单位"秒的负一次方"（1/s）用于频率时称为赫兹，用于放射性核素的活度时称为贝克（Bq）。
　　3　量纲为一的量的测量单位是数。在某些情况下这些单位有专门名称，如弧度、球面度和分贝；或表示为商，如毫摩尔每摩尔等于 10^{-3}，微克每千克等于 10^{-9}。
　　4　对于一个给定量，"单位"通常与量的名称连在一起，如"质量单位"或"质量的单位"。

3.9　测量单位符号　symbol of measurement unit

计量单位符号（symbol of unit of measurement）

表示测量单位的约定符号。

例：m 是米的符号；A 是安培的符号。

3.10　单位制　system of units【VIM1.13】

又称计量单位制（system of measurement units）

对于给定量制的一组基本单位、导出单位、其倍数单位和分数单位及使用这些单位的规则。

例：国际单位制；CGS 单位制。

3.11　一贯导出单位　coherent derived unit【VIM1.12】

对于给定量制和选定的一组基本单位，由比例因子为1的基本单位的幂的乘积表示的导出单位。

注：1　基本单位的幂是按指数增长的基本单位。
　　2　一贯性仅取决于特定的量制和一组给定的基本单位。
　　　例：在米、秒、摩尔是基本单位的情况下，如果速度由量方程 $v=\mathrm{d}r/\mathrm{d}t$ 定义，则米每秒是速度的一贯导出单位；如果物质的量的浓度由量方程 $c=n/V$ 定义，则摩尔每立方米是物质的量浓度的一贯导出单位。在 3.16 条的例中，千米每小时和节都不是该单位制的一贯导出单位。
　　3　导出单位可以对于一个单位制是一贯的，但对于另一个单位制就不是一贯的。
　　　例：厘米每秒是 CGS 单位制中速度的一贯导出单位，但在 SI 中就不是一贯导出单位。
　　4　在给定单位制中，每个导出的量纲为一的量的一贯导出单位都是数一，符号为 1。测量单位为一的单位的名称和符号通常不写。

3.12　一贯单位制　coherent system of units【VIM1.14】

在给定量制中，每个导出量的测量单位均为一贯导出单位的单位制。
例：一组一贯国际单位制单位及其之间的关系。
注：1　一个单位制可以仅对涉及的量制和采用的基本单位是一贯的。
　　2　对于一贯单位制，数值方程与相应的量方程（包括数字因子）具有相同形式。

3.13　国际单位制（SI）　International System of Units (SI)【VIM1.16】

由国际计量大会（CGPM）批准采用的基于国际量制的单位制，包括单位名称和符号、词头名称和符号及其使用规则。

注：1　国际单位制建立在 ISQ 的 7 个基本量的基础上，基本量和相应基本单位的名称和符号见表 3。

表 3

基　本　量	基　本　单　位	
名称	名称	符号
长度	米	m
质量	千克（公斤）	kg
时间	秒	s
电流	安［培］	A
热力学温度	开［尔文］	K
物质的量	摩［尔］	mol
发光强度	坎［德拉］	cd

　　2　SI 的基本单位和一贯导出单位形成一组一贯的单位，称为"一组一贯 SI 单位"。
　　3　关于国际单位制的完整描述和解释，见国际计量局（BIPM）发布的 SI 小册子的最新版本，在 BIPM 网页上可获得。
　　4　量的算法中，通常认为"实体的数"这个量是基本单位之一、单位符号为 1 的基本量。
　　5　倍数单位和分数单位的 SI 词头见表 4。

表 4

因子	词头		因子	词头	
	名称	符号		名称	符号
10^{24}	尧[它]	Y	10^{-1}	分	d
10^{21}	泽[它]	Z	10^{-2}	厘	c
10^{18}	艾[可萨]	E	10^{-3}	毫	m
10^{15}	拍[它]	P	10^{-6}	微	μ
10^{12}	太[拉]	T	10^{-9}	纳[诺]	n
10^{9}	吉[咖]	G	10^{-12}	皮[可]	p
10^{6}	兆	M	10^{-15}	飞[母托]	f
10^{3}	千	k	10^{-18}	阿[托]	a
10^{2}	百	h	10^{-21}	仄[普托]	z
10^{1}	十	da	10^{-24}	幺[科托]	y

3.14 法定计量单位　legal unit of measurement

国家法律、法规规定使用的测量单位。

3.15 基本单位　base unit【VIM1.10】

对于基本量，约定采用的测量单位。

注：1　在每个一贯单位制中，每个基本量只有一个基本单位。

例：在 SI 中，米是长度的基本单位。在 CGS 制中，厘米是长度的基本单位。

2　基本单位也可用于相同量纲的导出量。

例：当用面体积（体积除以面积）定义雨量时，米是其 SI 中的一贯导出单位。

3　对于实体的数，数为一，符号为 1，可认为是任意一个单位制的基本单位。

3.16 导出单位　derived unit【VIM1.11】

导出量的测量单位。

例：在 SI 中，米每秒（m/s）、厘米每秒（cm/s）是速度的导出单位。千米每小时（km/h）是 SI 制外的速度单位，但被采纳与 SI 单位一起使用。节（等于一海里每小时）是 SI 制外的速度单位。

3.17 制外测量单位　off-system measurement unit【VIM1.15】

制外计量单位

简称**制外单位（off-system unit）**

不属于给定单位制的测量单位。

例：1　电子伏（约 $1.602\ 18\times10^{-19}$ J）是能量的 SI 制外单位。

2　日、时、分是时间的 SI 制外单位。

3.18 倍数单位　multiple of a unit【VIM1.17】

给定测量单位乘以大于 1 的整数得到的测量单位。

例：1　千米是米的十进倍数单位。

2　小时是秒的非十进倍数单位。

注：1 SI 基本单位和导出单位的十进倍数单位的 SI 词头在 3.13 条的注 5 附表中给出。
    2 SI 词头仅指 10 的幂，不可用于 2 的幂。例如 1024 bit（2^{10} bit）不应用 1 kilobit 表示，而是用 1 kibibit 表示。
    二进制倍数词头见表 5。

表 5

因 子	词 头	
	名 称	符 号
$(2^{10})^8$	尧比	Yi
$(2^{10})^7$	泽比	Zi
$(2^{10})^6$	艾比	Ei
$(2^{10})^5$	拍比	Pi
$(2^{10})^4$	太比	Ti
$(2^{10})^3$	吉比	Gi
$(2^{10})^2$	兆比	Mi
$(2^{10})^1$	千比	ki

3.19 分数单位 submultiple of unit【VIM1.18】

给定测量单位除以大于 1 的整数得到的测量单位。

例：1 毫米是米的十进分数单位。
    2 对于平面角，秒是分的非十进分数单位。

注：SI 基本单位和导出单位的十进分数单位的 SI 词头在 3.13 条的注 5 附表中给出。

3.20 量值 quantity value【VIM1.19】

全称量的值（value of a quantity），简称值（value）

用数和参照对象一起表示的量的大小。

例：1 给定杆的长度：5.34m 或 534cm。
    2 给定物体的质量：0.152kg 或 152g。
    3 给定弧的曲率：112m^{-1}。
    4 给定样品的摄氏温度：−5℃。
    5 在给定频率上给定电路组件的阻抗（其中 j 是虚数单位）：(7+3j)Ω。
    6 给定玻璃样品的折射率：1.52。
    7 给定样品的洛氏 C 标尺硬度（150kg 负荷下）：43.5HRC（150kg）。
    8 铜材样品中镉的质量分数：3μg/kg 或 3×10^{-9}。
    9 水样品中溶质 Pb^{2+} 的质量摩尔浓度：1.76mmol/kg。
    10 在给定血浆样本中任意镥亲菌素的物质的量浓度（世界卫生组织国际标准 80/552）：50 国际单位/l。

注：1 根据参照对象的类型，量值可表示为：一个数和一个测量单位的乘积（见例 1，2，3，4，5，8 和 9），量纲为一，测量单位 1，通常不表示（见例 6 和 8）；一个数和一个作为参照对象的测量程序（见例 7）；一个数和一个标准物质（见例 10）。

2 数可以是复数（见例5）。
3 一个量值可用多种方式表示（见例1,2和8）。
4 对向量或张量，每个分量有一个量值。
   例：作用在给定质点上的力用笛卡尔坐标分量表示为
   $(F_x;F_y;F_z)=(-31.5;43.2;17.0)\text{N}$

3.21 量的真值　true quantity value，true value of quantity【VIM2.11】
简称**真值**（true value）

与量的定义一致的量值。

注：1 在描述关于测量的"误差方法"中，认为真值是唯一的，实际上是不可知的。在"不确定度方法"中认为，由于定义本身细节不完善，不存在单一真值，只存在与定义一致的一组真值，然而，从原理上和实际上，这一组值是不可知的。另一些方法免除了所有关于真值的概念，而依靠测量结果计量兼容性的概念去评定测量结果的有效性。

2 在基本常量的这一特殊情况下，量被认为具有一个单一真值。

3 当被测量的定义的不确定度与测量不确定度其他分量相比可忽略时，认为被测量具有一个"基本唯一"的真值。这就是GUM和相关文件采用的方法，其中"真"字被认为是多余的。

3.22 约定量值　conventional quantity value【VIM2.12】
又称**量的约定值**（conventional value of a quantity），简称**约定值**（conventional value）

对于给定目的，由协议赋予某量的量值。

例：1 标准自由落体加速度（以前称标准重力加速度）$g_n=9.80665\text{ms}^{-2}$。

2 约瑟夫逊常量的约定量值 $K_{J-90}=483\ 597.9\text{GHz V}^{-1}$。

3 给定质量标准的约定量值 $m=100.003\ 47\text{g}$。

注：1 有时将术语"约定真值"用于此概念，但不提倡这种用法。

2 有时约定量值是真值的一个估计值。

3 约定量值通常被认为具有适当小（可能为零）的测量不确定度。

3.23 量的数值　numerical quantity value，numerical value of quantity【VIM1.20】
简称**数值**（numerical value）

量值表示中的数，而不是参照对象的任何数字。

注：1 对于量纲为一的量，参照对象是一个测量单位，该单位为一个数字，但该数字不作为量的数值的一部分。

例：在摩尔分数等于3mmol/mol中，量的数值是3，单位是mmol/mol。单位mmol/mol等于数字0.001，但数字0.001不是量的数值的一部分，量的数值是3。

2 对于具有测量单位的量（即不是序量的那些量）Q 的数值 $\{Q\}$ 常表示成 $\{Q\}=Q/[Q]$，其中 $[Q]$ 表示测量单位。

例：对于量值5.7kg，量的数值为 $\{m\}=(5.7\text{kg})/\text{kg}=5.7$。同一个量值可表示为5 700g，这种情况下，量的数值为 $\{m\}=(5\ 700\text{g})/\text{g}=5\ 700$。

3.24 量方程　quantity equation【VIM1.22】
给定量制中各量之间的数学关系，它与测量单位无关。

例：1 $Q_1=\zeta Q_2Q_3$，其中 Q_1、Q_2 和 Q_3 表示不同的量，而 ζ 是数字因子。

2　$T=(1/2)mv^2$，其中 T 是动能，m 是质量，v 是特定质点的速度。

3　$n=It/F$，其中 n 是物质的量，I 是电流，t 是电解的持续时间，F 是法拉第常数。

3.25　单位方程　unit equation【VIM1.23】

基本单位、一贯导出单位或其他测量单位间的数学关系。

例：1　就 3.24 条的例 1 中给定的量方程而言，$[Q_1]$、$[Q_2]$ 和 $[Q_3]$ 分别表示 Q_1、Q_2、Q_3 的测量单位，当这些测量单位均在一个一贯单位制中时，其单位方程为 $[Q_1]=[Q_2][Q_3]$。

2　$J=kg\ m^2 s^{-2}$，其中 J、kg、m 和 s 分别为焦耳、千克、米和秒的符号。

3　$1km/h=(1/3.6)m/s$。

3.26　单位间的换算因子　conversion factor between units【VIM1.24】

两个同类量的测量单位之比。

例：$km/m=1000$，即 $1km=1000m$。

注：测量单位可属于不同的单位制。

例：1　$h/s=3600$，即 $1h=3600s$。

2　$(km/h)/(m/s)=(1/3.6)$，即 $1km/h=(1/3.6)m/s$。

3.27　数值方程　numerical value equation【VIM1.25】

全称量的数值方程（numerical value equation of quantity）

基于给定的量方程和特定的测量单位，联系各量的数值间的数学关系。

例：1　就 3.24 条的例 1 中给定的量方程而言，$\{Q_1\}$、$\{Q_2\}$ 和 $\{Q_3\}$ 分别表示 Q_1、Q_2、Q_3 的数值，当它们都以基本单位或一贯导出单位表示时，其数值方程为 $\{Q_1\}=\zeta\{Q_2\}\{Q_3\}$。

2　对一个质点动能的量方程 $T=(1/2)mv^2$ 中，如果 $m=2kg$，$v=3m/s$，则以焦耳为单位的 T 的数值为 9 的数值方程为 $\{T\}=(1/2)\times 2\times 3^2$。

3.28　序量　ordinal quantity【VIM1.26】

由约定测量程序定义的量，该量与同类的其他量可按大小排序，但这些量之间无代数运算关系。

例：1　洛氏硬度 HRC 标尺。

2　石油燃料辛烷值。

3　里氏标尺地震强度。

4　腹痛从 0 到 5 等级上的主观级别。

注：1　序量只能写入经验关系式，它不具有测量单位或量纲。序量的差或比值没有物理意义。

2　序量按序量值标尺排序（见 3.30 条）。

3.29　量-值标尺　quantity-value scale【VIM1.27】

又称**测量标尺（measurement scale）**

给定种类量的一组按大小有序排列的量值。

例：1 摄氏温度标尺。
   2 时间标尺。
   3 洛氏 C 硬度标尺。

3.30 序量-值标尺 ordinal quantity-value scale【VIM1.28】

又称**序值标尺** ordinal value scale

序量的量-值标尺。

例：1 洛氏 C 硬度标尺。
   2 石油燃料辛烷值的标尺。

注：序量-值标尺可根据测量程序通过测量建立。

3.31 约定参考标尺 conventional reference scale【VIM1.29】

由正式协议规定的量-值标尺。

3.32 标称特性 nominal property【VIM1.30】

不以大小区分的现象、物体或物质的特性。

例：1 人的性别；
   2 油漆样品的颜色；
   3 化学中斑点测试的颜色；
   4 ISO 两个字母的国家代码；
   5 在多肽中氨基酸的序列。

注：1 标称特性具有一个值，它可用文字、字母代码或其他方式表示。
   2 "标称特性值"不要与"标称量值"混淆。

4 测量

4.1 测量 measurement【VIM2.1】

通过实验获得并可合理赋予某量一个或多个量值的过程。

注：1 测量不适用于标称特性（见 3.32 条）。
   2 测量意味着量的比较并包括实体的计数。
   3 测量的先决条件是对测量结果预期用途相适应的量的描述、测量程序以及根据规定测量程序（包括测量条件）进行操作的经校准的测量系统。

4.2 计量 metrology

实现单位统一、量值准确可靠的活动。

4.3 计量学 metrology【VIM2.2】

测量及其应用的科学。

注：计量学涵盖有关测量的理论及其不论其测量不确定度大小的所有应用领域。

4.4 测量原理 measurement principle【VIM2.4】

用作测量基础的现象

例：1 用于测量温度的热电效应；

2 用于测量物质的量浓度的能量吸收；

    3 快速奔跑的兔子血液中葡萄糖浓度下降现象，用于测量制备中的胰岛素浓度。

注：现象可以是物理现象、化学现象或生物现象。

4.5 测量方法　measurement method【VIM2.5】

对测量过程中使用的操作所给出的逻辑性安排的一般性描述。

注：测量方法可用不同方式表述，如替代测量法、微差测量法、零位测量法、直接测量法、间接测量法。

4.6 测量程序　measurement procedure【VIM2.6】

根据一种或多种测量原理及给定的测量方法，在测量模型和获得测量结果所需计算的基础上，对测量所做的详细描述。

注：1　测量程序通常要写成充分而详尽的文件，以便操作者能进行测量。

    2　测量程序可包括有关目标测量不确定度的陈述。

    3　测量程序有时被称作标准操作程序，缩写为 SOP。

    4　参考测量程序（reference measurement procedure）【VIM2.7】是在校准或表征标准物质时为提供测量结果所采用的测量程序，它适用于评定由同类量的其他测量程序获得的被测量量值的测量正确度。

    5　原级参考测量程序（primary reference measurement procedure）或原级参考程序（primary reference procedure）【VIM2.8】是用于获得与同类量测量标准没有关系的测量结果所用的参考测量程序。物质的量咨询委员会-化学计量（CCQM）对于这个概念使用术语"原级测量方法"。两个下级概念的术语"直接原级测量程序"和"比例原级参考测量程序"的定义由 CCGM 给出（第五次大会，1999）。

例：测量在 20℃时从 50mL 吸液管放出的水量，对由吸液管流到杯中的水称重，取加水后杯子的质量减去起始空杯的质量，并按实际水温对质量差进行修正，用体积质量（质量密度）得到被测的水量。

4.7 被测量　measurand【VIM2.3】

拟测量的量。

注：1　对被测量的说明要求了解量的种类，以及含有该量的现象、物体或物质状态的描述，包括有关成分及所涉及的化学实体。

    2　在 VIM 第二版和 IEC 60050-300：2001 中，被测量定义为受到测量的量。

    3　测量包括测量系统和实施测量的条件，它可能会改变研究中的现象、物体或物质，使被测量的量可能不同于定义的被测量，在这种情况下，需要进行必要的修正。

例：1　用内阻不够大的电压表测量时，电池两端间的电位差会降低，开路电位差可根据电池和电压表的内阻计算得到。

    2　钢棒在与环境温度 23℃平衡时的长度不同于拟测量的规定温度为 20℃时的长度，这种情况下必须修正。

    3　在化学中，"分析物"或者物质或化合物的名称有时被称作"被测量"。这种用法是错误的，因为这些术语并不涉及到量。

4.8 影响量　influence quantity【VIM2.52】

在直接测量中不影响实际被测的量、但会影响示值与测量结果之间关系的量。

例：1 用安培计直接测量交流电流恒定幅度时的频率。
　　2 在直接测量人体血浆中血红蛋白浓度时，胆红素的物质的量浓度。
　　3 测量某杆长度时测微计的温度（不包括杆本身的温度，因为杆的温度可以进入被测量的定义中）。
　　4 测量摩尔分数时，质谱仪离子源的本底压力。

注：1 间接测量涉及各直接测量的合成，每项直接测量都可能受到影响量的影响。
　　2 在 GUM 中，"影响量"按 VIM 第二版定义，不仅覆盖影响测量系统的量（如本定义），而且包含影响实际被测量的量。另外，在 GUM 中此概念不限于直接测量。

4.9　比对　comparison

在规定条件下，对相同准确度等级或指定不确定度范围的同种测量仪器复现的量值之间比较的过程。

4.10　校准　calibration【VIM2.39】

在规定条件下的一组操作，其第一步是确定由测量标准提供的量值与相应示值之间的关系，第二步则是用此信息确定由示值获得测量结果的关系，这里测量标准提供的量值与相应示值都具有测量不确定度。

注：1 校准可以用文字说明、校准函数、校准图、校准曲线或校准表格的形式表示。某些情况下，可以包含示值的具有测量不确定度的修正值或修正因子。
　　2 校准不应与测量系统的调整（常被错误称作"自校准"）相混淆，也不应与校准的验证相混淆。
　　3 通常，只把上述定义中的第一步认为是校准。

4.11　校准图　calibration diagram【VIM4.30】

表示示值与对应测量结果关系的图形。

注：1 校准图是由示值轴和测量结果轴定义的平面上的一条带，表示了示值与一系列测得值间的关系。它给出了一对多的关系。对给定示值，带的宽度提供了仪器的测量不确定度。
　　2 这种关系的其他表示方式包括带有测量不确定度的校准曲线、校准表或一组函数。
　　3 此概念适合于当仪器的测量不确定度（见 7.24 条）大于测量标准的测量不确定度时的校准。

4.12　校准曲线　calibration curve【VIM4.31】

表示示值与对应测得值间关系的曲线。

注：校准曲线表示了一对一的关系，由于它没有关于测量不确定度的信息，因而没有提供测量结果。

4.13　校准等级序列　calibration hierarchy【VIM2.40】

从参照对象到最终测量系统之间校准的次序，其中每一等级校准的结果取决于前一等级校准的结果。

注：1 沿着校准的次序，测量不确定度必然逐级增加。
　　2 校准等级序列由一台或多台测量标准和按测量程序操作的测量系统组成。
　　3 本定义中的参照对象可以是通过实际复现的测量单位的定义，或测量程序，或测量标准。

4 两台测量标准之间的比较，如果用于对其中一台测量标准进行检查以及必要时对量值进行修正并给出测量不确定度，则可视为一次校准。

4.14 计量溯源性 metrological traceability【VIM2.41】

通过文件规定的不间断的校准链，测量结果与参照对象联系起来的特性，校准链中的每项校准均会引入测量不确定度。

注：1 本定义中的参照对象可以是实际实现的测量单位的定义，或包括无序量测量单位的测量程序，或测量标准。
2 计量溯源性要求建立校准等级序列。
3 参照对象的技术规范必须包括在建立等级序列时所使用该参照对象的时间，以及关于该参照对象的任何计量信息，如在这个校准等级序列中进行第一次校准的时间。
4 对于在测量模型中具有一个以上输入量的测量，每个输入量本身应该是经过计量溯源的，并且校准等级序列可形成一个分支结构或网络。为每个输入量建立计量溯源性所作的努力应与对测量结果的贡献相适应。
5 测量结果的计量溯源性不能保证其测量不确定度满足给定的目的，也不能保证不发生错误。
6 如果两个测量标准的比较用于检查，必要时用于对量值进行修正，以及对其中一个测量标准赋予测量不确定度时，测量标准间的比较可看作一种校准。
7 两台测量标准之间的比较，如果用于对其中一台测量标准进行核查以及必要时修正量值并给出测量不确定度，则可视为一次校准。
8 国际实验室认可合作组织（ILAC）认为确认计量溯源性的要素是向国际测量标准或国家测量标准的不间断的溯源链、文件规定的测量不确定度、文件规定的测量程序、认可的技术能力、向 SI 的计量溯源性以及校准间隔。
9 "溯源性"有时是指"计量溯源性"，有时也用于其他概念，诸如"样品可追溯性"、"文件可追溯性"或"仪器可追溯性"等，其含义是指某项目的历程（"轨迹"）。所以，当有产生混淆的风险时，最好使用全称"计量溯源性"。

4.15 计量溯源链 metrological traceability chain【VIM2.42】

简称溯源链（traceability chain）

用于将测量结果与参照对象联系起来的测量标准和校准的次序。

注：1 计量溯源链是通过校准等级关系规定的。
2 计量溯源链用于建立测量结果的计量溯源性。
3 两台测量标准之间的比较，如果用于对其中一台测量标准进行核查以及必要时修正量值并给出测量不确定度，则可视为一次校准。

4.16 向测量单位的计量溯源性 metrological traceability to a measurement unit【VIM2.43】

简称向单位的计量溯源性 metrological traceability to a unit

参照对象是实际实现的测量单位定义时的计量溯源性。

注："向 SI 的溯源性"是指溯源到国际单位制测量单位的计量溯源性。

5 测量结果

5.1 测量结果 measurement result，result of measurement【VIM2.9】

与其他有用的相关信息一起赋予被测量的一组量值。

注：1　测量结果通常包含这组量值的"相关信息",诸如某些可以比其他方式更能代表被测量的信息。它可以概率密度函数（PDF）的方式表示。

2　测量结果通常表示为单个测得的量值和一个测量不确定度。对某些用途,如果认为测量不确定度可忽略不计,则测量结果可表示为单个测得的量值。在许多领域中这是表示测量结果的常用方式。

3　在传统文献和1993版VIM中,测量结果定义为赋予被测量的值,并按情况解释为平均示值、未修正的结果或已修正的结果。

5.2　测得的量值（measured quantity value）【VIM2.10】

又称**量的测得值**　measured value of a quantity,简称**测得值**（measured value）

代表测量结果的量值。

注：1　对重复示值的测量,每个示值可提供相应的测得值。用这一组独立的测得值可计算出作为结果的测得值,如平均值或中位值,通常它附有一个已减小了的与其相关联的测量不确定度。

2　当认为代表被测量的真值范围与测量不确定度相比小得多时,量的测得值可认为是实际唯一真值的估计值,通常是通过重复测量获得的各独立测得值的平均值或中位值。

3　当认为代表被测量的真值范围与测量不确定度相比不太小时,被测量的测得值通常是一组真值的平均值或中位值的估计值。

4　在测量不确定度表示指南（GUM）中,对测得的量值使用的术语有"测量结果"和"被测量的值的估计"或"被测量的估计值"。

5.3　测量误差　measurement error,error of measurement【VIM2.16】

简称**误差**（error）

测得的量值减去参考量值。

注：1　测量误差的概念在以下两种情况下均可使用：
①当涉及存在单个参考量值,如用测得值的测量不确定度可忽略的测量标准进行校准,或约定量值给定时,测量误差是已知的；
②假设被测量使用唯一的真值或范围可忽略的一组真值表征时,测量误差是未知的。

2　测量误差不应与出现的错误或过失相混淆。

5.4　系统测量误差　systematic measurement error,systematic error of measurement【VIM2.17】

简称**系统误差**（systematic error）

在重复测量中保持不变或按可预见方式变化的测量误差的分量。

注：1　系统测量误差的参考量值是真值,或是测量不确定度可忽略不计的测量标准的测得值,或是约定量值。

2　系统测量误差及其来源可以是已知或未知的。对于已知的系统测量误差可采用修正补偿。

3　系统测量误差等于测量误差减随机测量误差。

5.5　测量偏移　measurement bias【VIM2.18】

简称**偏移**（bias）

系统测量误差的估计值。

四、相关标准

5.6 随机测量误差 random measurement error，random error of measurement【VIM2.19】
简称**随机误差**（random error）
在重复测量中按不可预见方式变化的测量误差的分量。

注：1 随机测量误差的参考量值是对同一被测量由无穷多次重复测量得到的平均值。
2 一组重复测量的随机测量误差形成一种分布，该分布可用期望和方差描述，其期望通常可假设为零。
3 随机误差等于测量误差减系统测量误差。

5.7 修正 correction【VIM2.53】
对估计的系统误差的补偿。

注：1 补偿可取不同形式，诸如加一个修正值或乘一个修正因子，或从修正值表或修正曲线上得到。
2 修正值是用代数方法与未修正测量结果相加，以补偿其系统误差的值。修正值等于负的系统误差估计值。
3 修正因子是为补偿系统误差而与未修正测量结果相乘的数字因子。
4 由于系统误差不能完全知道，因此这种补偿并不完全。

5.8 测量准确度 measurement accuracy，accuracy of measurement【VIM2.13】
简称**准确度**（accuracy）
被测量的测得值与其真值间的一致程度。

注：1 概念"测量准确度"不是一个量，不给出有数字的量值。当测量提供较小的测量误差时就说该测量是较准确的。
2 术语"测量准确度"不应与"测量正确度""测量精密度"相混淆，尽管它与这两个概念有关。
3 测量准确度有时被理解为赋予被测量的测得值之间的一致程度。

5.9 测量正确度 measurement trueness，trueness of measurement【VIM2.14】
简称**正确度**（trueness）
无穷多次重复测量所得量值的平均值与一个参考量值间的一致程度。

注：1 测量正确度不是一个量，不能用数值表示。
2 测量正确度与系统测量误差有关，与随机测量误差无关。
3 术语"测量正确度"不能用"测量准确度"表示。反之亦然。

5.10 测量精密度 measurement precision【VIM2.15】
简称**精密度**（precision）
在规定条件下，对同一或类似被测对象重复测量所得示值或测得值间的一致程度。

注：1 测量精密度通常用不精密程度以数字形式表示，如在规定测量条件下的标准偏差、方差或变差系数。
2 规定条件可以是重复性测量条件、期间精密度测量条件或复现性测量条件。
3 测量精密度用于定义测量重复性、期间测量精密度或测量复现性。
4 术语"测量精密度"有时用于指"测量准确度"，这是错误的。

5.11 期间测量精密度测量条件 intermediate precision condition of measurement【VIM2.22】
简称**期间精密度条件**（intermediate precision condition）

除了相同测量程序、相同地点，以及在一个较长时间内对同一或相类似的被测对象重复测量的一组测量条件外，还可包括涉及改变的其他条件。

注：1 改变可包括新的校准、测量标准器、操作者和测量系统。
  2 对条件的说明应包括改变和未变的条件以及实际改变到什么程度。
  3 在化学中，术语"序列间精密度测量条件"有时用于指"期间精密度测量条件"。

5.12 期间测量精密度 intermediate measurement precision【VIM2.23】
简称**期间精密度**（intermediate precision）

在一组期间精密度测量条件下的测量精密度。

5.13 测量重复性 measurement repeatability【VIM2.21】
简称**重复性**（repeatability）

在一组重复性测量条件下的测量精密度。

5.14 重复性测量条件 measurement repeatability condition of measurement【VIM2.20】
简称**重复性条件**（repeatability condition）

相同测量程序、相同操作者、相同测量系统、相同操作条件和相同地点，并在短时间内对同一或相类似被测对象重复测量的一组测量条件。

注：在化学中，术语"序列内精密度测量条件"有时用于指"重复性测量条件"。

5.15 复现性测量条件 measurement reproducibility condition of measurement【VIM2.24】
简称**复现性条件**（reproducibility condition）

不同地点、不同操作者、不同测量系统，对同一或相类似被测对象重复测量的一组测量条件。

注：1 不同的测量系统可采用不同的测量程序。
  2 在给出复现性时应说明改变和未变的条件及实际改变到什么程度。

5.16 测量复现性 measurement reproducibility【VIM2.25】
简称**复现性**（reproducibility）

在复现性测量条件下的测量精密度。

5.17 实验标准偏差 experimental standard deviation
简称**实验标准偏差**（experimental standard deviation）

对同一被测量进行 n 次测量，表征测量结果分散性的量。用符号 s 表示。

注：1 n 次测量中某单个测得值 x_k 的实验标准偏差 $s(x_k)$ 可按贝塞尔公式计算：

$$s(x_k) = \sqrt{\frac{\sum_{i=1}^{n}(x_i - \overline{x})^2}{n-1}}$$

式中：x_i——第 i 次测量的测得值；
   n——测量次数；

$\overline{x}$——n 次测量所得一组测得值的算术平均值。

2　n 次测量的算术平均值 $\overline{x}$ 的实验标准偏差 $s(\overline{x})$ 为：

$$s(\overline{x})=s(x_k)/\sqrt{n}$$

5.18　测量不确定度　measurement uncertainty，uncertainty of measurement【VIM2.26】
简称不确定度（uncertainty）

根据所用到的信息，表征赋予被测量量值分散性的非负参数。

注：1　测量不确定度包括由系统影响引起的分量，如与修正量和测量标准所赋量值有关的分量及定义的不确定度。有时对估计的系统影响未作修正，而是当作不确定度分量处理。

2　此参数可以是诸如称为标准测量不确定度的标准偏差（或其特定倍数），或是说明了包含概率的区间半宽度。

3　测量不确定度一般由若干分量组成。其中一些分量可根据一系列测量值的统计分布，按测量不确定度的 A 类评定进行评定，并可用标准差表征。而另一些分量则可根据基于经验或其他信息所获得的概率密度函数，按测量不确定度的 B 类评定进行评定，也用标准偏差表征。

4　通常，对于一组给定的信息，测量不确定度是相应于所赋予被测量的值的。该值的改变将导致相应的不确定度的改变。

5　本定义是按 2008 版 VIM 给出的。而在 GUM 中的定义是：表征合理地赋予被测量之值的分散性，与测量结果相联系的参数。

5.19　标准不确定度　standard uncertainty【VIM2.30】

全称标准测量不确定度（standard measurement uncertainty，standard uncertainty of measurement）

以标准偏差表示的测量不确定度。

5.20　测量不确定度的 A 类评定　Type A evaluation of measurement uncertainty【VIM2.28】
简称 A 类评定（Type A evaluation）

对在规定测量条件下测得的量值用统计分析的方法进行的测量不确定度分量的评定。

注：规定测量条件是指重复性测量条件、期间精密度测量条件或复现性测量条件。

5.21　测量不确定度的 B 类评定　Type B evaluation of measurement uncertainty【VIM2.29】
简称 B 类评定（Type B evaluation）

用不同于测量不确定度 A 类评定的方法对测量不确定度分量进行的评定。

例：评定基于以下信息：
——权威机构发布的量值；
——有证标准物质的量值；
——校准证书；
——仪器的漂移；
——经检定的测量仪器的准确度等级；
——根据人员经验推断的极限值等。

5.22　合成标准不确定度　combined standard uncertainty【VIM2.31】

全称合成标准测量不确定度（combined standard measurement uncertainty）

由在一个测量模型中各输入量的标准测量不确定度获得的输出量的标准测量不确定度。

注：在数学模型中的输入量相关的情况下，当计算合成标准不确定度时必须考虑协方差。

5.23　相对标准不确定度　relative standard uncertainty【VIM2.32】

全称相对标准测量不确定度（relative standard measurement uncertainty）

标准不确定度除以测得值的绝对值。

5.24　定义的不确定度　definitional uncertainty【VIM2.27】

由于被测量定义中细节量有限所引起的测量不确定度分量。

注：1　定义的不确定度是在任何给定被测量的测量中实际可达到的最小测量不确定度。
　　2　所描述细节中的任何改变导致另一个定义的不确定度。

5.25　不确定度报告　uncertainty budget【VIM2.33】

对测量不确定度的陈述，包括测量不确定度的分量及其计算和合成。

注：不确定度报告应该包括测量模型、估计值、测量模型中与各个量相关联的测量不确定度、协方差、所用的概率密度分布函数的类型、自由度、测量不确定度的评定类型和包含因子。

5.26　目标不确定度　target uncertainty【VIM2.34】

全称目标测量不确定度（target measurement uncertainty）

根据测量结果的预期用途，规定作为上限的测量不确定度。

5.27　扩展不确定度　expanded uncertainty【VIM2.35】

全称扩展测量不确定度（expanded measurement uncertainty）

合成标准不确定度与一个大于1的数字因子的乘积。

注：1　该因子取决于测量模型中输出量的概率分布类型及所选取的包含概率。
　　2　本定义中术语"因子"是指包含因子。

5.28　包含区间　coverage interval【VIM2.36】

基于可获得的信息确定的包含被测量一组值的区间，被测量值以一定概率落在该区间内。

注：1　包含区间不一定以所选的测得值为中心。
　　2　不应把包含区间称为置信区间，以避免与统计学概念混淆。
　　3　包含区间可由扩展测量不确定度导出。

5.29　包含概率　coverage probability【VIM2.37】

在规定的包含区间内包含被测量的一组值的概率。

注：1　为避免与统计学概念混淆，不应把包含概率称为置信水平。
　　2　在GUM中包含概率又称"置信的水平（level of confidence）"。
　　3　包含概率替代了曾经使用过的"置信水准"。

5.30　包含因子　coverage factor【VIM2.38】

为获得扩展不确定度，对合成标准不确定度所乘的大于1的数。

注：包含因子通常用符号 k 表示。

5.31　测量模型　measurement model，model of measurement【VIM2.48】
简称模型（model）

测量中涉及的所有已知量间的数学关系。

注：1　测量模型的通用形式是方程：$h(Y, X_1, \cdots, X_n)=0$，其中测量模型中的输出量 Y 是被测量，其量值由测量模型中输入量 $X_1, \cdots, X_n$ 的有关信息推导得到。
　　2　在有两个或多个输出量的较复杂情况下，测量模型包含一个以上的方程。

5.32　测量函数　measurement function【VIM2.49】

在测量模型中，由输入量的已知量值计算得到的值是输出量的测得值时，输入量与输出量之间量的函数关系。

注：1　如果测量模型 $h(Y, X_1, \cdots, X_n)=0$ 可明确地写成 $Y=f(X_1, \cdots, X_n)$，其中 Y 是测量模型中的输出量，则函数 f 是测量函数。更通俗地说，f 是一个算法符号，算出与输入量 $x_1, \cdots, x_n$ 相应的唯一的输出量值 $y=f(x_1, \cdots, x_n)$。
　　2　测量函数也用于计算测得值 Y 的测量不确定度。

5.33　测量模型中的输入量　input quantity in a measurement model【VIM2.50】
简称输入量（input quantity）

为计算被测量的测得值而必须测量的，或其值可用其他方式获得的量。

例：当被测量是在规定温度下某钢棒的长度时，则实际温度、在实际温度下的长度以及该棒的线热膨胀系数，为测量模型中的输入量。

注：1　测量模型中的输入量往往是某个测量系统的输出量。
　　2　示值、修正值和影响量可以是一个测量模型中的输入量。

5.34　测量模型中的输出量　output quantity in a measurement model【VIM2.51】
简称输出量（output quantity）

用测量模型中输入量的值计算得到的测得值的量。

5.35　测量结果的计量可比性　metrological comparability of measurement results【VIM2.46】
简称计量可比性（metrological comparability）

对于可计量溯源到相同参照对象的某类量，其测量结果间可比较的特性。

例：测量从地球到月球的距离及从巴黎到伦敦的距离，当两者都计量溯源到相同的测量单位（米）时，其测量结果是计量可比的。

注：1　本定义中的参照对象可以是实际实现的测量单位的定义，或包括无序量测量单位的测量程序，或测量标准。
　　2　测量结果的计量可比性不必要求被比较的测得值及其测量不确定度在同一数量级上。

5.36　测量结果的计量兼容性　metrological compatibility of measurement results【VIM2.47】
简称计量兼容性（metrological compatibility）

规定的被测量的一组测量结果的特性，该特性为两个不同测量结果的任何一对测得值之差的绝对值小于该差值的标准不确定度的某个选定倍数。

注：1 当它作为判断两个测量结果是否归诸于同一被测量的判据时，测量结果的计量兼容性代替了传统的"落在误差内"的概念。如果在认为被测量不变的一组测量中，一个测量结果与其他结果不兼容，既可能是测量不正确（如其评定的测量不确定度太小），也可能是在测量期间被测量发生变化。

2 测量间的相关性影响测量结果的计量兼容性，若测量完全不相关，则该差值的标准不确定度等于其各自标准不确定度的均方根值；当协方差为正时，小于此值；协方差为负时，大于此值。

6 测量仪器

6.1 测量仪器　measuring instrument【VIM3.1】

计量器具　measuring instrument

单独或与一个或多个辅助设备组合，用于进行测量的装置。

注：1 一台可单独使用的测量仪器是一个测量系统。
2 测量仪器可以是指示式测量仪器，也可以是实物量具。

6.2 测量系统　measuring system【VIM3.2】

一套组装的并适用于特定量在规定区间内给出测得值信息的一台或多台测量仪器，通常还包括其他装置，诸如试剂和电源。

注：一个测量系统可以仅包括一台测量仪器。

6.3 指示式测量仪器　indicating measuring instrument【VIM3.3】

提供带有被测量量值信息的输出信号的测量仪器。

例：电压表，测微仪，温度计，电子天平。

注：1 指示式测量仪器可以提供其示值的记录。
2 输出信号能以可视形式或声响形式表示，也可传输到一个或多个其他装置。

6.4 显示式测量仪器　displaying measuring instrument【VIM3.4】

输出信号以可视形式表示的指示式测量仪器。

6.5 实物量具　material measure【VIM3.6】

具有所赋量值，使用时以固定形态复现或提供一个或多个量值的测量仪器。

例：标准砝码；

容积量器（提供单个或多个量值，带或不带量的标尺）；

标准电阻器；

线纹尺；

量块；

标准信号发生器；

有证标准物质。

注：1 实物量具的示值是其所赋的量值。
2 实物量具可以是测量标准。

6.6 测量设备　measuring equipment

为实现测量过程所必需的测量仪器、软件、测量标准、标准物质、辅助设备或其组合。

6.7 测量传感器　measuring transducer【VIM3.7】

用于测量的，提供与输入量有确定关系的输出量的器件或器具。

例：热电偶，电流互感器，应变片，pH 电极，波登管，双金属片。

6.8 敏感器　sensor【VIM3.8】

测量系统中直接受带有被测量的现象、物体或物质作用的测量系统的元件。

例：铂电阻温度计的敏感线圈；
　　涡轮流量计的转子；
　　压力表的波登管；
　　液面测量仪的浮子；
　　光谱光度计的光电池；
　　随温度而改变颜色的热致液晶。

注：在某些领域，此概念用术语"检测器"表示。

6.9 检测器　detector【VIM3.9】

当超过关联量的阈值时，指示存在某现象、物体或物质的装置或物质。

例：卤素检漏器；石蕊试纸。

注：1　在某些领域，此术语表示"敏感器"的概念。
　　2　在化学领域，此概念常用术语"指示器"表示。

6.10 测量链　measuring chain【VIM3.10】

从敏感器到输出单元构成的单一信号通道测量系统中的单元系列。

例：1　由传声器、衰减器、滤波器、放大器和电压表构成的电声测量链。
　　2　由波登管、杠杆系统、两个齿轮和机械刻度盘构成的机械测量链。

6.11 显示器　displayer

测量仪器显示示值的部件。

6.12 记录器　recorder

提供示值记录的测量仪器部件。

6.13 指示器　index

根据相对于标尺标记的位置即可确定示值的，显示单元中固定的或可动的部件。

例：1　指针；
　　2　光点；
　　3　液面；
　　4　记录笔。

6.14 测量仪器的标尺　scale of a measuring instrument

简称标尺（scale）

测量仪器显示单元的部件，由一组有序的带数码的标记构成。

注：这些标记称为标尺标记。

6.15 标尺长度　scale length

在给定标尺上，始末两条标尺标记之间且通过全部最短标尺标记各中点的光滑连线的长度。

注：1　此线可以是实线或虚线，曲线或直线。
　　2　标尺长度用长度单位表示，而不论被测量的单位或标在标尺上的单位如何。

6.16 标尺分度　scale division

标尺上任何两相邻标尺标记之间的部分。

6.17 标尺间距　scale spacing

沿着标尺长度的同一条线测得的两相邻标尺标记间的距离。

注：标尺间距用长度单位表示，而与被测量的单位和标在标尺上的单位无关。

6.18 标尺间隔　scale interval

又称**分度值**

对应两相邻标尺标记的两个值之差。

注：标尺间隔用标在标尺上的单位表示。

6.19 测量系统的调整　adjustment of a measuring system【VIM3.11】

简称**调整**（adjustment）

为使测量系统提供相应于给定被测量值的指定示值，在测量系统上进行的一组操作。

注：1　测量系统调整的类型包括：测量系统调零，偏置量调整，量程调整（有时称为增益调整）。
　　2　测量系统的调整不应与测量系统的校准相混淆，校准是调整的一个先决条件。
　　3　测量系统调整后，通常必须再校准。

6.20 测量系统的零位调整　zero adjustment of a measuring system【VIM3.12】

简称**零位调整**（zero adjustment）

为使测量系统提供相应于被测量为零值的零示值，对测量系统进行的调整。

7 测量仪器的特性

7.1 示值　indication【VIM4.1】

由测量仪器或测量系统给出的量值。

注：1　示值可用可视形式或声响形式表示，也可传输到其他装置。示值通常由模拟输出显示器上指示的位置、数字输出所显示或打印的数字、编码输出的码形图、实物量具的赋值给出。
　　2　示值与相应的被测量值不必是同类量的值。

7.2 空白示值　blank indication【VIM4.2】

又称**本底示值**（background indication）

假定所关注的量不存在或对示值没有贡献，而从类似于被研究的量的现象、物体或物质中所获得的示值。

7.3 示值区间　indication interval【VIM4.3】

极限示值界限内的一组量值。

注：1　示值区间可以用标在显示装置上的单位表示，例如：99V～201V。
　　2　在某些领域中，本术语也称"示值范围（range of indication）"。

7.4 标称量值　nominal quantity value【VIM4.6】

简称标称值（nominal value）

测量仪器或测量系统特征量的经化整的值或近似值，以便为适当使用提供指导。

例：1　标在标准电阻器上的标称量值：100Ω；
　　2　标在单刻度量杯上的量值：1000mL；
　　3　盐酸溶液HCl的物质的量浓度：0.1mol/L；
　　4　恒温箱的温度为－20℃。

注："标称量值"和"标称值"不要与"标称特性值"相混淆。

7.5 标称示值区间　nominal indication interval【VIM4.4】

简称标称区间（nominal interval）

当测量仪器或测量系统调节到特定位置时获得并用于指明该位置的、化整或近似的极限示值所界定的一组量值。

注：1　标称示值区间通常以它的最小和最大量值表示，例如100V～200V。
　　2　在某些领域，此术语也称"标称范围（nominal range）"。
　　3　在我国，此术语也简称"量程（span）"。

7.6 标称示值区间的量程　range of a nominal indication interval, span of a nominal indication interval【VIM4.5】

标称示值区间的两极限量值之差的绝对值。

例：对从－10V～＋10V的标称示值区间，其标称示值区间的量程为20V。

7.7 测量区间　measuring interval【VIM4.7】

又称工作区间（working interval）

在规定条件下，由具有一定的仪器不确定度的测量仪器或测量系统能够测量出的一组同类量的量值。

注：1　在某些领域，此术语也称"测量范围（measuring range）或工作范围（working range）"。
　　2　测量区间的下限不应与检测限相混淆。

7.8 稳态工作条件　steady state operating condition【VIM4.8】

为使由校准所建立的关系保持有效，测量仪器或测量系统的工作条件，即使被测量随时间变化。

7.9 额定工作条件　rated operating condition【VIM4.9】

为使测量仪器或测量系统按设计性能工作，在测量时必须满足的工作条件。

注：额定工作条件通常要规定被测量和影响量的量值区间。

7.10 极限工作条件 limiting operating condition【VIM4.10】

为使测量仪器或测量系统所规定的计量特性不受损害也不降低,其后仍可在额定工作条件下工作,所能承受的极端工作条件。

注:1 储存、运输和运行的极限条件可以不同。
  2 极限条件可包括被测量和影响量的极限值。

7.11 参考工作条件 reference operating condition【VIM4.11】
简称**参考条件**(reference condition)

为测量仪器或测量系统的性能评价或测量结果的相互比较而规定的工作条件。

注:1 参考条件通常规定了被测量和影响量的量值区间。
  2 在 IEC 60050-300 第311-06-02条款中,术语"参考条件"是指仪器测量不确定度为最小可能值时的工作条件。

7.12 测量系统的灵敏度 sensitivity of a measuring system【VIM4.12】
简称**灵敏度**(sensitivity)

测量系统的示值变化除以相应的被测量值变化所得的商。

注:1 测量系统的灵敏度可能与被测量的量值有关。
  2 所考虑的被测量值的变化必须大于测量系统的分辨力。

7.13 测量系统的选择性 selectivity of a measuring system【VIM4.13】
简称**选择性**(selectivity)

测量系统按规定的测量程序使用并提供一个或多个被测量的测得值时,使每个被测量的值与其他被测量或所研究的现象、物体或物质中的其他量无关的特性。

例:1 含质谱仪的测量系统在测量由两种指定化合物产生的离子流比时,不会被其他指定的电流源干扰的能力;
  2 测量系统测量给定频率下某信号分量的功率,不会受到诸多其他信号分量或其他频率信号干扰的能力;
  3 经常会有与所要信号频率略有不同的频率存在,接收机区分所要信号和不要信号的能力;
  4 存在伴生辐射情况下,电离辐射测量系统对被测的给定辐射的反应能力;
  5 测量系统用某种程序测量血浆中肌氨酸尿的物质的量浓度时,不受葡萄糖、尿酸盐、酮和蛋白质影响的能力;
  6 质谱仪测量地质矿中 ^{28}Si 同位素和 ^{30}Si 同位素的物质的量时,不受两者间的影响或来自 ^{29}Si 同位素影响的能力。

注:1 在物理学中,选择性是指只有一个被测量,其他量是被测量的同类量,并且它们是测量系统的输入量。
  2 在化学中,测量系统中被测量的量通常包含不同成分,并且这些量不必属于同类量。
  3 在化学中,测量系统的选择性通常由在规定范围内所成成分浓度的量获得。
  4 物理学中使用的"选择性"(见注1)在概念上接近于化学中有时使用的"种别性(specificity)"。

四、相关标准

7.14 分辨力 resolution【VIM4.14】

引起相应示值产生可觉察到变化的被测量的最小变化。

注：分辨力可能与诸如噪声（内部或外部的）或摩擦有关，也可能与被测量的值有关。

7.15 显示装置的分辨力 resolution of a displaying device【VIM4.15】

能有效辨别的显示示值间的最小差值。

7.16 鉴别阈 discrimination threshold【VIM4.16】

引起相应示值不可检测到变化的被测量值的最大变化。

注：鉴别阈可能与诸如噪声（内部或外部的）或摩擦有关，也可能与被测量的值及其变化是如何施加的有关。

7.17 死区 dead band【VIM4.17】

当被测量值双向变化时，相应示值不产生可检测到的变化的最大区间。

注：死区可能与变化速率有关。

7.18 检出限 detection limit，limit of detection【VIM4.18】

由给定测量程序获得的测得值，其声称的物质成分不存在的误判概率为 β，声称物质成分存在的误判概率为 α。

注：1 国际理论和应用化学联合会（IUPAC）推荐 α 和 β 的默认值为 0.05。
    2 有时使用缩写词 LOD。
    3 不要用术语"灵敏度"表示"检出限"。

7.19 测量仪器的稳定性 stability of a measurement instrument【VIM4.19】

简称稳定性（stability）

测量仪器保持其计量特性随时间恒定的能力。

注：稳定性可用几种方式量化。

例：1 用计量特性变化到某个规定的量所经过的时间间隔表示；
    2 用特性在规定时间间隔内发生的变化表示。

7.20 仪器偏移 instrument bias【VIM4.20】

重复测量示值的平均值减去参考量值。

7.21 仪器漂移 instrument drift【VIM4.21】

由于测量仪器计量特性的变化引起的示值在一段时间内的连续或增量变化。

注：仪器漂移既与被测量的变化无关，也与任何认识到的影响量的变化无关。

7.22 影响量引起的变差 variation due to an influence quantity【VIM4.22】

当影响量依次呈现两个不同的量值时，给定被测量的示值差或实物量具提供的量值差。

注：对实物量具，影响量引起的变差是影响量呈现两个不同值时其提供量值间的差值。

7.23 阶跃响应时间 step response time【VIM4.23】

测量仪器或测量系统的输入量值在两个规定常量值之间发生突然变化的瞬间，到与相应示值达到其最终稳定值的规定极限内时的瞬间,这两者间的持续时间。

7.24 仪器的测量不确定度　instrumental measurement uncertainty【VIM4.24】

由所用的测量仪器或测量系统引起的测量不确定度的分量。

注：1　除原级测量标准采用其他方法外,仪器的不确定度通过对测量仪器或测量系统校准得到。
2　仪器的不确定度通常按B类测量不确定度评定。
3　对仪器的测量不确定度的有关信息可在仪器说明书中给出。

7.25 零的测量不确定度　null measurement uncertainty【VIM4.29】

测得值为零时的测量不确定度。

注：1　零的测量不确定度与零位或接近零的示值有关,它包含被测量小到不知是否能检测的区间或仅由噪声引起的测量仪器的示值区间。
2　零的测量不确定度的概念也适用于当对样品与空白进行测量并获得差值时。

7.26 准确度等级　accuracy class【VIM4.25】

在规定工作条件下,符合规定的计量要求,使测量误差或仪器不确定度保持在规定极限内的测量仪器或测量系统的等别或级别。

注：1　准确度等级通常用约定采用的数字或符号表示。
2　准确度等级也适用于实物量具。

7.27 最大允许测量误差　maximum permissible measurement errors【VIM4.26】

简称**最大允许误差**（maximum permissible errors），又称**误差限**（limit of error）

对给定的测量、测量仪器或测量系统,由规范或规程所允许的,相对于已知参考量值的测量误差的极限值。

注：1　通常,术语"最大允许误差"或"误差限"是用在有两个极端值的场合。
2　不应该用术语"容差"表示"最大允许误差"。

7.28 基值测量误差　datum measurement error【VIM4.27】

简称**基值误差**（datum error）

在规定的测得值上测量仪器或测量系统的测量误差。

7.29 零值误差　zero error【VIM4.28】

测得值为零值时的基值测量误差。

注：零值误差不应与没有测量误差相混淆。

7.30 固有误差　intrinsic error

又称**基本误差**

在参考条件下确定的测量仪器或测量系统的误差。

7.31 引用误差　fiducially error

测量仪器或测量系统的误差除以仪器的特定值。

注：该特定值一般称为引用值,例如,可以是测量仪器的量程或标称范围的上限。

7.32 示值误差　error of indication

测量仪器示值与对应输入量的参考量值之差。

四、相关标准

8 测量标准

8.1 测量标准 measurement standard，etalon【VIM5.1】

具有确定的量值和相关联的测量不确定度，实现给定量定义的参照对象。

例：1 具有标准测量不确定度为 $3\mu g$ 的 1kg 质量测量标准；

　　2 具有标准测量不确定度为 $1\mu\Omega$ 的 100Ω 测量标准电阻器；

　　3 具有相对标准测量不确定度为 2×10^{-15} 的铯频率标准；

　　4 量值为 7.072，其标准测量不确定度为 0.006 的氢标准电极；

　　5 每种溶液具有测量不确定度的有证量值的一组人体血清中的可的松参考溶液；

　　6 对 10 种不同蛋白质中每种的质量浓度提供具有测量不确定度的量值的有证标准物质。

注：1 在我国，测量标准按其用途分为计量基准和计量标准。

　　2 给定量的定义可通过测量系统、实物量具或有证标准物质复现。

　　3 测量标准经常作为参照对象用于为其他同类量确定量值及其测量不确定度。通过其他测量标准、测量仪器或测量系统对其进行校准，确立其计量溯源性。

　　4 这里所用的"实现"是按一般意义说的。"实现"有三种方式：一是根据定义，物理实现测量单位，这是严格意义上的实现；二是基于物理现象建立可高度复现的测量标准，它不是根据定义实现的测量单位，所以称"复现"，如使用稳频激光器建立米的测量标准，利用约瑟夫森效应建立伏特测量标准或利用霍尔效应建立欧姆测量标准；三是采用实物量具作为测量标准，如 1kg 的质量测量标准。

　　5 测量标准的标准测量不确定度是用该测量标准获得的测量结果的合成标准不确定度的一个分量。通常，该分量比合成标准不确定度的其他分量小。

　　6 量值及其测量不确定度必须在测量标准使用的当时确定。

　　7 几个同类量或不同类量可由一个装置实现，该装置通常也称测量标准。

　　8 术语"测量标准"有时用于表示其他计量工具，例如"软件测量标准"（见 ISO 5436-2）。

8.2 国际测量标准 international measurement standard【VIM5.2】

由国际协议签约方承认的并旨在世界范围使用的测量标准。

例：1 国际千克原器；

　　2 绒（毛）膜促性腺激素，世界卫生组织（WHO）第 4 国际标准 1999，75/589，650 每安瓿的国际单位；

　　3 VSMOW2（维也纳标准平均海水）由国际原子能机构（IAEA）为不同种稳定同位素物质的量比率测量面发布。

8.3 国家测量标准 national measurement standard【VIM5.3】

简称**国家标准**（national standard）

经国家权威机构承认，在一个国家或经济体内作为同类量的其他测量标准定值依据的测量标准。

注：在我国称计量基准或国家计量标准。

8.4 原级测量标准 primary measurement standard【VIM5.4】
简称**原级标准**（primary standard）

使用原级参考测量程序或约定选用的一种人造物品建立的测量标准。

例：1 物质的量浓度的原级测量标准由将已知物质的量的化学成分溶解到已知体积的溶液中制备而成。
  2 压力的原级测量标准基于对力和面积的分别测量。
  3 同位素物质的量比率测量的原级测量标准通过混合已知物质的量的规定的同位素制备而成。
  4 水的三相点瓶作为热力学温度的原级测量标准。
  5 国际千克原器是一个约定选用的人造物品。

8.5 次级测量标准 secondary measurement standard【VIM5.5】
简称**次级标准**（secondary standard）

通过用同类量的原级测量标准对其进行校准而建立的测量标准。

注：1 次级测量标准与原级测量标准之间的这种关系可通过直接校准得到，也可通过一个经原级测量标准校准过的媒介测量系统对次级测量标准赋予测量结果。
  2 通过原级参考测量程序按比率给出其量值的测量标准是次级测量标准。

8.6 参考测量标准 reference measurement standard【VIM5.6】
简称**参考标准**（reference standard）

在给定组织或给定地区内指定用于校准或检定同类量其他测量标准的测量标准。

注：在我国，这类标准称为计量标准。

8.7 工作测量标准 working measurement standard【VIM5.7】
简称**工作标准**（working standard）

用于日常校准或检定测量仪器或测量系统的测量标准。

注：工作测量标准通常用参考测量标准校准或检定。

8.8 搬运式测量标准 traveling measurement standard【VIM5.8】
简称**搬运式标准**（traveling standard）

为能提供在不同地点间传送、有时具有特殊结构的测量标准。

例：由电池供电工作的便携式 Cs^{133} 频率测量标准。

8.9 传递测量装置 transfer measurement device【VIM5.9】
简称**传递装置**（transfer device）

在测量标准比对中用作媒介的装置。

注：有时用测量标准作为传递装置。

8.10 核查装置 check device
用于日常验证测量仪器或测量系统性能的装置。

注：有时也称核查标准。

8.11 本征测量标准 intrinsic measurement standard【VIM5.10】
简称**本征标准**(intrinsic standard)

基于现象或物质固有和可复现的特性建立的测量标准。

例：1 水三相点瓶作为热力学温度的本征测量标准；
　　2 基于约瑟夫森效应的电位差的本征测量标准；
　　3 基于量子霍尔效应的电阻的本征测量标准；
　　4 铜的样本作为电导率的本征测量标准。

注：1 本征测量标准的量值是通过协议给定，不需要通过与同类的其他测量标准的关系确定，其测量不确定度的确定应考虑两个分量：与其协议的量值有关的分量及与其结构、进行和维护有关的分量。
　　2 本征测量标准通常由一个系统组成，该系统根据协议程序的要求建立，并要进行定期验证。
　　　该协议程序可包括规定运行所必须采取的修正。
　　3 基于量子现象的本征测量标准通常具有极高的稳定性。
　　4 形容词"本征"并不意味着可以不精心地操作和使用，或不会受到内部和外部的影响。

8.12 测量标准的保持 conservation of a measurement standard【VIM5.11】

为使测量标准的计量特性能保持在规定极限内所必须的一组操作。

注：保持通常包括对预先规定的计量特性的周期检定或校准，在合适条件下的储存以及精心维护和使用。

8.13 校准器 calibrator【VIM5.12】

用于校准的测量标准。

注：术语"校准器"仅用于某些领域。

8.14 参考物质 reference material，RM【VIM5.13】
标准物质

具有足够均匀和稳定的特定特性的物质，其特性被证实适用于测量中或标称特性检查中的预期用途。

注：1 标称特性的检查提供一个标称特性值及其不确定度。该不确定度不是测量不确定度。
　　2 赋值或未赋值的标准物质都可用于测量精密度控制，只有赋值的标准物质才可用于校准或测量正确度控制。
　　3 "标准物质"既包括具有量的物质，也包括具有标称特性的物质。

例：1 具有量的标准物质举例：
　　　a) 给出了纯度的水，其动力学黏度用于校准黏度计；
　　　b) 含胆固醇但没有其物质的量浓度赋值的人血清，仅用作测量精密度控制；
　　　c) 阐明了所含二噁英的质量分数的鱼尾形纸巾，用作校准物。
　　2 具有标称特性的标准物质举例：
　　　a) 一种或多种指定颜色的色图；
　　　b) 含有特定的核酸序列的 DNA 化合物；

c) 含有 19-雄（甾）烯二酮的尿。

4 标准物质有时与特制装置是一体化的。

例：1 三相点瓶中已知三相点的物质；
    2 置于透射滤光器支架上已知光密度的玻璃；
    3 安放在显微镜载玻片上尺寸一致的小球。

5 有些标准物质的量值计量溯源到 SI 制外的某个测量单位。这类物质包括量值溯源到由世界卫生组织指定的国际单位（IU）的疫苗。

6 在某个特定测量中，所给定的标准物质只能用于校准或质量保证两者中的一种用途。

7 对标准物质的说明应包括该物质的追溯性，指明其来源和加工过程。

8 国际标准化组织/标准物质委员会有类似定义，但采用术语"测量过程"意指"检查"，它既包含了量的测量，也包含了标称特性的检查。

8.15　有证标准物质　certified reference material，CRM【VIM5.14】

附有由权威机构发布的文件，提供使用有效程序获得的具有不确定度和溯源性的一个或多个特性量值的标准物质。

例：在所附证书中，给出胆固醇浓度赋值及其测量不确定度的人体血清，用作校准器或测量正确度控制的物质。

注：1 "文件"是以"证书"的形式给出（见 ISO Guide 31：2000）。

2 有证标准物质制备和颁发证书的程序是有规定的（例如 ISO Guide 34 和 ISO Guide 35）。

3 在定义中，"不确定度"包含了测量不确定度和标称特性值的不确定度两个含义，这样做是为了一致和连贯。"溯源性"既包含量值的计量溯源性，也包含标称特性值的追溯性。

4 "有证标准物质"的特定量值要求附有测量不确定度的计量溯源性。

8.16　标准物质的互换性　commutability of a reference material【VIM5.15】

对于给定标准物质的规定量，由两个给定测量程序所得测量结果之间关系与另一个指定物质所得测量结果之间关系一致程度表示的标准物质特性。

注：1 定义中，给定标准物质通常是校准器，而另一指定物质通常是日常用的样品。

2 定义中涉及的两个测量程序，依据校准等级关系，通常一个标准物质是校准等级中上一等级的，而另一个是下一等级的标准物质（校准器）。

3 可互换标准物质的稳定性要定期监测。

8.17　参考数据　reference data【VIM5.16】

由鉴别过的来源获得，并经严格评价和准确性验证的，与现象、物体或物质特性有关的数据，或与已知化合物成分或结构系统有关的数据。

例：如由国际理论和应用物理联合会（IUPAP）发布的化学化合物溶解性的参考数据。

注：在定义中，准确性包含如测量准确性和标称特性值的准确性。

8.18　标准参考数据　standard reference data【VIM5.17】

由公认的权威机构发布的参考数据。

例：1 国际科学联合会科学技术数据委员会（ICSU DODATA）作为法规评定和发布的基本物理常量的值。
   2 元素的相对原子质量值，也称原子重量值，由国际理论和应用化学联合会（IUPAC-CIAAW）在国际理论和应用化学联合会（IUPAC）全会上每两年评定一次并在《纯应用化用》和《物理化学参考数据》上发布。

8.19 参考量值　reference quantity value【VIM5.18】

简称**参考值**（reference value）

用作与同类量的值进行比较的基础的量值。

注：1 参考量值可以是被测量的真值，这种情况下它是未知的；也可以是约定量值，这种情况下它是已知的。
    2 带有测量不确定度的参考量值通常由以下参照对象提供：
    a）一种物质，如有证标准物质；
    b）一个装置，如稳态激光器；
    c）一个参考测量程序；
    d）与测量标准的比较。

9　法制计量和计量管理

9.1　法制计量　legal metrology

为满足法定要求，由有资格的机构进行的涉及测量、测量单位、测量仪器、测量方法和测量结果的计量活动，它是计量学的一部分。

9.2　计量法　law on metrology

定义法定计量单位、规定法制计量任务及其运作的基本架构的法律。

9.3　计量保证　metrological assurance

法制计量中用于保证测量结果可信性的所有法规、技术手段和必要的活动。

9.4　法制计量控制　legal metrological control

用于计量保证的全部法制计量活动。

注：法制计量控制包括：
——测量仪器的法制控制；
——计量监督；
——计量鉴定。

9.5　法定计量机构　Service of Legal Metrology

负责在法制计量领域实施法律或法规的机构。

注：法定计量机构可以是政府机构，也可以是国家授权的其他机构，其主要任务是执行法制计量控制。

9.6　测量仪器的法制控制　legal control of measuring instrument

针对测量仪器所规定的法定活动的总称，如型式批准、检定等。

9.7　计量监督　metrological supervision

为检查测量仪器是否遵守计量法律、法规要求并对测量仪器的制造、进口、安装、使用、维护和维修所实施的控制。

注：计量监督还包括对商品量和向社会提供公证数据的检测实验室能力的监督。

9.8 计量鉴定 metrological expertise

以举证为目的的所有操作，例如参照相应的法定要求，为法庭证实测量仪器的状态并确定其计量性能，或者评价公证用的检测数据的正确性。

9.9 型式评价 type（pattern）evaluation

根据文件要求对测量仪器指定型式的一个或多个样品性能所进行的系统检查和试验，并将其结果写入型式评价报告中，以确定是否可对该型式予以批准。

9.10 型式批准 type approval

根据型式评价报告所做出的符号法律规定的决定，确定该测量仪器的型式符号相关的法定要求并适用于规定领域，以期它能在规定的期间内提供可靠的测量结果。

9.11 有限型式批准 tpye approval with limited effect

受到一个或多个特别限制的测量仪器的型式批准。

注：这些限制诸如：
——有效期；
——批准所允许的测量仪器数量；
——向每台测量仪器安装地点的主管部门报告的义务；
——测量仪器的使用等。

9.12 批准型式符合性检查 examination for conformity with approval type

为查明测量仪器是否与批准的型式相符而进行的检查。

9.13 型式批准的承认 recognition of type approval

自愿或根据双边或多边协议所做出的法制性决定，一方承认另一方进行的型式批准符合相关法规的要求，不再颁发新的型式批准证书。

9.14 型式批准的撤销 withdrawal of type approval

取消已批准的型式的决定。

注：撤销适用于下列情况：
——型式变更时；
——计量耐久性和/或可靠性受到影响时；
——法律对测量仪器计量性能要求发生变更并在型式批准主管部门给出新的型式批准时。

9.15 测量仪器的合格评定 conformity assessment of a measuring instrument

为确认单台仪器、一个仪器批次或一个产品系列是否符合该仪器型式的全部法定要求而对测量仪器进行的试验和评价。

注：合格评定不仅关注计量要求，而且还可能关注下列要求：
——安全性；
——电磁兼容性；
——软件一致性；
——使用的方便性；
——标记，等。

四、相关标准

9.16 预检查 preliminary examination

对在安装地点才能完成全部检定的测量仪器进行特定部件的部分检查，或对测量仪器特定部件装配前的检查。

9.17 测量仪器的检定 verification of a measuring instrument

计量器具的检定 verification of a measuring instrument

简称计量检定（metrological verification）或检定（verification）

查明和确认测量仪器符合法定要求的活动，它包括检查、加标记和/或出具检定证书。

注：在 VIM 中，将"提供客观证据证明测量仪器满足规定的要求"定义为验证（verification）。

9.18 抽样检定 verification by sampling

以同一批次测量仪器中按统计方法随机选取适当数量样品检定的结果，作为该批次仪器检定结果的检定。

9.19 首次检定 initial verification

对未被检定过的测量仪器进行的检定。

9.20 后续检定 subsequent verification

测量仪器在首次检定后的一种检定，包括强制周期检定和修理后检定。

9.21 强制周期检定 mandlatory periodic verification

根据规程规定的周期和程序，对测量仪器定期进行的一种后续检查。

9.22 自愿检定 voluntary verification

并非由于强制要求而申请的任何一种检定。

9.23 仲裁检定 arbitrate verification

用计量基准或社会公用计量标准进行的以裁决为目的的检定活动。

9.24 测量仪器的禁用 rejection of a measuring instrument

需要强制检定的测量仪器不符合规定的要求，禁止其用于强制检定的应用领域的决定。

9.25 检定的承认 recognition of verification

自愿或根据双边或多边协议，一方承认另一方签发的检定证书和/或检定标记符合相关法规规定的要求所做出的法律上的决定。

9.26 测量仪器的监督检查 inspection of a measuring instrument

为验证使用中的测量仪器符合要求所做的检查。

注：检查项目一般包括：检定标记和/或检定证书有效性，封印是否被损坏，检定后测量仪器是否遭到明显改动，其误差是否超过使用中的最大允许误差。

9.27 ［加］标记 marking

施加在测量仪器上的一个或多个标记，诸如检定标记、禁用标记、封印标记和型式批准标记。

9.28 检定标记 verification mark

施加于测量仪器上证明其已经检定并符合要求的标记。

9.29 检定标记的清除 obliteration of a verification mark

当发现测量仪器不再符合法定要求时,对其检定标记的去除。

9.30 型式批准证书 type approval certificate

证明型式批准已获通过的文件。

9.31 检定证书 verification certificate

证明计量器具已经检定并符合相关法定要求的文件。

9.32 计量鉴定证书 metrological expertise certificate

以举证为目的,由授权机构发布和注册的文件,该文件说明进行计量鉴定的条件和所做的调查报告及获得的结果。

9.33 不合格通知书 rejection notice

说明计量器具被发现不符合或不再符合相关法定要求的文件。

注:根据现行《计量法》,不合格通知书称为"检定结果通知书"。

9.34 禁用标记 rejection mark

以明显方式施加于测量仪器上表明其不符合法定要求的标记。

注:贴禁用标记时,应同时清除先前施加的检定标记。

9.35 封印标记 sealing mark

用于防止对测量仪器进行任何未经授权的修改、再调整或拆除部件等的标记。

9.36 型式批准标记 type approval mark

施加于测量仪器上用于证明该仪器已通过型式批准的标记。

9.37 法定受控的测量仪器 legally controlled measuring instrument

符合法定计量规定要求的测量仪器。

9.38 可接受检定的测量仪器 measuring instrument acceptable for verification

型式已获批准或满足相关规范可免予型式批准的测量仪器。

9.39 获准型式 approved type

获准可作为法定使用测量仪器的已确定型号或系列,并由颁发的型式批准证书确认。

9.40 获准型式的样本 specimen of an approved type

获准型式的测量仪器或与其相关文件一起,用作检查其他测量仪器是否符合获准型式的参照物。

9.41 型式评价报告 type evaluation report

型式评价中对代表一种型式的一个或多个样本进行检测结果的报告,该报告根据规定的格式编写并给出是否符合规定要求的结论。

9.42 预包装商品 products in prepackages

销售前用包装材料或者包装容器及浸泡液将商品包装好,并有预先确定的量值(或者数值)的商品。

9.43 定量包装商品 prepackage goods

以销售为目的,在一定量限范围内具有统一的质量、体积、长度、面积、计数标注等标识内容的批量预包装商品。

四、相关标准

9.44 定量包装商品净含量　net contain of prepackage goods

定量包装商品中除去包装容器和其他包装材料或浸泡液后内装商品的量。

注：不仅商品的包装材料，还是任何与该商品包装在一起的其他材料，均不得记为净含量。

9.45 计量标准考核　examination of measurement standard

由国家主管部门对计量标准测量能力的评定或利用该标准开展量值传递的资格的确认。

9.46 检测　testing

对给定产品，按照规定程序确定某一种或多种特性、进行处理或提供服务所组成的技术操作。

9.47 实验室认可　laboratory accreditation

对校准和检测实验室有能力进行特定类型校准和检测所做的一种正式承认。

9.48 能力验证　proficiency testing

利用实验室间比对确定实验室的检定、校准和检测的能力。

9.49 期间核查　intermediate checks

根据规定程序，为了确定计量标准、标准物质或其他测量仪器是否保持其原有状态而进行的操作。

9.50 计量检定规程　regulation for verification

为评定计量器具的计量特性，规定了计量性能、法制计量控制要求、检定条件和检定方法以及检定周期等内容，并对计量器具作出合格与否的判定的计量技术法规。

9.51 国家计量检定规程　national regulation for verification

由国家计量主管部门组织制定并批准颁布，在全国范围内施行，作为计量器具特性评定和法制管理的计量技术法规。

9.52 国际建议　International Recommendation

国际法制计量组织的出版物之一，它给出了制定法规的模板，旨在提出某种测量器具必须具备的计量特性，并规定了检查其合格与否的方法和设备。

9.53 国际文件　International Documents

国际法制计量组织的出版物之一，它提供的信息旨在指导法定计量机构的工作。

9.54 OIML 计量器具证书制度　OIML Certificate System for Measurement Instruments

在自愿基础上，对符合国际法制计量组织国际建议要求的测量器具进行证书证发、注册和使用的一种制度。

9.55 OIML 合格证书　OIML Certificate of Conformation

由 OIML 成员国的授权机构签发，证明由提交的检测样品所代表的某种计量器具的型式符合 OIML 相关国际建议有关要求的文件。

9.56 计量确认　metrological confirmation

为确保测量设备处于满足预期使用要求的状态所需要的一组操作。

注：1 计量确认通常包括：校准和验证、各种必要的调整或维修及随后的再校准、与设备预期使用的计量要求相比较以及所要求的封印和标签。

2 只有测量设备已被证实适合于预期使用并形成文件，计量确认才算完成。
3 预期使用要求包括：测量范围、分辨力、最大允许误差等。
4 计量要求通常与产品要求不同，并不在产品要求中规定。

9.57 测量管理体系　measurement management system

为实现计量确认和测量过程的连续控制而必需的一组相关的或相互作用的要素。

9.58 溯源等级图　hierarchy scheme

一种代表等级顺序的框图，用以表明测量仪器的计量特性与给定量的测量标准之间的关系。

注：溯源等级图是对给定量或给定类别的测量仪器所用比较链的一种说明，以此作为其溯源性的证据。

9.59 国家溯源等级图　national hierarchy scheme

在一个国家内，对给定量的测量仪器有效的一种溯源等级图，包括推荐（或允许）的比较方法或手段。

注：在我国，也称国家计量检定系统表。

9.60 量值传递　dissemination of the value of quantity

通过对测量仪器的校准或检定，将国家测量标准所实现的单位量值通过各等级的测量标准传递到工作测量仪器的活动，以保证测量所得的量值准确一致。

中 文 索 引

B

搬运式测量标准	8.8
包含概率	5.29
包含区间	5.28
包含因子	5.30
倍数单位	3.18
被测量	4.7
本征测量标准	8.11
比对	4.9
标称量值	7.4
标称示值区间	7.5
标称示值区间的量程	7.6
标称特性	3.32
标尺长度	6.15
标尺分度	6.16
标尺间隔	6.18
标尺间距	6.17
标准不确定度	5.19
标准参考数据	8.18
标准物质	8.14
标准物质的互换性	8.16
不合格通知书	9.33
不确定度报告	5.25

C

参考测量标准	8.6
参考工作条件	7.11
参考量值	8.19
参考数据	8.17
参考物质	8.14
测得的量值	5.2
测量	4.1
测量标准	8.1
测量标准的保持	8.12
测量不确定度	5.18
测量不确定度的 A 类评定	5.20
测量不确定度的 B 类评定	5.21
测量程序	4.6
测量传感器	6.7
测量单位	3.8
测量单位符号	3.9
测量方法	4.5
测量复现性	5.16
测量管理体系	9.57
测量函数	5.32
测量结果	5.1
测量结果的计量兼容性	5.36
测量结果的计量可比性	5.35
测量精密度	5.10
测量链	6.10
测量模型	5.31
测量模型中的输出量	5.34
测量模型中的输入量	5.33
测量偏移	5.5
测量区间	7.7
测量设备	6.6
测量误差	5.3
测量系统	6.2
测量系统的调整	6.19
测量系统的灵敏度	7.12
测量系统的零位调整	6.20
测量系统的选择性	7.13
测量仪器	6.1
测量仪器的标尺	6.14
测量仪器的法制控制	9.6
测量仪器的合格评审	9.15
测量仪器的监督检查	9.26
测量仪器的检定	9.17
测量仪器的禁用	9.24

263

测量仪器的稳定性	7.19
测量原理	4.4
测量正确度	5.9
测量重复性	5.13
测量准确度	5.8
抽样检定	9.18
传递测量装置	8.9
次级测量标准	8.5

D

单位方程	3.25
单位间的换算因子	3.26
单位制	3.10
导出单位	3.16
导出量	3.5
定量包装商品	9.43
定量包装商品净含量	9.44
定义的不确定度	5.24

E

额定工作条件	7.9

F

法定计量单位	3.14
法定计量机构	9.5
法定受控的测量仪器	9.37
法制计量	9.1
法制计量控制	9.4
分辨力	7.14
分数单位	3.19
封印标记	9.35
复现性测量条件	5.15

G

工作测量标准	8.7
固有误差	7.30
国际测量标准	8.2
国际单位制［SI］	3.13

国际建议	9.52
国际量制	3.3
国际文件	9.53
国家测量标准	8.3
国家计量检定规程	9.51
国家溯源等级图	9.59

H

合成标准不确定度	5.22
核查装置	8.10
后续检定	9.20
获准型式	9.39
获准型式的样本	9.40

J

基本单位	3.15
基本量	3.4
基值测量误差	7.28
极限工作条件	7.10
［加］标记	9.27
计量	4.2
计量保证	9.3
计量单位	3.8
计量单位符号	3.9
计量标准考核	9.45
计量法	9.2
计量监督	9.7
计量检定规程	9.50
计量鉴定	9.8
计量鉴定证书	9.32
计量器具	6.1
计量器具的检定	9.17
计量确认	9.56
计量溯源链	4.15
计量溯源性	4.14
计量学	4.3
记录器	6.12
检测	9.46

检测器 ……………………………	6.9
检出限 ……………………………	7.18
检定标记 …………………………	9.28
检定标记的清除 …………………	9.29
检定的承认 ………………………	9.25
检定证书 …………………………	9.31
鉴别阈 ……………………………	7.16
校准 ………………………………	4.10
校准等级序列 ……………………	4.13
校准器 ……………………………	8.13
校准曲线 …………………………	4.12
校准图 ……………………………	4.11
阶跃响应时间 ……………………	7.23
禁用标记 …………………………	9.34

K

可接受检定的测量仪器 …………	9.38
空白示值 …………………………	7.2
扩展不确定度 ……………………	5.27

L

量 …………………………………	3.1
量的数值 …………………………	3.23
量的真值 …………………………	3.21
量方程 ……………………………	3.24
量纲 ………………………………	3.6
量纲为一的量 ……………………	3.7
量值 ………………………………	3.20
量-值标尺 ………………………	3.29
量值传递 …………………………	9.60
量制 ………………………………	3.2
零的测量不确定度 ………………	7.25
零值误差 …………………………	7.29

M

敏感器 ……………………………	6.8
目标不确定度 ……………………	5.26

N

能力验证 …………………………	9.48

O

OIML 合格证书 …………………	9.55
OIML 计量器具证书制度 ………	9.54

P

批准型式符合性检查 ……………	9.12

Q

期间测量精密度 …………………	5.11
期间测量精密度测量条件 ………	5.11
期间核查 …………………………	9.49
强制周期检定 ……………………	9.21

S

实物量具 …………………………	6.5
实验标准偏差 ……………………	5.17
实验室认可 ………………………	9.47
示值 ………………………………	7.1
示值区间 …………………………	7.3
示值误差 …………………………	7.32
首次检定 …………………………	9.19
数值方程 …………………………	3.27
死区 ………………………………	7.17
溯源等级图 ………………………	9.58
随机测量误差 ……………………	5.6

W

稳态工作条件 ……………………	7.8

X

系统测量误差 ……………………	5.4
显示器 ……………………………	6.11
显示式测量仪器 …………………	6.4
显示装置的分辨力 ………………	7.15

相对标准不确定度	5.23
向测量单位的计量溯源性	4.16
型式批准	9.10
型式批准标记	9.36
型式批准的撤销	9.14
型式批准的承认	9.13
型式批准证书	9.30
型式评价	9.9
型式评价报告	9.41
修正	5.7
序量	3.28
序量-值标尺	3.30

Y

一贯单位制	3.12
一贯导出单位	3.11
仪器的测量不确定度	7.24
仪器偏移	7.20
仪器漂移	7.21
引用误差	7.31

影响量	4.8
影响量引起的变差	7.22
有限型式批准	9.11
有证标准物质	8.15
预包装商品	9.42
预检查	9.16
原级测量标准	8.4
约定参考标尺	3.31
约定量值	3.22

Z

指示器	6.13
指示式测量仪器	6.3
制外测量单位	3.17
制外计量单位	3.17
仲裁检定	9.23
重复性测量条件	5.14
准确度等级	7.26
自愿检定	9.22
最大允许测量误差	7.27

英 文 索 引

A

accuracy ……………………… 5.8
accuracy class ……………… 7.26
accuracy of measurement ……… 5.8
adjustment …………………… 6.19
adjustment of a measuring system
…………………………… 6.19
approved type ……………… 9.39
arbitrate verification ………… 9.23

B

background indication ………… 7.2
base quantity ………………… 3.4
base unit ……………………… 3.15
bias …………………………… 5.5
blank indication ……………… 7.2

C

calibration …………………… 4.10
calibration curve …………… 4.12
calibration diagram ………… 4.11
calibration hierarchy ………… 4.13
calibrator …………………… 8.13
certified reference material, CRM
…………………………… 8.15
check device ………………… 8.10
coherent derived unit ………… 3.11
coherent system of units …… 3.12
combined standard measurement
  uncertainty ………………… 5.22
combined standard uncertainty …… 5.22
commutability of a reference material
…………………………… 8.16
comparison …………………… 4.9
conformity assessment of a measuring
  instrument ………………… 9.15
conservation of a measurement
  standard …………………… 8.12
conventional quantity value …… 3.22
conventional reference scale …… 3.31
conventional value …………… 3.22
conventional value of a quantity …… 3.22
conversion factor between units …… 3.26
correction …………………… 5.7
coverage factor ……………… 5.30
coverage interval …………… 5.28
coverage probability ………… 5.29

D

datum error ………………… 7.28
datum measurement error …… 7.28
dead band …………………… 7.17
definitional uncertainty ……… 5.24
derived quantity ……………… 3.5
derived unit ………………… 3.16
detection limit ……………… 7.18
detector ……………………… 6.9
dimension of a quantity ……… 3.6
dimensionless quantity ……… 3.7
discrimination threshold …… 7.16
displayer …………………… 6.11
displaying measuring instrument …… 6.4
dissemination of the value of quantity
…………………………… 9.60

E

error …………………………… 5.3
error of indication …………… 7.33
error of measurement ………… 5.3

etalon ·················· 8.1
examination for conformity with
  approval type ·········· 9.12
examination of measurement
  standard ··············· 9.45
expanded measurement uncertainty
  ······················· 5.27
expanded uncertainty ········ 5.27
experimental standard deviation ··· 5.17

F

fiducially error ············ 7.31

H

hierarchy scheme ··········· 9.58

I

index ···················· 6.13
indicating measuring instrument ··· 6.3
indication ················ 7.1
indication interval ·········· 7.3
influence quantity ·········· 4.8
initial verification ·········· 9.19
input quantity ············· 5.33
input quantity in a measurement
  model ················· 5.33
inspection of a measuring instrument
  ······················· 9.26
instrument bias ············ 7.20
instrument drift ············ 7.21
instrumental measurement uncertainty
  ······················· 7.24
intermediate checks ········· 9.49
intermediate measurement precision
  ······················· 5.12
intermediate precision ······· 5.12
intermediate precision condition ··· 5.11

intermediate precision condition of
  measurement ··········· 5.11
International Documents ····· 9.53
international measurement standard
  ······················· 8.2
International Recommendation ··· 9.52
International System of Quantities,
  ISQ ··················· 3.3
International System of Units (SI)
  ······················· 3.13
intrinsic measurement standard ··· 8.11
intrinsic standard ··········· 8.11

L

laboratory accreditation ····· 9.47
law on metrology ·········· 9.2
legal control of measuring instrument
  ······················· 9.6
legal metrological control ···· 9.4
legal metrology ············ 9.1
legal unit of measurement ···· 3.14
legally controlled measuring
  instrument ············· 9.37
limit of detection ·········· 7.18
limit of error ············· 7.27
limiting operating condition ··· 7.10

M

mandatory periodie verification ··· 9.21
marking ················· 9.27
material measure ··········· 6.5
maximum permissible errors ··· 7.27
measurand ··············· 4.7
measured quantity value ····· 5.2
measured value ············ 5.2
measured value of a quantity ··· 5.2
measurement ·············· 4.1
measurement accuracy ······· 5.8

measurement bias	5.5
measurement error	5.3
measurement function	5.32
measurement management system	9.57
measurement method	4.5
measurement model	5.31
measurement precision	5.10
measurement principle	4.4
measurement procedure	4.6
measurement repeatability	5.13
measurement repeatability condition of measurement	5.14
measurement reproducibility	5.16
measurement reproducibility condition of measurement	5.15
measurement result	5.1
measurement scale	3.29
measurement standard	8.1
measurement trueness	5.9
measurement uncertainty	5.18
measurement unit	3.8
measuring chain	6.10
measuring equipment	6.6
measuring instrument	6.1
measuring instrument acceptable for verification	9.38
measuring interval	7.7
measuring range	7.7
measuring system	6.2
measuring transducer	6.7
metrological assurance	9.3
metrological comparability	5.35
metrological comparability of measurement results	5.35
metrological compatibility	5.36
metrological compatibility of measurement results	5.36
metrological confirmation	9.56
metrological expertise	9.8
metrological expertise certificate	9.32
metrological supervision	9.7
metrological traceability	4.14
metrological traceability chain	4.15
metrological traceability to a unit	4.16
metrological traceability to a measurement unit	4.16
metrological verification	9.17
metrology	4.2, 4.3
model	5.31
model of measurement	5.31
multiple of a unit	3.18

N

national hierarchy scheme	9.59
national measurement standard	8.3
national standard	8.3
net contain of prepackage goods	9.44
nominal indication interval	7.5
nominal interval	7.5
nominal property	3.32
nominal quantity value	7.4
nominal value	7.4
null measurement uncertainty	7.25
numerical quantity value	3.23
numerical value	3.23
numerical value equation	3.27
numerical value equation of quantity	3.27
numerical value of quantity	3.23

O

obliteration of a verification mark	9.29
off-system unit	3.17

OIML Certificate of Conformation	9.55
OIML Certificate System for Measurement Instruments	9.54
ordinal quantity	3.28
ordinal quantity - value scale	3.30
ordinal value scale	3.30
output quantity	5.34
output quantity in a measurement model	5.34

P

precision	5.10
preliminary examination	9.16
prepackage goods	9.43
primary measurement standard	8.4
primary reference measurement procedure	4.6
primary reference procedure	4.6
primary standard	8.4
products in prepackages	9.42
proficiency testing	9.48

Q

quantity	3.1
quantity equation	3.24
quantity of dimension one	3.7
quantity value	3.20
quantity - value scale	3.29

R

random error	5.6
random error of measurement	5.6
random measurement error	5.6
range of a nominal indication interval	7.6
range of indication	7.3
rated operating condition	7.9
recognition of type approval	9.13
recognition of verification	9.25
recorder	6.12
reference condition	7.11
reference data	8.17
reference material, RM	8.14
reference measurement procedure	4.6
reference measurement standard	8.6
reference operating condition	7.11
reference quantity vale	8.19
reference standard	8.6
reference value	8.19
regulation for verification	9.50
rejection mark	9.34
rejection notice	9.33
rejection of a measuring instrument	9.24
relative standard measurement uncertainty	5.23
relative standard uncertainty	5.23
repeatability	5.13
repeatability condition	5.14
reproducibility	5.16
reproducibility condition	5.15
resolution	7.14
resolution of a displaying device	7.15
result of measurement	5.1

S

scale	6.14
scale division	6.16
scale length	6.15
scale of a measuring instrument	6.14
scale spacing	6.17
sealing mark	9.35
secondary measurement standard	8.5
secondary standard	8.5
selectivity	7.13

selectivity of a measuring system 7.13
sensitivity 7.12
sensitivity of a measuring system
.... 7.12
sensor 6.8
Service of Legal Metrology 9.5
span of a nominal indication interval ... 7.6
specimen of an approved type 9.40
stability 7.19
stability of a measurement instrument
.... 7.19
standard measurement uncertainty
.... 5.19
standard reference data 8.18
standard uncertainty 5.19
standard uncertainty of measurement
.... 5.19
steady state operating condition 7.8
step response time 7.23
submultiple of a unit 3.19
subsequent verification 9.20
symbol of measurement unit 3.9
symbol of unit of measurement 3.9
system of measurement units 3.10
system of quantities 3.2
system of units 3.10
systematic error 5.4
systematic error of measurement 5.4
systematic measurement error 5.4

T

target measurement uncertainty 5.26
target uncertainty 5.26
testing 9.46
traceability chain 4.15
transfer device 8.9
transfer measurement device 8.9
traveling measurement standard 8.8

traveling standard 8.8
true quantity value 3.21
true value 3.21
true value of quantity 3.21
trueness 5.9
trueness of measurement 5.9
type (pattern) evaluation 9.9
Type A evaluation 5.20
Type A evaluation of measurement
  uncertainty 5.20
type approval 9.10
type approval certificate 9.30
type approval mark 9.36
type approval with limited effect ... 9.11
Type B evaluation 5.21
Type B evaluation of measurement
  uncertainty 5.21
type evaluation report 9.41

U

uncertainty budget 5.25
uncertainty of measurement 5.18
unit equation 3.25
unit of measurement 3.8

V

value 3.20
value of a quantity 3.20
variation due to an influence quantity
.... 7.22
verification 9.17
verification by sampling 9.18
verification certificate 9.31
verification mark 9.28
verification of a measuring instrument
.... 9.17
voluntary verification 9.22

W

withdrawal of type approval ……… 9.14
working interval …………………… 7.7
working measurement standard …… 8.7
working range ……………………… 7.7
working standard …………………… 8.7

Z

zero adjustment …………………… 6.20
zero adjustment of a measuring system …………………………… 6.20
zero error ………………………… 7.29

五、其他材料

法定计量单位辅导材料

1 法定计量单位的构成

我国的法定计量单位包括：国际单位制的基本单位（见表1-1）；国际单位制的辅助单位（见表1-2）；国际单位制中具有专门名称的导出单位（见表1-3）；国家选定的非国际单位制单位（见表1-4）；由以上单位构成的组合形式的单位；由词头（见表1-5）和以上单位所构成的十进倍数和分数单位。

表1-1　　　　　　　　　　　国际单位制的基本单位

量的名称	单位名称	单位符号
长计	米	m
质量	千克（公斤）	kg
时间	秒	s
电流	安[培]	A
热力学温度	开[尔文]	K
物质的量	摩[尔]	mol
发光强度	坎[德拉]	cd

表1-2　　　　　　　　　　　国际单位制的辅助单位

量的名称	单位名称	单位符号
平面角	弧度	rad
立体角	球面度	sr

表1-3　　　　　　　　国际单位制中具有专门名称的导出单位

量的名称	单位名称	单位符号	其他表示示例
频率	赫[兹]	Hz	s^{-1}
力；重力	牛[顿]	N	$kg \cdot m/s^2$
压力，压强；压力	帕[斯卡]	Pa	N/m^2
能量；功；热	焦[耳]	J	$N \cdot m$
功率；辐射通量	瓦[特]	W	J/s
电荷量	库[仑]	C	$A \cdot s$

续表

量的名称	单位名称	单位符号	其他表示示例
电位；电压；电动势	伏[特]	V	W/A
电容	法[拉]	F	C/V
电阻	欧[姆]	Ω	V/A
电导	西[门子]	S	V
磁通量	韦[伯]	Wb	V·s
磁通量密度、磁感应强度	特[斯拉]	T	Bb/m^2
电感	亨[利]	H	Wb/A
摄氏温度	摄氏度	℃	
光通量	流[明]	lm	cd·sr
光照度	勒[克斯]	lx	lm/m^2
放射性活度	贝可[勒尔]	Bq	s^{-1}
吸收剂量	戈[瑞]	Gy	J/kg
剂量当量	希[沃特]	Sv	J/kg

表1-4 国家选定的非国际单位制单位

量的名称	单位名称	单位符号	换算关系和说明
时间	分 [小]时天 （日）	min h d	1min=60s 1=60min=3600s 1d=24h=86400s
平面角	[角]秒 [角]分 度	(″) (′) (°)	1″=(π/648 000)rad（π为圆周率） 1′=60″=(π/10 800)rad 1°=60′=(π/180)rad
旋转速度	转每分	r/min	1r/mile=(1/60)s^{-1}
长度	海里	n mile	1n mile=1852m（只用于航行）
速度	节	kn	1kn=1n mile/h=(1852/3600)m/s （只用于航行）
质量	吨 原子质量单位	t u	1t=10^{3}kg 1u≈1.660 565×10^{-27}kg
体积	升	L，(1)	1L=1dm^3=10^{-3}m^3
能	电子伏	eV	1eV≈1.6021892×10^{-19}J
级差	分贝	dB	
线密度	特[克斯]	tex	1tex=1g/km

表 1-5　用于构成十进倍数和分数单位的词头

所表示的因数	词头名称	词头符号	所表示的因数	词头名称	词头符号
10^{24}	尧[它]	Y	10^{15}	拍[它]	P
10^{21}	泽它	Z	10^{12}	太[拉]	T
10^{18}	艾[可萨]	E	10^{9}	吉[咖]	G
10^{6}	兆	M	10^{-6}	微	μ
10^{3}	千	k	10^{-9}	纳[诺]	n
10^{2}	百	n	10^{-12}	皮[可]	p
10^{1}	十	da	10^{-15}	飞[母拖]	f
10^{-1}	分	d	10^{-18}	阿[托]	a
10^{-2}	厘	c	10^{-21}	仄[普托]	z
10^{-3}	毫	m	10^{-24}	幺[科托]	y

注 1. 周、月、年（年的符号为 a）为一般常用时间单位。
　　2. [ ] 内的字，是在不致混淆的情况下，可以省略的字。
　　3. ( ) 内的字为前者的同义语。
　　4. 角度单位度分秒的符号不处于数字后时，用括弧。
　　5. 升的符号中，小写字母 l 为备用符号。
　　6. r 为"转"的符号。
　　7. 人民生活和贸易中，质量习惯称为重量。
　　8. 公里为千米的俗称，符号为 km。
　　9. 10^4 称为万，10^8 称作为亿，10^{12} 称为万亿，这类数词的使用不受词头名称的影响，但不应与词头混淆。
　　编者注：以上表 1-4 中，eV 的说明现应改为：$1eV=(1.60217733\pm0.00000049)\times10^{-19}J$。而 u 的说明应改为：$1u=(1.6605402\pm0.0000010)\times10^{-27}kg$。土地面积法定计量单位为：平方米（$m^2$），公顷（$hm^2$），平方公里（$km^2$）。

2　主要法定计量单位的定义

2.1　基本单位

（1）米

光在真空中 1/299792458 秒的时间间隔内所经过的距离。

（2）千克

质量单位，等于国际千克原器的质量。

（3）秒

铯-133 原子基态的两个超精细能级之间跃迁所对应的辐射的 9192631770 个周期的持续时间。

（4）安[培]

一恒定电流，若保持在处于真空中相距 1 米的两无限长而圆截面可忽略的平行直导线内，则此两导线之间产生的力在每米长度上等于 2×10^{-7} 牛顿。

（5）开[尔文]

水三相点热力学温度的 1/273.16。

(6) 摩［尔］

一系统的物质的量，该系统中所包含的基本单元数与 0.012 千克碳-12 的原子数目相等。

在使用摩［尔］时应指明基本单元，可以是原子、分子、离子、电子及其他粒子，或是这些粒子的特定组合。

(7) 坎［德拉］

发射出频率为 540×10^{12} 赫兹单色辐射的光源在给定方向上的发光强度，而且在此方向上的辐射强度为 1/683 瓦特每球面度。

2.2 主要导出单位

(1) 牛［顿］

使一千克质量的物体产生 1 米每二次方秒加速度的力，即 $1N=1kg \cdot m/s^2$。

(2) 焦［耳］

当 1 牛顿力的作用点在力的方向上移动 1 米距离所做的功，即 $1J=1N \cdot m$。

(3) 瓦［特］

在 1 秒时间间隔内产生 1 焦耳能量的功率，即 $1W=1J/s$。

(4) 伏［特］

流过 1 安培恒定电流的导线内，如两点之间所消耗的功率为 1 瓦特时，这两点之间的电位差为 1 伏［特］，即 $1V=1W/A$。

(5) 欧［姆］

一导体两点之间的电阻，当在这两点间加上 1 伏特恒定电位差时，在导体内产生 1 安培电流，而导体内不存在任何电动势，即 $1\Omega=1V/A$。

(6) 库［仑］

一安培电流在 1 秒时间间隔内所运送的电量，即 $1C=1A \cdot s$。

(7) 法［拉］

当电容器充 1 库仑电量时，它的两极板之间出现 1 伏特的电位差，即 $1F=1C/V$。

(8) 亨［利］

一闭合回路的电感，当流过该电路的电流以 1 安培每秒的速率均匀变化时，在回路中产生 1 伏特的电动势，即 $1H=1V \cdot s/A$。

(9) 赫［兹］

在 1 秒时间间隔内发生一个周期过程的频率，即 $1Hz=1s^{-1}$。

(10) 升

等于 1 立方分米，即 $1L=1dm^3$。

(11) 帕［斯卡］

等于 1 牛顿每平方米，即 $1Pa=1N/m$。

(12) 贝可［勒尔］

等于 1 每秒的活度，即 $1Bq=1s^{-1}$。

(13) 戈［瑞］

等于 1 焦耳每千克的吸收剂量，即 $1Gy=1J/kg$。

(14) 希［沃特］

等于 1 焦耳每千克的剂量当量，即 1Sv＝1J/kg。

3　法定计量单位的使用规则

3.1　关于单位的名称

(1) 关于单位的名称及其简称都已有明确的规定。简称在不致混淆的情况下可等效它的全称使用，习惯上只使用简称的单位可继续使用，例如在一些十进倍数单位中，如只用"毫安"而不用"毫安培"。但也不排斥使用"毫安培"。

(2) 组合单位的名称与其符号书写的次序一致。符号中的乘号没有对应名称，符号中的除号对应名称为"每"，无论分母中有几个单位，"每"只在除号的地方出现一次。

例如：加速度 SI 单位的符号是 m/s^2，其名称为"米每二次方秒"而不是"米每秒每秒"；电能量的常用单位符号 kW·h 的名称为"千瓦小时"而不是"千瓦乘小时"。

(3) 乘方形式的单位名称，其顺序是指数名称在单位的名称之前，相应指数名称由数字加"次方"二字而成。

例如：断面惯性矩单位符号 m^4 的名称为"四次方米"，而不是"米四次方"。

(4) 指数是负 1 的单位，或分子为 1 的单位，其名称是以"每"字开头。

例如：线膨胀的系数的 SI 单位 $℃^{-1}$ 或 K^{-1}，其名称为"每摄氏度"或"每开尔文"而不是"负一次方摄氏度"或"负一次方开尔文"等。

(5) 如果长度的 2 次和 3 次幂是指面积和体积，则相应的指数名称为"平方"和"立方"，并置于长度单位的名称之前。否则应称为"二次方"和"三次方"。

例如：体积的 SI 单位符号 m^3 的名称为"立方米"，不能称为"米立方"或"三次方米"，面积的常用单位符号 km^2 的名称为"平方千米"不能称为"千米平方"或"二次方千米"。

(6) 书写单位名称时，在其中不应加任何表示乘或除的符号或其他符号。

例如：力矩的 SI 单位 N·m 的名称写为"牛顿米"，也可简写为"牛米"。但不能写为"牛顿·米"或"牛·米"或"牛-米"等。

3.2　关于词头的名称

(1) 词头的名称永远紧接单位名称而不得在其间插入其他词。

例如：面积单位 km^2 的名称只能是"平方千米"而不能是"千平方米"；dam^2 的名称是"平方十米"而不能是"十平方米"。

(2) 在书写中作词头用的八个数词如带来混淆有必要明确区别时，可采用圆括号。

例如：3km 与 3000m 的名称均为"三千米"。必要时，前者定为"三（千米）"，后者写为"三千米"。

3.3　关于单位和词头的符号

(1) 单位和词头的符号所用字母一律为正体。

例如：毫米 mm　不应为 *mm*；微米 μm　不应为 *μm*。

(2) 单位符号字母一般为小写体，但如单位名称来源于人名者，符号的第一个字母为大写体。

例如：秒 s；[小] 时 h；赫[兹] Hz；瓦[特] W；帕[斯卡] Pa。

（3）词头的符号字母，当所表示的因数小于 10^6 时为小写体，大于 10^6 时为大写体。

例如：千 10^3 k；兆 10^6 M。

（4）由单位相乘构成组合单位时，其符号可用下列形式之一。以电能量单位"千瓦小时"的符号为例：

kWh 和 kW·h。

（5）相乘形式的组合单位次序无原则规定。一般，不能使用词头的单位不应放在最前面。另外，若组合单位符号中某单位符号同时又是词头符号并有可能发生混淆时，则应尽量将它置于右侧。

例如：曝光量单位应为 lx·h 而不应为 h·lx；光量单位应为 lm·h 不应为 h·lm。

又如：力矩单位"牛顿米"应写成 N·m 而不宜写为"米牛顿"mN，因易误认为毫牛顿。

（6）单位和词头也可以用中文符号。中文符号是以单位的简称代替国际符号构成的。

例如：m/s^2 的中文符号为米/秒^2。

kg/m^3 的中文符号为千克/米^3 W/(m^2·K) 的中文符号为瓦/(米^2·开)。

摄氏温度单位摄氏度的符号可作为中文符号使用，并可与其他中文符号组合。

例如：J/℃ 的中文符号为焦/℃。

（7）单位和词头推荐使用国际符号。中文符号只用于通俗出版物之中。

（8）在叙述性文字中也可使用符号表示单位，不要求一定要用单位名称。

（9）单位符号一律不用复数形式。

例如：2 千克的符号为 2kg 而不得写为 2kgs 或 2KGS。

（10）单位符号一般不得加下角标或其他符号来给予另外的含义。

例如：标准状况下的体积单位，不应使用 NL 表示"标准升"而只应用"升"L；1948 年国际上规定并开始使用的绝对单位下角标"ab"不应再使用，改为不带下角标的单位符号。如"绝对焦耳"的符号 J_{ab} 应改为"焦耳"，符号 J；"绝对安培"A_{ab} 改为"安培"A。

（11）由两个以上单位相乘所构成的组合单位，其中符号的写法，只用一种形式，即采用中圆点作为乘号。

例如：力矩单位 N·m 的中文符号为牛·米，而不是"牛×米""牛米""[牛][米]""牛-米""（牛）（米）"等。

（12）两个以上单位相除所构成的组合单位，其符号可以采用以下三种形式之一。

以密度单位"千克每立方米"为例：kg/m^3，$kg·m^{-3}$，kgm^{-3} 在可能产生混淆时，尽可能用居中圆点表示乘或用斜线表示除。

例如：速度单位"米每秒"的符号用 $m·s^{-1}$ 或 m/s 而不宜用 ms^{-1}，因为后者易混淆为"每毫秒"。

（13）由两个以上单位相除所构成的组合单位的中文符号，可采用以下两种形式之一。

以热容的单位"焦耳每开尔文"的中文符号为例：焦/开或焦·开$^{-1}$。

(14) 在进行运算时,组合单位的除号可用水平线表示。

例如:速度的单位"米每秒"运算中可以写成 m/s 或米/秒。

(15) 分子为 1 的组合单位符号,一般不用分式而用负数幂表示。

例如:波数单位"每米"的符号是 m^{-1},一般不用 1/m;中文符号是米$^{-1}$,一般不用 1/米。

(16) 在用斜线,(/) 表示相除时,单位符号的分子和分母与斜线处于同一水平行内而不宜分子高于分母。

例如:速度单位"千米每小时"符号为 km/h,而不宜写成 km/h,其中文符号为千米/时,而不宜写成千/米时。

(17) 当分母中包含两个以上单位相乘时,整个分母一般应加圆括号。

例如:比热容的单位"焦耳每千克开尔文"的符号应为 J/(kg·K),一般不应为 J/kg·K;它的中文符号应为"焦/(千克·开)",一般不应为"焦/千克·开"。

(18) 在组合单位的符号中,表示除号的斜线不应多于一条。不得已出现二条或多于二条时,必须有括号避免混淆。

例如:传热系数的单位"瓦特每平方米开尔文"的符号应为 W/(m^2·K) 而不应为 W/m^2/K,必要时可为 (W/m^2)/K。它的中文符号为"瓦/(米^2·开)",而不应为"瓦/米^2/开",必要时可为"(瓦/米^2)/开"。

(19) 词头和单位符号之间不应有间隔,也不加表示相乘的其他符号。它们的符号不应加括号。

例如:面积单位"平方千米"的符号为 km^2。不应为 k·m^2,k×m^2,$(km)^2$。其中文符号为"(千米)^2",而不应为"(千·米)^2""(千×米)^2"等。

中文符号中圆括号只有在可能造成混淆时才使用。

例如:功率单位"千瓦"的中文符号为"千瓦"而不必为"(千瓦)"。

(20) 所有单位及词头符号均应按名称或简称读,不得按字母发音读。

例如:kg 应读为"千克"或"公斤",而不应按字母名称读为"ke ge"或"ke ji"。

3.4 关于单位和词头的使用规则

(1) 单位和词头的名称和简称般只用于叙述性文字之中而不用于公式、数据表、曲线图、刻度盘、产品铭牌等地方。

(2) 单位和词头的符号可用于一切场合。也用于叙述性文字中表示量值。

(3) 单位名称或符号必须作为一个整体使用而不应拆开。

例如:摄氏温度单位"摄氏度"表示的量值应写成"20 摄氏度"或"20℃",不应写成并读成"摄氏 20 度",也不应写成"20 ℃"。

(4) 单位的名称和符号应置于整个数值之后。

例如:5572±5mm 不得写成"5572mm±5mm";1.5m 不得写成"1m5"。

(5) 十进制的单位一般在一个量值中只应使用一个单位。

例如:1.75m 不应写成(或读成)"1m75cm"。

(6) 选用的倍数和分数单位,一般应使数值处于 0.1~1000 范围内。

例如:1.2×10^4N 可写成 12kN;0.00394m 可写成 3.94mm;11401Pa 可写成

11.401kPa；3.1×10^{-8}s 可写成 31ns。

某些场合习惯使用的单位不受上述限制。

例如：机械制图中使用的单位毫米；国土面积单位平方千米；导线截面积使用的单位平方毫米等。

在同一个量的数值表中以及叙述文章中，为了对照方便，也可使用相同单位而不考虑数值是否处 0.1～1 000 范围。

(7) 词头：百、十、分、厘（h，da，d，c）一般只用于某些长度、面积、体积和其他早已习惯的场合。

例如：可以用于分贝 dB 等。

(8) 有些国际单位制以外的单位，可以按习惯使用词头构成倍数或分数单位。

在法定计量单位中，只有吨、升、电子伏、分贝（只有"贝"前加词头）、特克斯这几个单位有时加词头使用。

(9) 法定计量单位中，非十进制单位以及摄氏温度单位按习惯不使用词头。

(10) 不得重叠使用词头。

例如：不得用"微微法拉"μμF，而应代之以"皮可法拉"或"皮法"pF；不应该用"毫微米"mμm 而应代之以"纳诺米"或"纳米"nm。

但例如："三千千瓦"可以用，因系"3000kW"的口语叙述，其中只第二个"千"是词头。

(11) 利用一部分数词作为词头的中文名称，有时带来混淆。例如：1kg 和 1000g 在口语叙述中均为"一千克"，不能区别。在必须严格区分的情况下，1 000g 可读为"一零零零克"或"1 千个克"。

(12) 亿（10^8）、万（10^4）等数词的使用不受限制，它们也可与单位构成倍数单位，但它们不是词头。

例如：表示运输量用的单位"万吨公里"，符号可用 10^4t·km 或万 t·km。

(13) 相乘形式的组合单位在加词头构成它的倍数和分数单位时，词头一般加在第一个单位上。

例如：力矩的 SI 单位为 N·m，它的倍数和分数单位可为 MN·m，kN·m，mN·m，μN·m 等，而不是在 m 前加词头。

(14) 相除形式的组合单位，在加词头构成倍数和分数单位时，词头一般加在分子的第一个单位上。

例如：热容的 SI 单位为 J/K，它的倍数单位可为 kJ/K 而不用 J/mK；

动量的 SI 单位为 kg·m/s，它的倍数单位可为 Mg·m/s 而不用 kg·km/s 等。

(15) 当组合单位中分母的长度、面积或体积单位时，分母中按习惯与方便也可选用词头构成组合单位的倍数和分数单位。

例如：密度的 SI 单位为 kg/m³，它的倍数单位可用 g/cm³；

电荷体密度的 SI 单位为 C/m³，它的倍数和分数单位可为 MC/m³，C/mm³ 或 C/cm³ 等；电场强度的 SI 单位为 V/m，它的倍数单位可以为 kV/m 或 V/mm 等。

(16) 一般不在组合单位中采用两个有词头的单位，也不在分子与分母中同时采用词头。质量的 SI 单位 kg 中的词头，这里不作为词头对待，但 g 这个分数单位不作为没有词头对待。

例如：线密度的 SI 单位为 kg/m，可用分数单位 g/km。

(17) 乘方形式的倍数或分数单位的指数，属于包括词头在内的倍数或分数单位。

例如：$1cm^2=1(10^{-2}m)^2=1\times 10^{-4}m^2$

而 $1cm^2\neq 10^{-2}m^2$

又如：$1\mu s^{-1}=1(10^{-6}s)^{-1}=10^6 s^{-1}$

(18) 在物理方程中，如其中所有的量都用 SI 单位来表示，则在计算时方程式的形式不会产生与物理方程形式上的不同。这样可以避免差错，也避免不必要的系数进入计算方程。因此，建议在计算中，所有的量值都应该用 SI 单位表示，而词头以相应的 10 的乘方来代替。

[例] 均匀运动物体的速度 v，时间 t 与所经过的距离 s 三者间的关系是

$$v=s/t$$

设一物体在 1.5min 时间内，经过的距离为 9km，求速度。

这里，千米与分均为法定计量单位但不是 SI 单位，它们对应的 SI 单位为秒与米，如这三个量均以 SI 单位表示，则计算式将与上述关系完全一致而不带来其他系数。

$$s=9km=9\times 10^3 m$$

$$t=1.5min=1.5\times 60s=90s$$

而 v 的 SI 单位为 m/s

因此：$v=s/t=9\times 10^3 m/90s=100m/s$

[例] 按牛顿运动定律，质量 m 所受外力 F 与因此而产生的加速度 a 三者之间的关系为：

$$F=ma$$

设一物体质量为 2kg，受外力为 10kgf（千克力），求加速度 a。

千克力并不是法定计量单位，它是目前使用十分广泛但又必须淘汰的单位之一。力的 SI 单位为牛顿，它们之间的关系为：

$$1kgf=9.80665N$$

可得：9.806 65N/1kg=1

而用于计算。加速度 a 的 SI 单位为米每二次方秒。

按物理方程

$$a=f/m=10kgf\times(9.80665N/1kgf)/2kg=98N/2kg=49m/s^2$$

上述计算式中全部换成 SI 单位后，得到的结果必然是 SI 单位的数值。

很明显从单位间的关系式也可得到：

$$N/kg=kg\cdot m\cdot s^{-2}/kg=m\cdot s^{-2}$$

(19) 将 SI 词头中文名称的简称置于单位名称的简称之前构成中文符号时，应注意避

免引起混淆，必要时使用圆括号。

例如：表示旋转频率的量值不得写为 3 千秒$^{-1}$。如表示"三每千秒"应写"3（千秒）$^{-1}$"，这里"千"为词头；如表示"三千每秒"，应写为"3 千（秒）$^{-1}$"，这里"千"为数词。

表示体积量值不得写为 2 千米^3。如表示"二立方千米"，应写 2（千米）^{3}，这里，"千"为词头；如表示"二千立方米"，应写 2 千（米）^{3}，这里"千"为数词。

水利系统国家级标准物质目录

（截至 2022 年 9 月）

序号	标准物质名称	编号
1	无机盐成分分析标准物质	GBW（E）080112
2	铜、锌、铅、镉、铁、锰、镍、总铬成分分析标准物质	GBW（E）080194
3	铁、锰、镍成分分析标准物质	GBW（E）080195
4	铜、锌、铅、镉成分分析标准物质	GBW（E）080196
5	六价铬成分分析标准物质	GBW（E）080197
6	氨氮、硝酸盐氮、总磷成分分析标准物质	GBW（E）080198
7	氟成分分析标准物质	GBW（E）080199
8	亚硝酸盐氮成分分析标准物质	GBW（E）080200
9	高锰酸盐指数标准物质	GBW（E）080201
10	挥发酚成分分析标准物质	GBW（E）080202
11	生化、化学需氧量成分分析标准物质	GBW（E）080203
12	铜成分分析标准物质	GBW（E）080360
13	锌成分分析标准物质	GBW（E）080361
14	铅成分分析标准物质	GBW（E）080362
15	镉成分分析标准物质	GBW（E）080363
16	铁成分分析标准物质	GBW（E）080364
17	钾成分分析标准物质	GBW（E）080365
18	钠成分分析标准物质	GBW（E）080366
19	钙成分分析标准物质	GBW（E）080367
20	磷成分分析标准物质	GBW（E）080368
21	镁成分分析标准物质	GBW（E）080369
22	氟成分分析标准物质	GBW（E）080370
23	水中氯成分分析标准物质	GBW（E）080371
24	水中硫酸根成分分析标准物质	GBW（E）080372
25	水中硝酸盐氮成分分析标准物质	GBW（E）080373
26	水中氨氮成分分析标准物质	GBW（E）080374
27	水中亚硝酸盐氮成分分析标准物质	GBW（E）080375
28	水中酚成分分析标准物质	GBW（E）080376

续表

序号	标准物质名称	编号
29	水中六价铬成分分析标准物质	GBW (E) 080377
30	水中总氮标准物质	GBW (E) 081019
31	水中总磷、总氮标准物质	GBW (E) 081020
32	水中总硬度标准物质	GBW (E) 084667
33		GBW (E) 084668
34		GBW (E) 084669
35		GBW (E) 084670
36		GBW (E) 084671
37	二氯甲烷中菲溶液标准物质	GBW (E) 080652
38	二氯甲烷中䓛溶液标准物质	GBW (E) 080653
39	二氯甲烷中萘溶液标准物质	GBW (E) 080654
40	甲醇中苯溶液标准物质	GBW (E) 080655
41	甲醇中甲苯溶液标准物质	GBW (E) 080656
42	甲醇中对-二甲苯溶液标准物质	GBW (E) 080657
43	甲醇中邻-二甲苯溶液标准物质	GBW (E) 080658
44	甲醇中苯乙烯溶液标准物质	GBW (E) 080659
45	甲醇中硝基苯溶液标准物质	GBW (E) 080660
46	甲醇中三氯甲烷溶液标准物质	GBW (E) 080661
47	甲醇中一溴二氯甲烷溶液标准物质	GBW (E) 080662
48	甲醇中二溴一氯甲烷溶液标准物质	GBW (E) 080663
49	甲醇中1,2-二氯乙烷溶液标准物质	GBW (E) 080664
50	甲醇中1,1,1-三氯乙烷溶液标准物质	GBW (E) 080665
51	甲醇中1,1,2,2-四氯乙烷溶液标准物质	GBW (E) 080666
52	甲醇中对-硝基苯溶液标准物质	GBW (E) 080667
53	二氯甲烷中多环芳烃混合溶液标准物质	GBW (E) 081021
54	甲醇中芘溶液标准物质	GBW (E) 081022
55	甲醇中苯系物混合溶液标准物质	GBW (E) 081023
56	甲醇中卤代甲烷混合溶液标准物质	GBW (E) 081024
57	甲醇中卤代乙烷混合溶液标准物质	GBW (E) 081025
58	甲醇中氯苯溶液标准物质	GBW (E) 081026
59	甲醇中联苯溶液标准物质	GBW (E) 081027
60	甲醇中正丙苯溶液标准物质	GBW (E) 081028
61	甲醇中百菌清溶液标准物质	GBW (E) 082070
62	甲醇中苯胺溶液标准物质	GBW (E) 082071
63	甲醇中甲萘威溶液标准物质	GBW (E) 082072

续表

序号	标准物质名称	编号
64	正己烷中六氯苯溶液标准物质	GBW（E）082073
65	甲醇中氟苯溶液标准物质	GBW（E）082074
66	甲醇中溴氟苯溶液标准物质	GBW（E）082075
67	甲醇中二氯苯类混合溶液标准物质	GBW（E）082076
68	甲醇中挥发性卤代烷烃类混合溶液标准物质	GBW（E）082077
69	甲醇中氯代烯烃类混合溶液标准物质	GBW（E）082078
70	甲醇中三氯苯类混合溶液标准物质	GBW（E）082079
71	甲醇中酞酸酯类混合溶液标准物质	GBW（E）082080
72	丙酮中苊-d12溶液标准物质	GBW（E）082349
73	丙酮中苊-d10，菲-d10，䓛-d12混合溶液标准物质	GBW（E）082350
74	湖泊沉积物17种二噁英类化合物标准物质	GBW 08309
75	甲醇中敌敌畏溶液标准物质	GBW（E）083040
76	甲醇中敌敌畏溶液标准物质	GBW（E）083041
77	甲醇中甲基对硫磷溶液标准物质	GBW（E）083042
78	甲醇中甲基对硫磷溶液标准物质	GBW（E）083043
79	甲醇中马拉硫磷溶液标准物质	GBW（E）083044
80	甲醇中马拉硫磷溶液标准物质	GBW（E）083045
81	甲醇中乐果溶液标准物质	GBW（E）083582
82	甲醇中乐果溶液标准物质	GBW（E）083583
83	甲醇中乙苯溶液标准物质	GBW（E）083974
84	甲醇中乙苯溶液标准物质	GBW（E）083975
85	甲醇中乙苯溶液标准物质	GBW（E）083976
86	甲醇中乙苯溶液标准物质	GBW（E）083977
87	甲醇中间二甲苯溶液标准物质	GBW（E）084031
88	甲醇中间二甲苯溶液标准物质	GBW（E）084032
89	甲醇中间二甲苯溶液标准物质	GBW（E）084033
90	甲醇中间二甲苯溶液标准物质	GBW（E）084034

国家计量认证水利评审组负责管理的检验检测机构名录

（2022年9月）

序号	检验检测机构名称	所在地	证书编号	证书有效期
1	长江水利委员会水文局长江上游水文水资源勘测局（长江水利委员会水文局长江上游水文预报中心、长江水利委员会水文局长江上游水环境监测中心）	重庆市	210012081435	2027.12.14
2	长江水利委员会水文局长江中游水文水资源勘测局（长江水利委员会水文局长江中游水环境监测中心）	湖北省武汉市	220012081541	2028.2.8
3	长江水利委员会水文局长江三峡水环境监测中心	湖北省宜昌市	160012081519	2022.8.7
4	长江水利委员会水文局荆江水文水资源勘测局（长江水利委员会水文局荆江水环境监测中心）	湖北省荆州市	220013081559	2028.1.13
5	长江水利委员会水文局长江口水环境监测中心	上海市	170012081647	2023.9.6
6	长江水利委员会水文局长江下游水环境监测中心	江苏省南京市	180012081346	2024.2.1
7	长江水利委员会水文局汉江水环境监测中心	湖北省襄阳市	160012081566	2022.11.17
8	黄河上游水环境监测中心	甘肃省兰州市	180012081272	2024.3.21
9	黄河山东水环境监测中心	山东省济南市	210012081236	2027.11.21
10	黄河三门峡库区水环境监测中心	河南省三门峡市	180012081235	2024.2.11
11	黄河中游水环境监测中心	山西省晋中市	210012081233	2027.12.2
12	太湖流域水文水资源监测中心（太湖流域水环境监测中心）	江苏省无锡市	170013081648	2023.5.14
13	吉林省水环境监测中心	吉林省长春市	160012081108	2022.5.3
14	辽宁省水环境监测中心	辽宁省沈阳市	160012081421	2022.6.20
15	黑龙江省水文水资源中心	黑龙江省哈尔滨市	220013084598	2028.4.10
16	北京市水环境监测中心	北京市	180012081277	2024.2.6
17	天津市水环境监测中心	天津市	220013081352	2028.4.10
18	河北省水环境监测中心	河北省石家庄市	220013081351	2028.3.14
19	内蒙古自治区水环境监测中心	内蒙古自治区呼和浩特市	170012081465	2023.2.26
20	山西省水环境监测中心	山西省太原市	220012081348	2028.1.28
21	河南省水环境监测中心	河南省郑州市	160012081434	2022.6.20
22	山东省水环境监测中心	山东省济南市	210012081231	2027.11.21
23	湖北省水环境监测中心	湖北省武汉市	170012081637	2023.1.15
24	湖南省水环境监测中心（湖南省农村饮用水安全水质监测中心）	湖南省长沙市	170012081621	2023.12.10
25	广西壮族自治区水环境监测中心	广西壮族自治区南宁市	160012081638	2022.12.8

续表

序号	检验检测机构名称	所在地	证书编号	证书有效期
26	广东省水文水资源监测中心	广东省广州市	220012081565	2028.2.8
27	海南省水环境监测中心	海南省海口市	210012081771	2027.12.28
28	上海市水文总站	上海市	160012081518	2022.8.7
29	江西省水资源监测中心	江西省南昌市	210013084573	2027.11.15
30	西藏自治区水文水资源勘测局水环境监测中心	西藏自治区拉萨市	170012081558	2023.1.12
31	浙江省水资源监测中心	浙江省杭州市	220013081516	2028.8.24
32	安徽省水环境监测中心	安徽省合肥市	210012081284	2027.9.22
33	福建省水环境监测中心	福建省福州市	170012081700	2023.8.23
34	云南省水环境监测中心	云南省昆明市	170012081727	2023.9.20
35	贵州省水环境监测中心	贵州省贵阳市	170012081622	2023.9.21
36	四川省水文水资源勘测中心（四川省量水设施设备计量检测中心）	四川省成都市	210012081419	2027.8.19
37	陕西省水环境监测中心	陕西省西安市	220012081271	2028.1.28
38	甘肃省水环境监测中心	甘肃省兰州市	180013081677	2024.6.21
39	宁夏回族自治区水环境监测中心	宁夏回族自治区银川市	180012081649	2024.6.4
40	新疆维吾尔自治区水环境监测中心	新疆维吾尔自治区乌鲁木齐市	170012081282	2023.9.17
41	青海省水环境监测中心	青海省西宁市	170012081650	2023.5.30
42	水利部水质监督检验测试中心	北京市	180013081273	2024.5.8
43	江苏省水环境监测中心	江苏省南京市	160012081563	2022.10.30
44	重庆市水环境监测中心	重庆市	180012082302	2024.4.2
45	黄河宁蒙水环境监测中心	内蒙古自治区包头市	180012082642	2024.3.19
46	中国南水北调集团中线有限公司河北水质监测中心	河北省石家庄市	170013083487	2023.4.19
47	水利部中国科学院水工程生态研究所水生态监测中心	湖北省武汉市	180001083555	2024.1.18
48	中国南水北调集团中线有限公司河南水质监测中心	河南省郑州市	160013083889	2022.11.14
49	中国南水北调集团中线有限公司天津水质监测中心	天津市	170013083921	2023.2.6
50	太湖流域管理局水文局（信息中心）浙闽皖水文水资源监测中心	浙江省嘉兴市	190013084307	2025.9.17
51	珠江水利委员会水文局珠江水资源监测评价中心	广东省广州市	200013084357	2026.3.22
52	水利部水文水资源监测预报中心水质实验室	北京市	210013084462	2027.3.25
53	中国水利水电科学研究院工程检测中心	北京市	220001081466	2028.4.1
54	南京水利科学研究院实验中心	江苏省南京市	210001081367	2027.10.21
55	水利部长江科学院工程质量检测中心	湖北省武汉市	220020081074	2028.4.5
56	水利部长江勘测技术研究所实验中心	湖北省武汉市	220021081517	2028.4.21
57	水利部牧区水利科学研究所实验中心	内蒙古自治区呼和浩特市	170013081488	2023.6.22

续表

序号	检验检测机构名称	所在地	证书编号	证书有效期
58	珠江水利委员会珠江水利科学研究院中心试验室	广东省广州市	180020081889	2024.4.25
59	水利部西北水利科学研究所实验中心	陕西省咸阳市	160001081274	2022.2.2
60	水利部基本建设工程质量检测中心	江苏省南京市	210001080982	2027.10.21
61	水利部松辽水利委员会水利基本建设工程质量检测中心	吉林省长春市	210001081467	2027.8.1
62	中水北方勘测设计研究有限责任公司	天津市	220021089398	2028.3.27
63	黄河水利委员会黄河水利科学研究院	河南省郑州市	210001081344	2027.11.15
64	水利部珠江水利委员会基本建设工程质量检测中心	广东省广州市	170001081757	2023.8.31
65	水利部灌排设备检测中心	北京市	160008081232	2022.2.22
66	山西泵站现场测试中心	山西省运城市	170020081623	2023.2.8
67	水利部大坝安全监测中心	江苏省南京市	220001081482	2028.4.21
68	水利部节水灌溉设备检测中心	河南省新乡市	220021081544	2028.2.14
69	水利部水工金属结构质量检验测试中心	河南省郑州市	160002080847	2022.11.10
70	水利部水工金属结构安全监测中心	江苏省南京市	170008081345	2023.1.12
71	水利部水文仪器及岩土工程仪器质量监督检验测试中心	江苏省南京市	210013080844	2027.8.19
72	水电站水力设备质量检验测试中心	北京市	220021089473	2028.2.27
73	水利部泵站测试中心	湖北省武汉市	220021081283	2028.4.10
74	水利部水利机械质量检验测试中心	浙江省杭州市	220008081870	2028.3.30
75	广东科正水电与建筑工程质量检测站	广东省广州市	180001081212	2024.5.30
76	江河工程检验检测有限公司	河南省郑州市	180001081556	2024.2.11
77	中国长江三峡集团有限公司试验中心	湖北省宜昌市	160001081557	2022.12.8
78	中国水电十一局有限公司中心试验室	河南省郑州市	210001081468	2027.9.6
79	武汉大学工程检测中心	湖北省武汉市	180001001733	2024.3.19
80	河海大学实验中心	江苏省南京市	170020081420	2023.1.11
81	山西水利水电勘测设计研究院有限公司	山西省太原市	180001082530	2024.6.3
82	华北水利水电大学工程检测中心	河南省郑州市	220001082100	2028.9.25
83	上海勘测设计研究院有限公司工程检测中心	上海市	160001082100	2022.10.25
84	淮河流域水工程质量检测中心	安徽省蚌埠市	180001081940	2024.6.4
85	山西万家寨水控水资源有限公司检验检测分公司	山西省太原市	200021084392	2026.10.13
86	中国水利水电第一工程局有限公司中心试验室	吉林省长春市	210001083058	2027.12.8
87	水利部农村电气化研究所小水电工程质量检测中心	浙江省杭州市	180001083283	2024.2.11
88	水利部综合事业局水利产品质量检测中心	吉林省长春市	160008083428	2022.11.1
89	华东水文仪器检测中心	山东省潍坊市	160021082633	2022.11.6
90	中南水文仪器检测中心	湖南省长沙市	170021082697	2023.3.30
91	华北水文仪器检测中心	河北省石家庄市	160021082782	2022.12.22
92	西部水文仪器检测中心	新疆维吾尔自治区乌鲁木齐市	220021082897	2028.7.28
93	北京海天恒信水利工程检测评价有限公司	北京市	170001083997	2023.8.7
94	北京海天恒信水利工程检测评价有限公司昆明实验室	云南省昆明市	170001083998	2023.8.7